21 世纪高等学校应用型特色精品规划教材——现代旅游酒店会展服务系列

酒 水 知 识

缪佳作　倪晓波　主编

清华大学出版社

内 容 简 介

为了适应当前我国酒店职业教育与酒店专业人才培养的需要,本书结合调酒师、茶艺师、咖啡师职业培训和职业技能鉴定的要求,以职业活动为导向,以职业技能为核心,是一本理论与实践相结合的教材。本书的主旨是普及酒吧基本知识,提高酒吧服务技能,讲授酒吧的经营和管理知识。本书以"调酒、茶艺、咖啡调制"三大技能为结构体系,系统地介绍了酒吧文化、服务流程和具体操作方法。本书内容丰富、通俗易懂、雅俗共赏、由浅入深、融知识性、趣味性于一体,并配有多种形式的教学手段来帮助学习者加强记忆,提高修养,掌握技能。

本书既适合应用型高等学校学生使用,也可作为酒吧文化爱好者和酒吧服务人员的参考用书。

图书在版编目(CIP)数据

酒水知识 / 缪佳作,倪晓波主编. -- 北京:清华大学出版社,2016(2021.8重印)
21世纪高等学校应用型特色精品规划教材. 现代旅游酒店会展服务系列
ISBN 978-7-302-42233-4

Ⅰ. ①酒… Ⅱ. ①缪… ②倪… Ⅲ. ①酒-基本知识-高等学校-教材 Ⅳ. ①TS971

中国版本图书馆CIP数据核字(2015)第279136号

责任编辑:孟毅新
封面设计:常雪影
责任校对:刘 静
责任印制:宋 林

出版发行:清华大学出版社
　　　　　网　　　　　址:http://www.tup.com.cn, http://www.wqbook.com
　　　　　地　　　　　址:北京清华大学学研大厦 A 座　　　　邮　　编:100084
　　　　　社　总　机:010-62770175　　　　　　　　　　　邮　　购:010-62786544
　　　　　投稿与读者服务:010-62776969, c-service@tup.tsinghua.edu.cn
　　　　　质　量　反　馈:010-62772015, zhiliang@tup.tsinghua.edu.cn
　　　　　课件下载:http://www.tup.com.cn,010-62795764
印装者:三河市铭诚印务有限公司
经　　销:全国新华书店
开　　本:185mm×260mm　　　印　　张:17.25　　　字　　数:401 千字
版　　次:2016 年 2 月第 1 版　　　　　　　　　　印　　次:2021 年 8 月第 4 次印刷
定　　价:49.80 元

产品编号:065972-02

前　言

酒吧是销售酒水和酒水服务的重要场所，也是人们社交、休闲、娱乐的重要载体。从广义上理解，酒吧还可包括茶吧、茶馆、咖啡屋等多种形式。酒吧和酒水的新发展对酒吧从业人员提出了新的要求，作为旅游管理专业的学生，有必要与时俱进掌握全新的酒水、酒吧服务和管理方面的知识和技能。

本书特点如下。

（1）结合职业标准，紧贴岗位要求。本书内容体系是根据国家职业标准，在研究了具体岗位工作内容和要求的基础上进行编排的，对产品和技能进行系统的介绍，从基础认知到基本技能再到专业技能，整本教材结构科学、合理，思路清晰。

（2）使用范围更广泛，内容够用、实用。本书有别于以往的酒吧教材，在体系设计上把调酒师、茶艺师、咖啡师放在了同比重位置，对酒、茶、咖啡和雪茄等酒吧产品做了全面的介绍，内容选取上遵循够用、实用的原则，使读者通过阅读能迅速掌握酒吧主要工作范围的知识。

（3）注重能力培养，技能易学、易掌握。本书较为强调操作能力的培养，从器具操作、器皿挑选等基本技能和服务流程的分析与介绍，到具体的专业技能的操作演练，如调酒师的鸡尾酒调制、茶艺师的茶叶冲泡要领及程序演示、咖啡师的花式咖啡调制。本书文字叙述平实易懂，图文并茂，使读者能在本书指导下进行正确的操作，从而掌握相关技能。

（4）突出先进性和趣味性。本书"引导案例"和"课外资料"的内容大都选取酒吧行业的新理念、新动态和新产品，注重与行业发展保持同步，吸收国内外酒吧管理的新知识和新方法，同时紧扣现实，增加了健康养生的常识，经典历史的回顾和艺术审美的修养，内容具有一定的前瞻性和趣味性。

本书由缪佳作和倪晓波主编，各章节的编写分工如下：第一章、第二章、第三章、第四章、第七章由倪晓波编写，第五章、第六章、第八章、第九章、第十章由缪佳作编写。全书由缪佳作进行统稿和定稿。

本书在编写过程中，参阅了大量国内外文献和著作，并得到了有关高职院校领导、无锡诸多酒馆、茶馆和咖啡馆的大力支持和帮助，在此一并表示诚挚的感谢。

由于编者水平有限，书中难免有不足之处，恳请各位专家、业内人士批评指正，提出宝贵意见。

编者

2016 年 1 月

目　录

第一章

酒吧概述

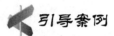

引导案例

酒店酒吧：美景雕琢高雅浪漫

华灯初上，沪上或现代或古典的建筑逐渐变成童话里的宫殿，精彩的夜生活也由此拉开了帷幕。对那些既要时尚，又要休闲，还要格调的时尚达人来说，数量不多，风情迥异的星级酒店酒吧或许是个不错的选择。

1. 多样现代派

在沪上的酒吧中，以景观见长的"空中酒吧"很是显眼。在浦东，有金茂大厦87层的九重天酒吧、香格里拉的翡翠36酒吧；在浦西，有JW万豪酒店40层的JW's酒吧、皇家艾美位于65层、66层风格迥异的789酒吧。这些酒吧的共同点就是能以鸟瞰的姿态把上海的璀璨夜景尽收眼底。而酒吧自身的内容更是"八仙过海，各显神通"。

金茂大厦87层的九重天酒吧除了"高处不胜寒"的特色之外，还在于每晚都会出现的3个人：魔术师、算命师和剪纸师。酒吧经理告诉记者，魔术的魅力在于让人拍案称奇的同时解压释怀，具有中国传统文化的算命和剪纸也吸引了不少外国客人。九重天酒吧设计幽雅神秘，窄仄的楼梯连接着一个隐蔽的夹层酒吧，酒吧距离地面330多米，加上金茂特色的大落地窗户，眺望窗外，时而云雾缭绕，恍若隔世。这里不是热力四射、氛围动感的买醉场所，而是朋友间交心畅谈的绝佳之处。

浦东香格里拉酒店的翡翠36酒吧以位居36层、设计外形酷似翡翠珠宝盒得名。酒吧入口的设计酷似鸟笼，门帘徐徐旋转，引你进入别样洞天。炫目撩人的色彩设计冲击着你的视觉神经，展现了设计师对中国元素的诠释。吧台由翡翠色的雾状玻璃和真皮皮革包裹而成，犹如一个半开放的翡翠珠宝盒。内部装饰为豪华玫红色，鲜红色帷幔窗帘，属现代派风格。这里以观赏"最临近江景"酒吧著称。在西侧，黄浦江横亘眼前，似乎感到迎面扑来的水汽，向你倾诉一个温润多情的夜上海。酒吧北面，透过妖娆鲜红印花的帷幔看到东方明珠呈现的另一种姿态。酒吧对面是翡翠36餐厅，可以随时供应特色餐点。

皇家艾美65层的789酒吧很有特色：酒吧的一角摆放着一张白色的大床，轻纱围绕，可以和朋友或坐或躺在床上聊天。来自荷兰的酒吧经理介绍说，酒吧派对很丰富，每周四晚上有"拉丁狂欢之夜"派对，有专门的老师来教跳Salsa舞；每周五晚上是女士之夜，女士们可以体验一份"周五皇后"的礼遇："皇后"般的恭迎，目睹皇室套房，任由香槟滑过唇齿。

同样现代风格的浦东福朋喜来登集团酒店酒吧则走起了运动路线。酒吧的装饰尽显运动特质，吧台桌面、吧台椅的小后背，都直接使用不锈钢面，有两面墙也采用了金属感的装饰。吧台顶的兽纹图案的灯罩和地毯动感的纹状遥相呼应，墙上挂着运动场景的照片。台球桌、足球游艺台摆放其中，每个桌上摆着骰子，还有各类益智类玩具。酒店的市场公关主任告诉记者，这里就像美国的小酒馆，客人可以大杯地饮用啤酒。

2. 优雅怀旧派

相对于现代风格的时尚设计，拥有怀旧气氛的酒店则带领客人穿越时光隧道。无论是神秘中世纪还是经典老上海，无论是慵懒的贵妃椅还是黑白怀旧的老照片，置身这些逝去的曾经，让人忘却尘嚣。

伴随着永不落幕的蓝调爵士，进入威斯汀的丽心酒吧，与舒缓的音乐相得益彰的是这里浓浓的怀旧气氛。酒吧的客人主要以酒店客人为主，大部分客人来酒吧更多是为了放松，怀旧氛围会让客人觉得很舒适。酒吧的座位安排是少见的家庭式排列，墙上10张相片里的人物都是美国爵士乐手。由于酒吧在二楼，窗外的景色与那些高层的酒吧相比不占优势，但是窗户的设计却很独特，外面的灯光不是通过窗户直接进来，而是先经过窗台前的大木格子，显得更为温柔。

在锦江汤臣洲际大酒店的爱吧，同样感受到了浓重的怀旧气氛。这个拥有160张座位的酒吧主色调是棕色、灰色，吧台、圆桌，甚至烛台都是比较规则的几何图形，就连投影仪投在墙上的图形也是三角形与圆形。几根摇曳的蜡烛，让墙上密密麻麻的黑白老照片更显怀旧。照片有几百张，有抬着轿子戴着清代帽子的士兵，有坐着黄包车盘着发髻的清代贵妇，有推着手推车的朴素百姓，还有学张果老骑驴子的商人，随意组合却可以看出时代的变迁。酒吧的工作人员告诉记者，这些照片都是从不同地方淘来的，如果客人喜欢，也可以购买。

3. 美酒佳肴派

凭借美味佳肴吸引顾客的酒吧中，JW's 万豪酒店以高档齐全的香槟雪茄以及各式特色的小点心赢得了不少分数；大宁福朋喜来登酒店的西班牙餐厅酒吧，则为你带来纯正的西班牙正餐以及特色 Tapas 小点心。

走进 JW's 酒吧印着无数玫瑰花图案的大门，走廊两边是波浪形的储酒廊，种类繁多的香槟酒在提醒人们这里以香槟见长。这里供应的香槟是上海最全的，而香槟酒本身气质奢华，又具备欢庆愉悦的氛围营造力，目前主推荐保乐力加的顶级香槟"巴黎之花"。当然喜欢雪茄的人，穿过一重上海风情装饰的玻璃门，就可以到优雅的898雪茄吧来享受雪茄带来的乐趣。对偏爱小食的女孩子来说，酒吧推出的"美食之旅"系列小食也是一个不错的选择，如"Wagu 牛排之旅""三文鱼卷之旅"等，每个系列都由4种不同口味构成。下班后和几个好朋友在这里背倚城市美景，尽享美酒，一天的劳顿会顷刻消失。

大宁福朋喜来登酒店一楼的西班牙餐厅酒吧（Siempre Tapas）带来的是惬意的西班牙风情。充满幻想的多彩马赛克图案墙壁，精心放置的欧洲风情的鲜花及艺术品，西班牙风情让人神往。客人可以在高脚吧台喝上几杯，也可以在旁边的用餐区享用正餐。很多外国友人喜欢选择室外露天的雅座，他们觉得在户外更愉悦和放松。空气中弥漫的西班牙美食香味更是挑逗你的味蕾。这里供应西班牙特色的 Tapas 小吃和正餐，从鸡尾酒、葡萄酒到西班牙海鲜饭等，一应俱全，另外，餐厅还会定期更新菜单。

东锦江索菲特的 X Sensation 旋转餐厅把美食与美酒融为一体，酒吧风格现代却不失神秘。入口处是华贵的银珠垂帘，透着深宫大院气息的深红色隔厅柜，灯光迷离的壁式酒柜，不拘一格延伸着枝蔓的装饰植物。这里的法国菜做得很出色，不仅秉持了法国菜系一贯精致的风格，更加入了许多上海元素。巴黎和上海，两座别具风情的摩登都市，在此刻遥相呼应，奏出了一支美妙绝伦的味蕾之曲。

（资料来源：刘晓兰，耿秋丽．酒店酒吧：美景雕琢高雅浪漫[N]．环球时报，2011-1-1.）

思考题：

1. 什么是酒吧？

2. 什么样的酒吧更吸引顾客？

想要管理好酒吧，必须先要认识和了解酒吧，从而掌握酒吧的运行规律，并善于在实践中运用酒吧管理理论，最终通过有效的执行管理职能来实现酒吧的各个经营管理目标。管理酒吧是一项极富挑战性的工作，酒吧管理要集科学性、技术性与艺术性于一体。本章是全书内容的基础，从这里走进五光十色的酒吧，领略不一样的风情，并最终成为极具魅力的酒吧服务与管理专业人士。

第一节　酒吧的定义和分类

教学目标：

1. 了解酒吧的定义。

2. 了解酒吧的特点。

一、酒吧的定义

酒吧一词来源于英文（Bar）的谐音，"酒吧"（Bar）一词产生于粗犷的美国西部，西部人有点野，卖酒的小店老板生怕酒客打起架来砸了他们的柜台和货架，所以在柜台外面架起了栏杆，要打架就在栏杆外面打。Bar就是"栏杆""横梁""棒条"的意思，从此，这样的小酒店就叫"吧"。最早的酒吧里是没有桌子和凳子的，是不想让喝醉酒的人待在酒店里；想喝酒就靠在栏杆上喝，喝完了走人。

到了19世纪，美国的大饭店里都开始设酒吧，上档次的饭店一般都有一个法式餐厅和一个美式酒吧。1919年，欧洲开始兴起酒吧文化，而当时正是美国的禁酒年代。苏格兰人哈里·麦克埃尔霍恩在巴黎开设了一家"纽约酒吧"，他的酒吧有特色、气派，有火车站的候车大厅那么大。这个酒吧后来成为知识分子和文艺界人士聚会的场所，美国作家海明威、法国作家萨特、美国作曲家格什温等都是这里的常客。哈里的"纽约酒吧"供应180多种鸡尾酒。今天，全世界都有按哈里模式建造的酒吧。

随着社会的发展，酒吧由原先敞露变成封闭的室内经营方式，也不再只是提供单一的酒品。现代酒吧经营的品种涉及酒、茶、咖啡、简餐、雪茄等，提供的服务和经营特色趋于大众化、个性化、多功能化、现代化及娱乐性、休闲性等方向发展。酒吧与网吧、氧吧、球吧等时尚元素融合，成为现代酒吧经营的方向。从世界范围来看，酒吧业也越来越受到人们的欢迎，与现代酒店业的发展一样，世界性的酒吧经营管理集团林立，酒吧的风格日新月异，成为经久不衰的服务性行业。

什么是酒吧？狭义上，酒吧就是专门出售酒水饮料和服务，供人怡情、交友、聚会的营业场所。广义地说，茶吧（茶馆）、咖啡吧（咖啡馆）具备相同的功能，都出售酒、茶、咖啡等产品，同属于一类娱乐休闲场所。

二、酒吧的分类

酒吧的分类方式有很多，国际上也没有统一的标准，一般可以按服务方式、服务内容和经营形式来分类。

（一）根据服务方式分类

1. 主酒吧（Open Bar 或 Main Bar）

主酒吧也叫英美正式酒吧，在国外也有叫 English Pub 或 Cash Bar 这类酒吧的特点是客人直接面对调酒师坐在酒吧台前，当面欣赏调酒师的操作，调酒师从准备材料到酒水的调制和服务全过程都在客人的目视下完成。主酒吧不但要装饰高雅、美观、格调别致，而且在酒水摆设和酒杯摆设中要创造气氛，吸引客人来喝酒，并使客人觉得置身其中饮酒是一种享受。

2. 酒廊（lounge）

酒廊通常带有咖啡厅的形式特征，格调及其装修布局也近似。但只供应饮料和小食，不供应主食。也有一些座位在酒吧台前面，但客人一般不喜欢坐上去。这类酒吧有两种形式，一是大堂酒吧（Lobby Lounge），在饭店的大堂设置，主要为饭店客人服务，让客人可以暂时休息、等人、等车等。二是音乐厅（Music Room），其中也包括歌舞厅和卡拉 OK 厅。在饭店多数是综合音乐厅，里面有小乐队演奏，有小舞池供客人跳舞。

3. 服务酒吧（Service Bar）

在中、西餐厅中设置。一般在中餐厅中较简单，调酒师不需直接与客人打交道，只要按酒水单供应就行了。酒水摆设也以中国酒为主。西餐厅中的服务酒吧要求较高，主要是有数量多，品种齐全的餐酒（葡萄酒），特别红、白葡萄酒的存放温度和方法不同，需配备餐酒库和立式冷柜。在国外的饭店中，西餐厅的酒库显得特别重要，因为西餐酒水配餐的格调水准都在这里体现出来。

4. 宴会酒吧（Banquet Bar）

宴会酒吧是根据宴会形式和人数而摆设的酒吧，通常是按鸡尾酒会、贵宾厅房、婚宴形式的不同而作相应的摆设，但只是临时性的，变化很多。外卖酒吧（Catering Bar）是宴会酒吧中的一种特殊形式，在外卖情况下摆。

（二）根据服务内容分类

1. 供应纯饮品酒吧

相对于提供食品的酒吧而言，此类酒吧主要提供各类饮品，但也有一些佐酒小吃，如果脯、杏仁、腰果、果仁、蚕豆等坚果食品类，因为据科学验证，人们喝酒之后流失最多的就是此类食品中所含的物质，一般娱乐中心、机场、码头、车站等的酒吧属此类。

2. 供应食品的酒吧

供应食品的酒吧可分为以下几种。

（1）餐厅酒吧。绝大多数餐厅都设有酒吧或吧台，这种附属于餐厅的酒吧或吧台大部分只是辅助餐厅中食物的经营，仅作为吸引客人消费的一种手段，所以，其酒水销售的利润相对于单纯的酒吧要低，品种也较少。但目前在高档餐厅中，其品种及服务有增强趋势。

（2）小吃型酒吧。从一般意义上讲，有食品供应的酒吧的吸引力总是要大一些，客人消费也会多一些，所以，建议酒吧在有可能的情况下兼有小食品供应。因食品与酒水的消费往往是相辅相成的，所以有食品自然会使客人增加消费。小食品往往是有独特风味及易于制作的小吃，如三明治、汉堡包、炸猪排、炸鱼排、炸牛排等或地方风味小吃。在这种以酒水为主的酒吧中，小吃的利润高些客人也能接受。

（3）夜宵式酒吧。这种酒吧往往是夜间的高档餐厅。入夜，餐厅将其环境布置成类似酒吧型，有酒吧特有的灯光及音响设备。产品上，酒水与食品并重，客人可单纯享用夜宵或其特色小吃，也可单纯用饮品，这种环境与经营方式对某些人也具有相当吸引力。

3. 娱乐型酒吧

娱乐型酒吧的环境布置及服务主要是为了满足寻求刺激、兴奋、发泄的客人，所以这种酒吧往往设有乐队、舞池、卡拉 OK、时装表演等，有时甚至是娱乐为主、酒吧为辅，所以其吧台在总体设计中所占空间较小，而舞池较大。此类酒吧气氛热烈、活泼，而强烈的灯光设计使人觉得冲动、兴奋，亮色和粗的模型显得刺激，在这样的环境中，客人心情会彻底地放松。大多数青年人较喜欢刺激豪放类酒吧。

4. 休闲型酒吧

休闲型酒吧通常也可称为茶座或咖啡吧，是客人在进行了一次紧张的旅行之后或公务之余松弛精神、怡情养性的场所。此类场所主要为寻求放松、谈话、约会的客人而设，所以要求座位舒适、灯光柔和、音响的音量小、环境温馨优雅。除其他饮品外，供应的饮料品种以软饮料为主，茶和咖啡是其所售饮品中的大项。

5. 俱乐部、沙龙型酒吧

俱乐部、沙龙型酒吧是由具有相同兴趣、爱好、职业背景、社会背景等的人群组成的松散型社会团体，谈论共同感兴趣的话题、交换意见及看法、定期聚会的场所，同时有饮品供应。如在城市中可看到的"企业家俱乐部""股票沙龙""艺术家俱乐部""单身俱乐部"等场所。

（三）根据经营形式分类

1. 附属经营酒吧

（1）娱乐中心酒吧。附属于某一大型娱乐中心，客人在娱乐之余，往往要到酒吧饮一杯酒，以增强兴致。此类酒吧往往只供应含酒精量低及不含酒精的饮品，属增兴服务，使客人在运动、兴奋之余，获得另一种状态的休息和放松。

（2）购物中心酒吧。大型购物中心或商场中也常设有酒吧。现代社会购物也是一种享受，此类酒吧，往往为人们购物之后休息及欣赏其所购置物品而设，主要经营不含酒精的饮料。

（3）饭店酒吧。此类酒吧为旅游住店客人特设，也接纳当地客人。我们知道，酒吧最早是在饭店的初级形式——客栈中出现的。虽然现在已有许多酒吧独立于饭店而存在，但饭店中的酒吧仍是随饭店的发展而发展，而且饭店中酒吧往往是某一地区或城市中最好的。饭店中酒吧设施，商品、服务项目较全，客房中可有小酒吧，大厅中可有鸡尾酒廊，同时还可根据客人需求设歌舞厅等，开展各种服务。

（4）航空机、火车、轮船酒吧。为旅客旅途中消磨时光、增加兴致，航空、火车、轮船上也常设有酒吧，但仅提供无酒精饮料及含低度酒精的饮品。

2. 独立经营酒吧

相对前面几类而言，独立经营酒吧与其他大类经营无明显的附属关系，单独设立。但此类酒吧往往经营品种较全，服务及设施较好，或有其他娱乐项目经营，交通方便，也能吸引客人。

（1）市中心酒吧。大部分酒吧都建在市中心，市中心酒吧一般设施和服务都较全面，常年营业，顾客逗留时间较长，消费也较多。由于设在市中心的酒吧很多，所以这类酒吧总是面临着竞争。

（2）交通终点酒吧。交通终点酒吧设在机场、火车站、港口等旅客中转地，旅客因某种原因需要滞留及等候时，为消磨等候时间、休息放松，会去酒吧消费。在这类酒吧消费的客人一般逗留时间较短，消费量也较少，但座位周转率会很高。交通终点酒吧一般经营品种较少，服务设施也较简单。

（3）旅游地酒吧。旅游地酒吧设在海滨、森林、温泉、湖畔等风景旅游地，供游人在游览之余放松及娱乐，一般都有舞池、卡拉 OK 等娱乐设施，但所经营的饮料品种较少。

（4）客房小酒吧。此类酒吧设在酒店客房内，客人可以在自己的房间内随意饮用各类酒水或饮料。这种酒吧在国内饭店并不多见，它是高级客房才有的。但随着酒吧业的不断发展，这类酒吧已被许多大饭店采用。

 课外资料 1-1

中国酒吧特色与地域发展

在中国，酒吧是一个移植过来的公共空间。与酒吧在西方嬗变的历史相比，可以说酒吧在中国只不过一个没有历史的空间、一个舶来的想象性空间。酒吧这一想象性空间构成中国人关于西方的想象的空间和空间的想象。在这种关于西方的想象中，时尚的消费充斥其间。在许多人眼里，它所呈现的几乎就是西方人唯一的娱乐休闲方式，一个经常出现的公共交往空间。全球化的浪潮、经济一体化的趋势，从地理政治学的角度说，都不过是西方化的过程。西方公共空间里所展示的西方化生活方式也就当然成为时尚效仿的对象。

然而，一个没有历史的空间，就像一个没有历史的人一样，时髦起来总会是如此地轻盈。在这一片轻盈的曼舞中，酒吧已成为一个空洞的时尚风景。

一个空间舶移过来的无历史的风景靠什么来支撑它的时尚流行呢？泡吧一族也许会说，虽然我不了解酒吧的历史，其实我从来也不想去了解什么历史。因为，我喜欢，并不需要理由；我体验，并不需要历史。对酒吧，我有我主张，我有我体验，我有我想象。

酒吧在中国虽然是一个无历史的空洞风景，但这一风景的空洞其实也并不是一片空白。否则谁都不愿意站在一片空白的风景中嬉戏。是什么填充了这一风景的空洞呢？填满充盈这一空洞风景的充填物是一些什么东西呢？应该说是文化想象。具体来说，是关于西方的文化想象构成了这些充填物。关于西方的文化想象成为酒吧风景的充填物，正是这些想象之物使酒吧的空洞在中国变得色彩缤纷，并极富特殊的意味。

20 世纪 80 年代初，关于西方的文化想象构成了当代中国普遍的社会心理现象。改革开放以来，国门大开。国人从封闭、专制、动乱、落后的历史中走出来，开始睁开眼睛看世界。西方社会的发展进步令国人惊羡不已。一种崇尚西方的社会心理迅速滋生并蔓延。20 世纪 80 年代家用电器的进口，西方的进步以具体可感的产品形式进入寻常百姓的日常生活之中。这是一种充满诱惑、难以抵御的物质力量。除了物质的力量，还有文化的冲击，西方影视作品的引进传播，更使人们从直观感性的影像中感受西方的魅力。在 20 世纪 80 年代初的中国，人们在拥挤简陋的小饭店用大碗喝着限量出售的啤酒；排着长队用水壶打啤酒，回家后像过节一样开怀畅饮。生活在这种境况下的人们，看到西方影视镜像中灯红酒绿的酒吧时，那种美慕渴求的感觉可想而知。酒吧是随着外国人来华而开始进入中国的。那时，只有涉外宾馆即只接待外国人的宾馆，才开有酒吧之类的消费空间。它成了一个既神秘又令人神往的地方。关于酒吧的文化想象，可以直接满足人们对西方的崇尚心理。酒吧为人们提供了一个可以置身于西方氛围的空间，它是关于西方的文化想象成为可以触摸、可以感受、可以品尝、可以体验的实在场景。

从酒吧兴旺的地域分布看，酒吧一开始多是在对外开放力度较大的沿海大都市发展起来的。北京、上海、广州、深圳等大都市，先后形成了较有规模的酒吧集聚地带。比较有名的有：北京的三里屯和北海后街酒吧一条街、上海的衡山路和茂名南路酒吧一条街、广州的沿江路和白鹅潭酒吧一条街。这些酒吧集聚地带的形成都与外国人旅居之地有着紧密的关联。它们大都在外国使馆区，如北京的三里屯；或是外国游客较多的豪华宾馆附近地区，如上海的衡山路酒吧一条街和广州的白鹅潭酒吧一条街。这种空间的邻近与接近，表明酒吧的空间生产与西方化有着十分紧密的联系。

从酒吧的名称来看，西方化的追求与模仿对酒吧的风格产生了至关重要的影响。酒吧在宣传自己时，经常标举自己的英式风格、美式风格、欧式风格等，并以此作为招徕顾客的经营招牌。经过网上的查询，我们看到酒吧命名的西方化是一个极为普遍的现象，如爱尔兰酒吧、威尼斯酒吧、苏格兰酒吧、圣保罗酒吧、法兰西酒吧、巴黎酒吧、夏威夷酒吧、好莱坞酒吧、香榭丽舍酒吧、爵士酒吧、诺亚方舟酒吧、鸡尾酒酒吧等，无一不直接坦露西方化的风格。这些西式的招牌，展示着酒吧的西方化形象，满足着人们关于西方的文化想象。

应该看到的是，中国对西方的文化想象，一直存在着过度诠释的现象。这种过度诠释的文化想象，直接来自人们对西方认同的崇迷心态。在许多人眼里，外国的月亮都比中国的圆。过度的想象与诠释，夸大了西方的一切，使西方的一切成为时尚流行，成为人们心向往之的追求，成为风靡一时的潮流。"吧"字的风靡流行便是这种过度想象与过度诠释的产物。在西方，大多数情况下，Bar 主要特指酒吧这一空间场所，而在中国，"吧"的意指几乎扩展到所有的公共消费空间。于是，便有了各种各样的"吧"：茶吧、网吧、影吧、泥吧、陶吧、书吧、氧吧、聊吧、说吧等。"吧"取代了"馆""院""楼""坊""店"等古老的空间场所词汇，使所有的消费空间场所附着上鲜明的西方色彩，成为一种风靡空间的流行时尚。

区域特色

"有音乐，有酒，还有很多的人"。一般人对酒吧的认识似乎只至于此，作为西方酒文化标准模式，酒吧越来越受到人们的重视。"酒吧文化"酒吧，悄悄地，却是越来越多地出现在20世纪90年代中国大都市的一个个角落。北京的酒吧品种多多，上海的酒吧情调迷人，深圳的酒吧最不乏激情，它成为青年人的天下，亚文化的发生地。酒吧的兴起和红火整个中国的经济、社会、文化的变化都有着密不可分的关系，酒吧的步伐始终跟随着时代。

北京。北京是全国城市中酒吧最多的一个地方，总共有400家左右。经常去泡吧的人主要是：在华的外籍人士、留学生、生意人、白领阶层、艺术家、大学生、娱乐圈人士及有经济能力的社会闲散人士等。北京的酒吧一般装饰讲究，服务周到，而酒吧的经营方式更是形形色色，各有特色。从音乐风格和装饰风格的区别也决定了消费对象的情趣选择。北京的酒吧是国内最多种多样的：利用废弃大巴士的"汽车酒吧"；与足球相关的"足球酒吧"；能在里面看电影的"电影酒吧"；充满艺术情调的"艺术家酒吧"，还有挂满汽车牌照的"博物馆酒吧"，当然，能连上 Internet 的"网吧"更是遍地春风。北京的酒吧有大有小，生意也有好有坏，大的像"向日葵"（已停业）有六七百平方米，小的如"年华"只有20多平方米。

上海。上海的酒吧已出现基本稳定的三种格局，三类酒吧各有自己的鲜明特色，各有自己的特殊情调，由此也各有自己的基本常客。第一类酒吧就是校园酒吧，集中在上海东北角，以复旦、同济大学为依托，江湾五角场为中心，如"Hard Rock""单身贵族""黑匣子""亲密伴侣 Sweet Heart"等。从吧名就能"嗅出"其中的气味。这批酒吧最大的特色就是前卫，前卫的布置、前卫的音乐、前卫的话题。变异夸张的墙面画，别出心裁的题记，大多出于顾客随心所欲的涂写，不放流行音乐，没有轻柔的音乐，从头到尾播的都是摇滚音乐，每逢周末有表演，常有外国留学生夹杂其中，裸着上身忘情敲打。第二类是音乐酒吧，这类酒吧主要讲究气氛情调和音乐效果，都配有专业级音响设备和最新潮的音乐 CD，时常还有乐队表演。柔和的灯光、柔软的墙饰，加上柔美的音乐，吸引着不少注重品位的音乐爱好者。日常经营往往都有音乐专业人士在背后指点，有的经营者就是音乐界人士和电视台、电台音乐节目的主持人。第三类是商业酒吧，这类酒吧无论大小，追求的是西方酒吧的温馨、随意和尽情地气氛，主要集中在大宾馆和商业街市。

深圳。深圳最早出现的是一间名叫"红公爵"的酒吧，它没有表演，也没有卡拉OK，人们只是在里面喝酒、聊天和跳 DISCO。它的地方不大，装修也较随意，但却很受人欢迎；座位很拥挤，但使人更亲近；舞池很小，但 DJ 播出来的音乐却使人跳得很疯狂。酒吧成为一种急速发展的亚文化现象，开始受到深圳社会的关注，并吸引不同年龄、不同阶层的人去尝试和参与。各式各样的酒吧和 DISCO 开始在深圳流行起来，这种新的娱乐概念开始成为深圳生活的主流。深圳的酒吧最主要的特点是大型的音乐 Party（DISCO）及疯狂的电子音乐。那种强劲节拍的牵引和身处人群的参与感，令许多人几乎忘了自己。

1996 年年底，在欧美及日本风行多时的 Rave Party（锐舞派对）和 Club Culture（俱乐部文化）开始正式传如深圳。1997 年 10 月在 HOUSE 举办的 Ministry of Sound Party 和在"阳光 JJ"举办的 The Future Mix Party 第一次让深圳人领略到 Rave Party 的疯狂魔力，由欧洲顶级 DJ 所带来的新兴电子音乐和舞曲令人疯狂起舞直至通宵达旦，他们的精彩现场混音和打碟表演令深圳人耳目一新。由 Rave Party 所引发的音乐、时装和娱乐潮流在酒吧和 DISCO 里成为一道风景，映照着深圳城市的生活夜空。

成都。成都是中国西部酒吧的缩影，这里最出名的莫过于九眼桥酒吧一条街。而近年，发展了更多的夜店聚集地，如少陵路、兰桂坊，这里特别要提到的是兰桂坊。

20 世纪 80 年代，当加拿大商人盛智文博士（Allan Zeman）将西方的休闲享乐生活方式以美食、美酒的形式带入香港兰桂坊时，这条位于市中心但却并不出名的小街迅速成为当地年轻人、商家、外国人士和旅客相约的乐土。在盛智文博士的带领下，兰桂坊随着过去几十年不断发展，现已拥有超过 100 间酒吧、餐馆、会所和生活商店。每天热闹的气氛及四季不断的丰盛节目总为大家带来无限惊喜，国际大都会气色浓得化不开！兰桂坊已成国际风尚的完美对接……

2009 年，盛智文博士决定把兰桂坊这个伴着香港人成长的品牌带来中国的四川省省会、有"天府之国"美誉的成都，为当地人民引进一种全新的香港国际化生活方式和态度。地处成都香格里拉大酒店和即将开业的天府时代广场之间的黄金地段，毗邻东大街金融区和未来的地铁出口，成都兰桂坊是兰桂坊集团目前在国内最大的投资项目。它是为成都日新月异的消费需求精心打造的集购物、餐饮、娱乐于一体的多元化休闲中心，致力于营造兰桂坊品牌所带来的欢乐和惊喜，为追求时尚、高品质生活的人士带来无限畅想和期待。清晨舒展身心的 SPA 和独具匠心的造型设计，午间创意无限的佳肴，下午香浓的咖啡小歇，引领时尚的购物天堂，晚间良朋共享的醇酒美食，子夜酒吧和 KTV 的高歌狂欢……成都兰桂坊精彩纷呈的时尚派对和特色节目让人们激情澎湃，流连忘返！

（资料来源：残霏. 酒吧文化[OL]. 百度百科，http://baike.baidu.com/view/40747.htm，2015-3-21.）

评估练习

1. 现代酒吧的概念是什么？

2. 酒吧按服务方式分类可以分为哪几类？

3. 酒吧按服务内容分类可以分为哪几类？

第二节 酒吧的组织机构与岗位职责

教学目标：

1. 掌握酒吧的组织机构。

2. 明确各岗位的工作职责。

一、酒吧的组织结构

有些四星级或五星级大饭店，一般都设立酒水部（Beverage Department），包括舞厅、咖啡厅和大堂酒吧等。在国外或中国香港地区，酒吧经理通常也兼管咖啡厅。

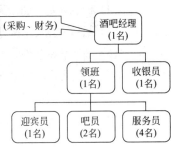

图 1-1 某酒吧的组织结构图

酒吧的组织结构通常由饭店中酒吧的数量决定。一般情况下，每个服务酒吧配备吧员和服务员 4～5 人，主酒吧配备领班、吧员（调酒师）、收银员、迎宾员、服务员。酒廊可根据座位数来配备人员，通常 10～15 个座位配备 1 人。人数配备一般要考虑两班制，如一班制时人数可减少。具体结构如图 1-1 所示。

二、酒吧员工的岗位职责

1. 酒吧经理职责范围

（1）保证各酒吧处于良好的工作状态和营业状态。

（2）正常供应各类酒水，制订销售计划。

（3）编排员工工作时间表，合理安排员工休假。

（4）根据需要调动、安排员工工作。

（5）督促下属员工努力工作，鼓励员工积极学习业务知识，求取上进。

（6）制订培训计划，安排培训内容，培训员工。

（7）根据员工工作表现做好评估工作，提升优秀员工，并且执行各项规章和纪律。

（8）检查各酒吧每日工作情况。

（9）控制酒水成本，防止浪费，减少损耗，严防失窃。

（10）处理客人投诉或其他部门的投诉，调解员工纠纷。

（11）按需要预备各种宴会酒水。

（12）制定酒吧各类用具清单，定期检查补充。

（13）检查食品仓库酒水存货情况，填写酒水采购申请表。

（14）熟悉各类酒水的服务程序和酒水价格。

（15）制定各项鸡尾酒的配方及各类酒水的销售标准。

（16）定出各类酒吧的酒杯及玻璃器皿清单，并定期检查补充。

（17）负责解决员工的各种实际问题，例如制服、调班、加班、就餐、业余活动等。

（18）沟通上下级之间的关系。向下传达上级的决策，向上反映员工情况。

（19）完成每月工作报告。向饮食部经理汇报工作情况。

（20）监督完成每月酒水盘点工作。

（21）审核、签批酒水领货单、百货领货单、棉织品领货单、工程维修单、酒吧调拨。

2．酒吧副经理职责范围

（1）保证酒吧处于良好的工作状态。

（2）协助酒吧经理制订销售计划。

（3）编排员工工作时间。合理安排员工假期。

（4）根据需要调动、安排员工工作。

（5）督导下属员工努力工作。

（6）负责准备各种酒水销售服务，熟悉各类服务程序和酒水价格。

（7）协助经理制订培训计划，培训员工。

（8）协助制定鸡尾酒的配方以及各类酒水的销售分量标准。

（9）检查酒吧日常工作情况。

（10）控制酒水成本，防止浪费，减少损耗，严防失窃。

（11）根据员工表现做好评估工作，执行各项纪律。

（12）处理客人投诉和其他部门投诉，调解员工纠纷。

（13）负责各种宴会的酒水预备工作。

（14）协助酒吧经理制定各类用具清单，并定期检查补充。

（15）检查食品仓库酒水存货情况。

（16）检查员工考勤，安排人力。

（17）负责解决员工的各种实际问题，例如制服、调班、加班、业余活动等。

（18）监督酒吧员工完成每月盘点工作。

（19）协助酒吧经理完成每月工作报告。

（20）沟通上下级之间的关系。

（21）酒吧经理缺席时代理酒吧经理行使其各项职责。

3．酒吧领班职责范围

（1）保证酒吧处于良好的工作状态。

（2）正常供应各类酒水，做好销售记录。

（3）督导下属员工努力工作。

（4）负责各种酒水服务，熟悉各类酒水的服务程序和酒水价格。

（5）根据配方鉴定混合饮料的味道，熟悉其分量，能够指导下属员工。

（6）协助经理制定鸡尾酒的配方以及各类酒水的分量标准。

（7）根据销售需要保持酒吧的酒水存货。

（8）负责各类宴会的酒水预备和各项准备工作。

（9）管理及检查酒水销售时的开单、结账工作。

（10）控制酒水损耗，减少浪费，防止失窃。

（11）根据客人需要重新配制酒水。

（12）指导下属员工做好各种准备工作。

（13）检查每日工作情况，如酒水存量、员工意外事故、新员工报到等。

（14）检查员工报到情况，安排人力，防止岗位缺人。

（15）分派下属员工工作。

（16）检查食品仓库酒水存货状况。

（17）向上司提供合理化建议。

（18）处理客人投诉、调解员工纠纷。

（19）培训下属员工，根据员工表现做出鉴定。

（20）自己处理不了的事情及时转报上级。

4. 酒吧吧员（调酒师）职责范围

（1）根据销售状况每月从食品仓库领取所需酒水。

（2）按每日营业需要从仓库领取酒杯、银器、棉织品、水果等物品。

（3）清洗酒杯及各种用具、擦亮酒杯、清理冰箱。

（4）清洁酒吧各种家具，拖抹地板。

（5）将清洗盘内的冰块加满以备营业需要。

（6）摆好各类酒水及所需用的饮品以便工作。

（7）做好营业前准备工作，准备各种装饰水果，如柠檬片、橙角等。

（8）将空瓶、罐送回管事部清洗。

（9）补充各种酒水。

（10）营业中为客人更换烟灰缸。

（11）从清洗间将干净的酒杯取回酒吧。

（12）将啤酒、白葡萄酒、香槟和果汁放入冰箱保存。

（13）在营业中保持酒吧的干净和整洁。

（14）把垃圾送到垃圾房。

（15）补充鲜榨果汁和浓缩果汁。

（16）准备白糖水以便调酒时使用。

（17）在宴会前摆好各类服务酒吧。

（18）供应各类酒水及调制鸡尾酒。

（19）使各项出品达到饭店的要求和标准。

（20）每日盘点酒水。

5．酒吧服务员职责范围

（1）在酒吧范围内招呼客人。

（2）根据客人的要求写酒水供应单，到酒吧取酒水，并负责取单据给客人结账。

（3）按客人的要求供应酒水，提供令客人满意而又恰当的服务。

（4）保持酒吧的整齐、清洁，包括开始营业前及客人离去后摆好台椅等。

（5）做好营业前的一切准备工作，准备咖啡杯、碟、点心（西点）、茶壶和杯等。

（6）协助放好陈列的酒水。

（7）补足酒杯，空闲时擦亮酒杯。

（8）用干净的烟灰缸换下用过的烟灰缸。

（9）清理垃圾及客人用过的杯、碟并送到清洗部。

（10）熟悉各类酒水、各种杯子类型及酒水的价格。

（11）熟悉服务程序和要求。

（12）能用正确的英语与客人应答。

（13）营业繁忙时，协助调酒师制作各种饮品或鸡尾酒。

（14）协助调酒师清点存货，做好销售记录。

（15）协助填写酒吧用的各种表格。

（16）帮助调酒师、实习生补充酒水或搬运物品。

（17）清理酒吧内的设施，如台、椅、咖啡机、冰车和酒吧工具等。

6．酒吧收银员职责范围

（1）及时、准确向客人做好结算工作；每天盘点收款，做到日清日结。

（2）每日上岗前做好准备工作，补充足够单据、零钞，检查各种收银工具。

（3）熟悉酒吧概况、活动、区域状况，仔细检查现金是否有假币、残币。

（4）每日发生的招待、打折、摸零、预收定金、签单、退单及结账情况，按规定的权限执行，超出权限部分自行负责经济损失。

（5）协助经理做好现场固定资产的盘点和维护工作。

7．酒吧迎宾员职责范围

（1）掌握客情，接受客人的预订，并通知相关人员，安排留台。

（2）参加酒吧准备工作和酒吧服务的结束工作，并做好本岗位清洁卫生工作。

（3）在酒吧客满时，向客人礼貌地解释并建议客人等候，同时把客人的姓名、房号登记在记录本上，或推荐客人参加其他的娱乐项目。

（4）热情主动地迎送宾客，将客人引领到适当的位置，帮助拉椅让座，熟记常客及贵宾的姓名和职称。

（5）解答客人提出的所有问题，收集客人的意见及投诉，并及时向领班汇报。

（6）完成领班布置的其他各项工作。

酒吧的人员配备：酒吧人员配备有两项原则，一是酒吧工作时间，二是营业状况酒吧的营业时间多为上午 11 点至凌晨 2 点，上午客人是很少到酒吧去喝酒的，下午时间客人也不多，从傍晚直至午夜是营业高峰时间，营业状况主要看每天的营业额及供应酒水的杯数。

酒吧的工作安排：按酒吧日工作量的多少来安排人员。通常上午时间，只是开吧和领货，可以少安排人员；晚上营业繁忙，所以多安排人员。在交接班时，上下班的人员必须有半小时至一小时的交接时间，以清点酒水和办理交接班手续。酒吧采取轮休制。节假日可取消休息，在生意清闲时补休。工作量特别大或营业超计划时可安排调酒员加班加点，同时给予足够的补偿。

评估练习

1. 酒吧一般有哪些岗位？
2. 酒吧应按照什么原则来配备人员？

第三节　酒吧的结构

教学目标：

1. 了解酒吧的结构。
2. 熟悉吧台设置的原则。

创建一间酒吧涉及方方面面的内容，包括选择合理的营业场所，申请合法的营业手续，制定完善的管理制度等诸多问题。本节不讨论这些内容，而是先从酒吧的内部结构及其装修设计问题开始。

一、酒吧的结构

酒吧结构因客源市场、服务功能级空间大小等不同会有不同的布局。就我国目前的酒吧来看，一般由以下几部分组成，见图 1-2。

1. 吧台

吧台是酒吧向客人提供酒水及其他服务的工作区域，是酒吧的核心部分。通常由吧台（前吧）、吧柜（后吧）以及操作台（中心吧）组成。吧台大小以及组成形状也因具体条件有所不同。

2. 音控室

音控室是酒吧灯光音响的控制中心。音控室不仅为酒吧座位区或包厢的客人提供所点歌曲服务，而且对酒吧进行音量调节和灯光控制，以满足客人听觉上的需要，并营造酒吧气氛。音控室一般设在舞池区附近，便于观察舞池情况，有时也会设计在吧台附近。

3. 舞池

舞池是一般酒吧不可缺少的空间，是客人活动的中心，面积根据酒吧功能有所不同。小到 50 平方米左右，大到 150 平方米以上（如迪吧）。通常舞池还附设有小舞台，供演绎人员

图 1-2　北京某酒吧内部图

表演专用。舞池旁有时会设衣物、物件寄放处，以方便客人。舞台的设置要尽量照顾到酒吧各个方位的客人视线，并与灯光音响相协调。

4. 座位区

座位区也称休息区，是客人聊天、品饮的主要场所。座位的摆放样式可多样化，可以是火车座式，也可以是圆桌围座式。位置一般都围绕舞池周围。

5. 包厢（单间）

包厢是为一些不愿被人打扰的团体或友人聚会提供的场所。包厢按大小可分为豪包、大包、中包、小包等，内设小舞池，做隔声处理，配备全套音响及点歌设备。

6. 卫生间

卫生间是酒吧不可缺少的设施，其卫生设施档次的高低和卫生洁净程度反映了酒吧的档次。卫生间要求设施及通风状况要符合卫生防疫部门规定的标准。

7. 娱乐活动区

娱乐项目主要有保龄球、飞镖、台球、室内游泳、桑拿、棋牌、卡拉 OK 和电子游戏等。设置娱乐项目是为了吸引客源、丰富酒吧经营，以提高酒吧效益。

二、吧台的设置

（一）设置原则

吧台设置虽然要因地制宜，但在布置吧台时，一般情况要注意以下几点。

1. 视觉显著

客人在刚进入时便能看到吧台的位置，感觉到吧台的存在。因为吧台是整个酒吧的中心和标志，客人应尽快地知道他们所享受的饮品及服务是从哪儿发出的。所以，一般来说，吧台应设在显著的位置，如进门处、正对门处等。

2. 方便服务客人

就酒吧设置而言，酒吧中任何一个角度坐着的客人都能得到快捷的服务，同时也便于服务人员的服务活动。

3. 合理地布置空间

酒吧空间有限，尽量使一定的空间既要多容纳客人，又要使客人不感到拥挤和杂乱无章，同时还要满足目标客人对环境的特殊要求。将吧台设在入口的右侧较吸引人的位置，即距门口几步的地方，而在左侧的空间设置半封闭式的火车座，同时应注意吧台设置处要留有一个不固定的空间以利于服务，这一点往往被一些酒吧所忽视，以至于使服务人员与客人争占空间，并存在着服务时由于拥挤将酒水洒落的危险。

（二）吧台的样式

1. 直线形吧台

直线形吧台的长度没有固定尺寸，一般认为，一个服务人员能有效控制的吧台最长是3m。如果吧台太长，服务人员就要增加，这样才能掌控现场服务。

2. U 形吧台

这种吧台一般安排三个或更多的操作点，两端抵住墙壁，在 U 形吧台的中间可以设置一个岛形储藏室用来存放个人用品和放置冰箱。

3. 环形吧台或中空方形吧台

环形吧台或中空方形吧台的中部应设计一个"中岛"供陈列酒类和储存物品。这种吧台的好处是能够充分展示酒类，也能为顾客提供较大的空间，但它使服务难度增大。若只有一个服务人员，则他必须照看四个区域，这样就会导致服务区域不能在有效的控制之中。

其实酒吧设计类型还是要根据实际经营情况相结合，这样才能设计出既实用又好看的吧台。

（三）吧台设计注意要点

1. 功能要齐全

酒吧应由前吧、操作台（中心吧）及后吧三部分组成。

2. 尺寸要恰当

吧台高度按照西方标准应为 107～117 厘米，而日本酒吧吧台同其他国家相比略矮。吧台的高度应随调酒师的平均身高而定，其正确的计算方法为：

$$吧台高度=调酒师平均身高 \times 0.618$$

吧台宽度按西方标准应为 41～46 厘米，在此基础上外延 20 厘米，以便顾客坐在吧台前时放置手臂。

吧台厚度为 4～5 厘米，外延常以厚实皮革包裹或以铜管装饰。

3. 操作台安排要科学

前吧下方的操作台，高度一般为 76 厘米，但也可根据调酒师的身高而定，高度达到调酒师手腕处，方便操作。操作台宽度约为 46 厘米，应使用不锈钢、大理石等容易清洁的材质做台面。操作台的设备应包括下列设备：三个洗涤槽、自动洗杯机、水池、储冰槽、酒瓶架、杯架、饮料或啤酒配出器等。

4. 后吧空间要合理

后吧高度通常为 175 厘米以上，但顶部不可高于调酒师伸手可及处，下层一般为 110 厘米，或与吧台（前吧）等高。后吧的作用是储藏和陈列，上层储存酒具、酒杯及各种瓶装酒，如配合混合饮料的各种烈酒；下层则陈列红葡萄酒及其他酒吧用品，冷藏柜里存放白葡萄酒、啤酒以及各种水果原料。

5. 工作走道要恰当

前吧至后吧的距离，即员工的工作走道，一般为 100 厘米，服务酒吧的走道更宽，有的达 300 厘米，且不可有其他设备向走道突出。当酒水、饮料供应量较大时，可以堆放酒类。

 课外资料 1-2

上海十大顶级酒吧

1. 九重天

世界最高的酒吧、喝酒首选气泡鸡尾酒、最低消费 88 元的九重天在金茂君悦的 87 层，距离地面 330 多米，被吉尼斯世界纪录千禧年版列为"世界最高的酒吧"。

九重天是一个环形酒吧，外环是金茂特有的大落地玻璃。华灯初上，临窗而坐，整个外滩的景色一览无余。

酒吧的装修充分利用了大厦内部独特的空间，立柱、斜撑钢梁和抛光镀铬镜面弧形连接，有种太空味。

夹层里有一种很高的椅子，2 米高的人坐上去脚也不会碰到地面，桌子是绿色的透明玻璃，在这里坐着喝酒的人有一种悬浮感。

九重天里大多会放一些轻音乐，有时也放爵士，因为这里应该是个很安静的地方。这里是上海最适合聊天、约会的酒吧，曾经有两个老外将这里包下来，进行他们的婚礼。

在这喝酒首选气泡鸡尾酒，品种很多，有一款就叫"九重天"，售价 87 元。

鲜虾春卷和炭烧牛肉味道很好，是这儿的招牌小吃。双人份，价格都在百元以下。甜品有冰激凌，最具特色的是"焦糖大冰山加烧香橙酒及脆樱桃"，售价 140 元。

现在九重天设了最低消费，每人 88 元。啤酒价格和衡山路上的酒吧差不多，50 元上下。

地址：浦东世纪大道 2 号，金茂君悦酒店 87 层。

2. 蝙蝠吧

五星级酒店下的旧仓库；每个月一个主题派对；每天晚上 9:30 有乐队演出；啤酒 50 元。走进富丽的香格里拉大堂，向左一拐，再从一个挂着巨型壁画的楼梯走下去，你会看到一个完全不同的世界。蝙蝠吧像是香格里拉的一个大仓库或地窖。

酒吧的名字和装修来自印度尼西亚雅加达的蝙蝠吧，那里的生意很好。在上海，人们似乎也很乐意接受这种风格。

酒吧的墙壁露出红砖的表面，带出地下和粗犷的味道。中央是一个很大的吧台，三三两两的老外坐在高脚椅上聊天。

吧台旁边有一个老式的理发店躺椅，这和酒吧里的一款特色酒有关。你需要做的只是躺在这把椅子上，张开嘴，酒保会把最好的 Tequla Layback 酒倒进你的胃里。

蝙蝠吧每天晚上 9：30 会有乐队的演出，都是从外国来的水准很高的流行乐队，大约 4 个月会换一支。

前几天，美国德州的牛排正式进入蝙蝠吧的西餐角。带来美味的同时，也带来了一头电子牛。坐在上面像坐在真正的公牛背上一样，剧烈地摇晃，感受西部牛仔驯牛的刺激。这种特殊的牛目前在上海只有一头。这里还有正宗的古巴雪茄供应，摆在一个特制的雪茄柜中。这里的软饮料价格 40 元，啤酒 50 元。

地址：浦东高城路 33 号。

3. California Club

这里的 California Margarita 独此一家；七成是外国人；周末人满为患。红是 California Club 最醒目的特征。红色的高脚椅、红色的沙发、红色的靠垫、红色的灯光和上海老外里最出挑的红男绿女，让 California Club 里有种神秘和暧昧的气氛。Club 里，也会有故事等待人在回忆里讲述。

这里的设计师是马来西亚人，交给香港人做装潢，拉来了整个广东的人马。California Club 是 Park 97 一部分，外面是两个风格迥异的餐馆，有趣的是，餐馆里的招牌菜也红得落落大方。

如果去得早一点，酒吧里人会很少，你可以找个沙发舒舒服服地坐下来，要一杯酒，与朋友聊天，或者干脆独自享受 Louis Amsrtong 忧郁的嗓音。

晚上 11 点左右，酒吧里的人渐渐多了起来，大概有七成的外国人。黑头发、黄眼睛的也大多是中国香港人和中国台湾人。来这里的共同原因是喜欢这里的环境和跳舞音乐。驻场 DJ 是 Daiya Kobayashi，通常这时候打的是 Hip-hop。

这里现在的生意很好，周末经常是人满为患，酒吧里装不下，一些人被挤到外面的餐馆里。跳舞时，大家是不会介意这些的，所有人穿着都很随便，肥大的 T 恤和裤子随着音乐摆来摆去，虽然在白天，他们都衣冠楚楚地出现在高级写字楼里。

地址：皋兰路 2 号，复兴公园内。

4. Goya

45 种以上的 Martini（马天尼）酒；演艺圈、广告界的人经常光顾。

Goya 拥有 45 种以上不同的 Martini（马天尼）酒，是上海 Martini 品种最齐全的酒吧。从美国回国的电影演员孙思翰两年前开办了这家酒吧，事务繁忙的他现在仍是 Channel V 的制作人。由于老板本人的原因，所以演艺圈、广告界的人经常光顾这里。Goya 来源于一个画家的名字，Goya 的名片上印有画家的作品《不着衣的玛哈》。

Goya 临街，门却开在一侧的弄堂里，外墙上刷着很朴素的灰色调的水泥，它以它的隐蔽和出奇的低调而引人注意。但这种方式使得每次在夜色里走到 Goya 门外都会有很强烈的感觉，特殊而亲切。

酒吧里全部的座椅都是特大的沙发，坐起来特别舒服，配合若隐若现又无处不在的柔和的曙红色灯光形成了这里最大的特色。墙上用石灰水抹上的旧粉红颜色很漂亮，顶上尖细的红色灯泡的光芒打在暗红古旧的墙上，渗出幽暗的美丽。

照明以烛光为主，墙上的烛台，桌上的水杯里漂浮的蜡烛，拉起的长长的帷帘隔开了相继的几个空间，有居家的感觉。音乐是孙思翰本人喜欢的另类而轻柔的那种，身陷特制的大沙发中，倾听低扬的音乐，人放松到几乎有了倦意，非常的舒适，是一个极适合三两个朋友休息闲聊的地方。

地址：新华路 359 号。

5. George V

英式怀旧酒吧；西班牙生火腿＋爵士乐队；晚上 7：30～8：30 酒水半价；Blues 歌手。

George V（乔治五世）在美××的斜对面，地处闹市，却独享清闲。像一个中年的英国绅士坐在摇椅上抽烟斗。走进去，这种感觉更为强烈。酒吧里所有装修的木头都闪着古老的光泽，连地板都经过精心的改造，彻底将人带进古老的时代。

酒吧有三层，上面两层是半环形，乐队演出时，从楼下向上看，正好是舞台。老板认为这样的设计有一种团结和开放性。舞台的背景是一个壁炉和上面的雕花饰板，中央嵌着一张老布鲁斯歌手的照片，告诉顾客这里的音乐口味。

爵士乐队演出的时间是星期三、四、六。其他时候是一个叫 Shawn Boy Blues 的美国吟唱歌手，他 2000 年才来上海，在 George V 里驻场。酒吧最热闹的是有客人上台即兴表演，看客的情绪也很快热起来。对面美××的人经常过来玩，而且有一支完整的乐队，水平姑且不说，即兴是最重要的。

这里所有鸡尾酒的中文名字都采用了经典电影和影星的名字，罗马假日、梦露、克拉克·盖博、魂断蓝桥，同里面的装修一样古老。酒单是用整块意大利进口的牛皮制作，单自身的价值就不菲。但酒水的价格在附近是比较低的，大杯的扎啤 35 元，一杯洋酒 25～45 元。在每天晚上的 7:30～8:30，客人还能享受到酒水半价。

地址：乌鲁木齐路 1 号甲。

6. 59 milestone

印度酒吧＋印度特色啤酒 Kingfisher，平均消费 30 元。

位于茂名南路 59 号老锦江饭店内的是 59 milestone。这样可以明白酒吧名字的由来。来自印度的老板给酒吧的命名颇为诱人。

整个酒吧的面积并不大，目测估计四五十个平方米。踩上地毯，进入酒吧，最先映入眼帘的是红色绒布的精致座椅。摆设其实非常简单，玻璃圆桌上放着两件印度器皿，一个小花瓶，内插一朵新鲜玫瑰，一个铜制的镂花夹子，上面有蛇、鱼等吉祥的图案，内夹一张白色餐巾纸。

墙纸和墙板上的挂件也很简单。镜框里的画是印度神话故事中手绘线描着色的，极其精致，色彩清晰，图案精美，但年代久远的样子，画都在一张宣纸上，边缘已经残缺。屋子中央的大柱也是包铜的。用铜片铺的天花板，仰头看去好似古代的女人在照镜子，这才知道打磨得光滑的铜片，照出的人也是有不同角度变化的，古人必定是要在心里综合起这些形象了。

最主要是这里的印度音乐，这里也许是全上海能听到最多最好印度音乐的地方。印度音乐不绝于耳。开业不久，就已经在上海颇有知名度。服务生是个年轻帅气的印度男孩，亲切而富有风度，他介绍说这里没有什么特别的活动和节目，唯一的特点是：如果你带来了自己的 CD，即便是其他类型的音乐，也可以在这里放。经常有一对年老的美国夫妇，带来他们喜爱的 CD，然后随着音乐在这里起舞。

地址：茂名南路 59 号，锦江饭店北楼一楼。

7. Judy's too

德国啤酒 Endingen（Dark of Blonde）；Kamikazzie（试管饮料）；上海最早由老外开的酒吧之一；黑人乐队的前身是入住上海最早的由老外开的酒吧之一，当时在武警会堂的地下室，距今已约有 11 年的历史。

这是一个有名的迪吧，文艺界的名人和玩客们经常光顾，在不大的室内拥挤在一起随着音乐疯狂舞动。乐队的名字也富有特色，名叫 Wala Wala，这是一支黑人乐队，但他们演奏的乐曲却非同名称那样带有简单的喧闹色彩，大多是一些舞曲和轻柔的音乐，当然也不排除疯狂。星期四有专场，届时客人特别多，老外们尤其喜欢——因为有国外 20 世纪 80 年代的老歌回放。这里以老外居多，最多的是德国人，其次是法国人、英国人。

酒吧的整体风格是以红色为基调，室内设计风格是中西结合的做旧。比如 Judy's too 最有特色的红漆门是以老上海店面的门板作为原型设计。室内的角落里有老上海的路灯照明，是那种颇为温暖的裸露着的圆形大灯泡。跳舞集中在地面上画出的 Judy's too 的圆形标志上。

地址：茂名南路 176 号。

8. M-box "音乐盒"

最好的伏特加；固定驻场乐队；主题派对；预先订位。

M-box 是 Absolut Vodka 的形象店，店里的很多地方都可以找到它的标识。而 Absolut Vodka 代表着世界上最好的伏特加，所以在 M-box 里，很有必要叫上一杯用它为主要原料调制成的鸡尾酒，虽然价格稍微贵了点。酒吧里装修的风格是旧木桶颜色的墙壁加上纯蓝色的座椅，样子有一点像远洋的船舱。空间开阔，显得很干净。设计师是一个中国台湾人。

我一进门时，就看见几个酒保在那耍酒瓶子，技术都不错。瓶子在他们手里上下翻飞，是个带动酒吧气氛的好方法。每天的晚上 9 点到 12 点，是乐队演出的时间。酒吧有一支固定的驻场乐队，以爵士和一些经典的英文流行曲为主，上海比较知名的酒吧歌手田果安、刘英英等经常在这里表演。演出开始，人陆陆续续地进来，很快场子就满了。所以有一点要注意，来之前最好先订好位子，特别是周末。M-box 每月还会有一个固定主题的派对。这里一般软性饮料的价位是 40 元。

地址：淮海中路 1325 号，百富勤广场 3 楼。

9. Bon Ami "朋友"

黑白相映；美日混合装饰风格；特色酒具格调是美国和日本混合。

Bon Ami 2000 年 4 月开张时，就已经颇有名气了，它也确实是一家很有特色和潜力的酒吧。Bon Ami 的老板是新加坡人，与他美丽的香港妻子合开了这家酒吧。"Bon Ami"是法文"朋友"的意思。

酒吧着意以环境取胜，主色调是永远的流行色——黑白两色。内里灯光幽暗，布质白色沙发套，围着黑色方木桌还有数列两两对应的长沙发。纸质的长方形灯罩看起来有大理石的纹路效果，和白色大理石的吧台配合默契。墙上的大幅挂画是抽象水墨和一些静物山水黑白摄影。

酒吧位于二楼，临街的墙被落地玻璃替代，窗外恰好有一棵茂盛的梧桐，另一侧也是层层幽深的云杉。酒吧的布局和布置都力求简洁，黑色花瓶里插有细长的干支，桌上的白瓷托盘里放着一颗硕大的圆形白烛。

吧台里有一种颇富特色的酒具，设计得非常精美的两个酒杯，并蒂相连。沙发上亲昵的情侣相拥而坐。由于楼下颇负盛名的 Bon Ami 餐厅，所以在楼上的酒吧里也可以品尝到做工精致的欧洲糕点。

地址：兴国路 380 号。

10. Cotton Club "棉花俱乐部"

上海最好的爵士乐酒吧；美国乐队。

墙上挂着相当多的 Billy Holiday、John Coltrane 等爵士乐大师们的海报，非常规整地嵌在正方形棕色木框内。

从门廊沿着弧形的吧台进入表演区，周围环境典雅，红棕色的樟木圆桌和墙板、吧台格调统一。不带肆意渲染或夸大的成分，没有多余的布置，一切各归其所，恰到好处。

这是一个以其实力而著称的酒吧，是上海最负盛名的爵士乐酒吧，拥有非常多的忠实常客。身陷表演区侧面的黑色转角真皮沙发内，听 Cotton Club 乐队的现场演奏，可以感受到其内在的静谧与优雅。

因为彻夜的演出，Cotton Club 不是一个适于和朋友聊天的地点。Cotton Club 有一支主要成员来自美国的乐队，演出前的排练非常严格。音乐总监美国人 Greg Smith，同时也是该酒吧的老板。主唱 Terrence 和贝斯手、鼓手都来自美国，主要成员还有两名中国人，他们都是来自音乐学院或做音乐多年的专业选手。演出的经典曲目有：Little Red Rooster、Six Strings Down、So What、Blue Train。Cotton Club 开业几年间吸引了不少名人前去那里，如果多去几次，就可以见到眼下一些当红的女作家。

地址：淮海中路 1428 号，复兴中路口。

（资料来源：解林. 上海十大顶级酒吧[OL]. 人人网，http://blog.renren.com/blog/201184510/288343889，2008-4-28.)

评估练习

1. 设计绘制一张酒吧结构平面图。

2. 酒吧吧台的设计原则是什么？

第二章

产品认知

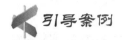 **引导案例**

雅座酒吧

假如你热爱 Bar、Club 的氛围，但又不喜欢那种肆意放纵的吵闹狂欢，雅座酒吧无论从精致脱俗的环境氛围乃至轻松活泼的诗篇乐韵，均是所有需要释放心灵、放松身心的最好选择，同时也是享乐主义的最佳窝点。

Lounge 被诠释为休息室，休息室风格是近几年来开始流行的玩意儿，它所标榜的是一种懒洋洋、没有压力的生活方式。将这种精神灌注于 Bar 或 Pub 上即成为雅座酒吧，放置于音乐中即成为 Chill-out，而执行在思想里，则是一种享乐的生活态度。

所谓的 Chill-out 并非泛指哪一种音乐，它实际上没有一定的音乐形式。其最早起源于 Ibiza 海岛，那是世界上最著名的派对圣地，同时也是休闲度假的天堂。Ibiza 海岛上有一个很有趣的现象：一边是疯狂放纵的舞会，而另一则是极度放松的 Chill-out 音乐洗礼。众多来自世界各地的顶级 DJ 打完电音派对之后都会到当地最著名的 Café Del Mar 休息和放松身心，体验一下以环境音乐元素为核心的 Chill-out 音乐所带来的放松氛围。由于现代人生活压力以及身心疲惫等原因，Chill-out 音乐的治疗作用被推广和利用。

雅座酒吧在欧美、日本、新加坡、中国香港以及中国台湾等地都已流行了多年。在一些节奏比较快，工作压力比较大的都市中，在工作之后有一个地方可以放松一下，听着无压力的 Chill-out 音乐，享受一杯纯正的时尚鸡尾酒，或者在等待红酒醒酒的时候，开一瓶香槟，或点一杯醒神的咖啡或茶，与三五知己说着不着边际的话题抑或是独自抽着雪茄看会儿书，绝对是一种不错的减压方式。

（资料来源：郝婧羽. 雅座酒吧：享乐主义的最佳窝点[N]. 北方新报，2010-9-10（34）.）

思考题：

酒吧售卖的产品包含哪些？

现在的酒吧形式十分多样，有传统意义上的酒吧，也有咖啡吧、茶吧等。酒吧里出售的产品也不仅是酒，咖啡、茶、雪茄等也是酒吧产品的重要组成部分。

第一节　酒

教学目标：

1. 了解酒精饮料的概念和分类。

2. 了解酒的主要成分和制作工艺。

3. 掌握中外主要酒品的产地、特点和饮用方法。

4. 熟悉各类酒的著名品牌。

一、酒的概念

酒是用粮食、水果等含淀粉或糖的物质经发酵制成的含乙醇（酒精）的饮料，其物理特性是：常温下呈液态，无色透明，易挥发，易燃烧，沸点为 78.3℃，冰点为 −114℃。不易感染杂菌，挥发性强。可溶解酸、碱和少量油类，不溶解盐类，可溶于水，因而刺激性相对较小。

酒度，即酒精的度数，表示酒中乙醇的体积与酒体积的比，化为的百分数以 V/V 作为酒精度的单位。例如：5%（V/V），其意思是 100 单位体积的酒中含有 5 单位体积的乙醇，也表示 100 升酒中含有 5 升的乙醇。酒精度一般是以容量来计算，故在酒精浓度后，会加上 "Vol." 以示与重量计算之区分。

目前，国际上酒度表示法有三种：标准酒度、英制酒度和美制酒度。标准酒度（Alcohol % by Volume）是法国著名化学家盖·吕萨克（Gay. Lusaka）发明的。它是指在 20℃条件下，每 100 毫升酒液中含有多少毫升的酒精。这种表示法比较容易理解，因而使用较为广泛。标准酒度又称为盖·吕萨克酒度，通常用百分比表示此法，或用缩写 GL 表示。英制酒度（Degrees of Proof VK）是 18 世纪由英国人克拉克（Clark）创造的一种酒度计算方法。美制酒度（Degrees of Proof US）用酒精纯度（Proof）表示，一个酒精纯度相当于 0.5%。

二、酒的功效

（一）酒使人兴奋

酒液中含有各种醇类物质，对人的神经有刺激作用，适量饮用可以强心提神、舒筋活血、祛寒发热、消除疲劳。

（二）酒可以健身

酒是营养价值很高的饮料，尤其是低度酒，酒中含有人体所需的粮分、蛋白质、热量、盐类和丰富的维生素等物质，对人体有较好的滋补作用。

（三）酒可以开胃

酒精、维生素 B、酸类物质等都有着明显的开胃功能，能刺激和促进人的体腺分泌，如口腔中的唾液、胃囊中的胃液，适量饮用酒可以帮助消化。增进食欲，但烈性酒和啤酒常会抑制食欲。

（四）酒可以药用

酒能杀菌，它常作为中药的重要辅助原料以增加各种药材的疗效，经常饮用药酒可医治某些疾患。

（五）酒可作调料

酒还是烹调的好佐料，可以解腥去腻，增加菜肴的美味，是烹调中不可缺少的调味品。

三、酒的分类

（一）按原材料分

1. 粮食酒

粮食酒是以粮食为主要原料生产的酒。例如高粱酒、糯米酒、苞谷酒等。

2. 果酒

果酒是用果类为原料生产的酒，如葡萄酒、苹果酒、橘子酒、梨子酒、香槟酒等。

3. 代粮酒

代粮酒是用粮食和果类以外的原料，比如野生植物淀粉原料或含糖原料生产的酒，习惯称为代粮酒，或者叫代用品酒。例如，用青杠子、薯干、木薯、芭蕉芋、糖蜜等为原料生产的酒均为代粮酒。

（二）按生产工艺分

1. 蒸馏酒

蒸馏酒是在生产工艺中，必须经过蒸馏过程才取得最终产品的酒，如我国的白酒，外国的白兰地、威士忌、伏特加、朗姆酒、阿拉克酒等。

2. 发酵酒

发酵酒又称为非蒸馏酒，在生产过程中不经过蒸馏演变形成了最终产品，如黄酒、啤酒、葡萄酒和其他果子酒等。

3. 配制酒(又称再制酒)

顾名思义，配制酒就是用蒸馏酒或发酵酒为酒基，再人工配入甜味辅料、香料、色素或浸泡药材、果皮、果实、动植物等而形成的最终产品的酒，如果露酒、香槟酒、汽酒及药酒、滋补酒等。

（三）按发酵特征分

1. 液态法白酒

液态法白酒采用酒精工艺来生产的白酒，产品均是普通白酒。

2. 半液态法白酒

半液态法白酒主要有两广一带的米烧酒和黄酒。

3. 固态法白酒

固态法白酒是采用我国传统固态法发酵工艺酿制的，大曲酒、小曲酒均在此列。

（四）按酒精含量分

按酒精含量的多少来划分，习惯将酒分为高度酒（即国外又称烈性酒）和低度酒两种。前者包括我国的白酒（烧酒）和用蒸馏工艺生产的洋酒。后者包括发酵类酒。由于国内外没有一个统一的标准来量度，故一般根据发酵酒的酒精度都在 20° 以下来进行区分。

如对高度酒和低度酒又可进一步划分为以下内容。

高度酒可分为高度白酒（50°以上）；降度白酒（又称中度白酒，40°～50°）；低度白酒（40°以下）。

低度酒的区分，由于酒种门类多，酒种间的酒度相差很大，还没有人研究划分法。但是，啤酒自 1980 年以来，国外已有明确的区分方法。一般的啤酒其酒精含量在 3.5%～5%，故国外把酒精 2.5%～3.5%的含量称为淡啤酒，1%～2.5%含量的称为低醇啤酒，1%以下的含量则称为无醇啤酒。

四、发酵酒

（一）葡萄酒

葡萄酒是以葡萄为原料，经榨汁发酵酿制而成的原汁酒，酒精度介于 9.5°～13°。

葡萄酒的酿造过程包括选料、破皮去梗、榨汁、发酵、培养、装瓶六个步骤。优质的葡萄酒都在橡木桶里陈放，酿酒之所以采用橡木桶而不是其他木材制的酒桶，是因为当葡萄酒在桶中培养时，氧气能缓缓渗入桶内的酒进行温和、适度的氧化，既可达到柔化酒中单宁的效果，也可使酒性在酝酿成熟的过程中更趋稳定。

葡萄酒以体态完美、色泽鲜艳、气味馨香、滋味醇和怡人、营养丰富、显著的保健作用而行销五大洲。据推测葡萄酒起源于公元前 6000 年的古波斯。数千年的传统与 20 世纪最新技术的结合使这些普普通通的葡萄变成了各式佳酿，风格各异、芬芳怡人。一串葡萄是美丽、静止与纯洁的……一旦酿造后，它就成为有生命的东西，但更精确的说法应该是"葡萄酒是有生命的艺术品"，因为它已不再只是自然的杰作，而是像艺术大师的作品一样，同为人类理性与感性的结晶。

1. 分类

（1）按葡萄的品种和酿制方式分类。

① 红葡萄酒（Red Wine）：葡萄酒液呈自然宝石红色。红葡萄酒选择用皮红肉白或肉皆红的酿酒葡萄。采用皮、汁混合发酵，然后进行分离陈酿而成的葡萄酒。紫红色、失去自然感的红色不符合红葡萄酒色泽要求。

② 白葡萄酒（White Wine）：葡萄酒液呈淡黄色。白葡萄酒选择用白葡萄或浅色果皮的酿酒葡萄。皮汁分离，取其果汁进行发酵酿制而成的葡萄酒，这类酒的色泽应近似无色、浅黄带绿、浅黄、禾秆黄、金黄色。颜色过深不符合白葡萄酒色泽要求。

③ 玫瑰红葡萄酒（Rose Wine）：葡萄酒液颜色介于红、白葡萄酒之间。选用皮红肉白的酿酒葡萄，进行皮汁短时期混合发酵达到色泽要求后进行分离皮渣，继续发酵，陈酿成为桃红葡萄酒。这类酒的色泽应该是桃红色，或玫瑰红、淡红色。

（2）按葡萄酒的含糖量分类。

① 干葡萄酒（Dry Wine）：酒中含糖量在 4g/L 以下，尝不出甜味。

② 半干葡萄酒（Semi-dry Wine）：酒中含糖量在 4～12g/L，品尝时能辨别出微弱的甜味。

③ 半甜葡萄酒（Semi-sweet Wine）：酒中含糖量在 12～50g/L，有明显甜味。

④ 甜葡萄酒（Sweet Wine）：酒中含糖量在 50g/L 以上，能品尝出浓厚的甜味。

（3）按葡萄酒中二氧化碳的含量分类。

① 静态葡萄酒（Still wine）：葡萄酒中溶解的二氧化碳含量极少，开瓶后不产生泡沫。

② 气泡葡萄酒（Sparkling Wine）：因装瓶后经两次发酵会产生二氧化碳而得名，酒精含量为 9%～14%。这类酒以法国香槟区所产的"香槟"最负盛名。

（4）根据葡萄酒的饮用时间分类。

① 餐前葡萄酒（Appetizer Wine）：餐前饮用的葡萄酒均属干型。

② 佐餐葡萄酒（Table Wine）：进餐时饮用的葡萄酒大多属于干型。

③ 餐后葡萄酒（Dessert Wine）：餐后饮用的葡萄酒大多属甜型。

2．储存

（1）温度适合，恒温。酒不能放在太冷的地方，太冷，会使酒成长缓慢，它会停留在冻凝状态不再继续进化，这就失去了藏酒的意义。太热，酒又成熟太快，苦涩、过酸等味道便会跑出来，不够丰富细致，令红葡萄酒过分氧化甚至变质，因为细致、复杂的酒味是需要长时间发展得来的。理想的存酒温度在 10～14℃为佳，最宽为 5～20℃。同时整年的温度变化最好不超过 5℃。还有很重要的一点——葡萄酒的存放温度恒定为最佳。即将葡萄酒存放在 20℃的恒温环境中也比每天的温度都在 10～18℃波动的环境好。为了善待葡萄酒，请尽量减少或避免温度的剧烈变化，当然随着季节小幅的温度变化还是可以被接受的。以一瓶法国二等特级酒庄的酒在我国的存放为例，若在上海，家里空调时开时不开，酒顶多存放一年就会逐渐坏掉；若在广东，气温太高，酒的存放的时间会更短。一般而言，不同的葡萄酒所要求的最佳储存温度如下：半甜和甜型红葡萄酒 14～16℃、干红葡萄酒 16～22℃、半干红葡萄酒 16～18℃、干白葡萄酒 8～10℃、半干白葡萄酒 8～12℃、半甜和甜白葡萄酒 10～12℃、白兰地 15℃以下、香槟（起泡葡萄酒）5～9℃。

（2）湿度适合，恒湿。葡萄酒储藏理想的湿度是保持在 60%～70%，如果太干可放一盘湿沙用以调整。酒窖或酒柜的湿度不要太高，那样容易使软木塞及酒的标签发霉腐烂；而酒窖或酒柜的湿度不够又会让软木塞失去弹性，无法紧封瓶口。瓶塞干缩后会导致外面的空气入侵，酒质会产生变化，并使酒通过软木塞挥发，造成所谓"空瓶"现象。例如在北方（如北京）那样干燥的气候里，如果没有妥善的保存方法，再好的酒一个月都会放坏。

（3）避光，过滤紫外线。酒窖中最好不要有任何光线，因为光线容易造成酒的变质，特别是日光灯和霓虹灯易让酒加速氧化，发出浓重难闻的味道。如果暴露在强烈日光下 6 个月就可以导致葡萄酒变质。存酒的地方最好向北，除了避开光线外，亦不要接近有强烈气味的物件，门和窗应选择不透光的材料。

（4）通风，无异味。葡萄酒在陈放过程中会产生有害气体二氧化硫，而二氧化硫会危害到软木塞，进而劣化酒质。在酒窖中二氧化硫可以靠自然的通风排除掉，但在葡萄酒柜这种密封环境中，二氧化硫便会积存。一般而言，10 天开一次门让酒柜通风，就可以排除掉二氧化硫，但是讲究的收藏家可不想每隔 10 天就打扰一次葡萄酒的长期"睡眠"，因此针对空气环境，最贴心的设计是加装活性炭的通风循环系统，这样只要每隔两三年换一次活性炭，就可以常保葡萄酒在良好的空气环境中陈放。

（5）防振避振。振动对酒的损害纯粹是物理性的。红葡萄酒装在瓶中，其变化是一个缓慢的过程，振动会让红葡萄酒加速成熟，让酒变得粗糙。所以尽量避免将酒搬来搬去，或置于经常振动的地方，尤其是年份老的红葡萄酒。因为储存一瓶陈年极品红酒是三四十年或更长久的事，而并非仅三四星期，让其保持"沉睡"状态是最好的。

（6）存放方式要正确。传统摆放酒的方式习惯将酒平放，使红酒和软木塞接触以保持其湿润。湿润的软木塞有足够的弹力，把瓶口牢牢塞住。相反，瓶子垂直放立时，软木塞便没有足够的水分保持其湿润。瓶口向上倾斜 15° 角也是可以的。对需要储存较长时间的红酒，瓶口向下的摆放方法是不可取的。因为葡萄酒存放时间长了会有沉淀，平放或者瓶口向上略微倾斜，沉淀就会聚集在瓶子底部；而如果瓶口向下倾斜，沉淀就会聚集在瓶口处，时间长了会粘在那里，倒酒时，会连沉淀一起倒入酒杯，影响酒的口感。

3. 著名葡萄酒品牌

法国是世界上最重要的葡萄酒生产国，著名的葡萄酒[香槟（Champagne）酒、波尔多（Bordeaux）酒、勃艮第（Burgundy）酒和罗讷河（Rhone）酒]是世界各地酿酒师的标杆。

波尔多位于法国西南部纪龙德河口（Gironde Estuary），是法国最大的高质量葡萄酒产区。所谓波尔多十大葡萄酒是波尔多地区最具代表性的 10 大酒庄生产的红葡萄酒。它们依次是：拉菲（Lafite），拉图（Latour），木桐（Mouton），玛歌（Margaux），奥比昂（Haut-Brion），拉密逊·奥比昂（Le Secret, Modeste），帕丘斯（Petrvs），里鹏（Le Pin），白马，奥松（Ausone）。

要深入了解葡萄酒品牌，就不得不先从葡萄酒的新旧世界说起。一般地说，欧洲大陆酿酒历史相对较长的国家被称为葡萄酒的旧世界，例如意大利、法国、西班牙；除欧洲以外，最近一二百年新兴的葡萄酒生产国被称为葡萄酒的新世界。

关于葡萄品种，新世界国家（包括中国）因为历史的原因，主要引种的法国品种，现在统称为"国际化"品种；在生产理念上，新世界国家与旧世界正好相反，不受过多的条条框框束缚。例如，往往没有产地限定、可以自由使用橡木片来加速葡萄酒的熟化；在葡萄的种植上，可以大面积进行单品种的推广，便于机械的操作；生产酒厂往往规模较大，产量较高；同时在品质控制上往往采用最新的科学技术，注重产品的理化指标等。

而旧世界因为历史的原因，酒庄规模往往不大，强调小产区、小地块、微气候，通过法律严格限制产量来提高品质，葡萄品种丰富，强调个性，喜欢传统的酿造方式。例如，使用历史较长的大型旧橡木桶进行陈年，甚至是发酵。因此，新旧世界葡萄酒生产国的葡萄酒在个性上也风格迥异。

在历史方面，旧世界历史悠久，其生产酒庄有的甚至可以达到几百上千年的历史；新世界比较短，最长也就两三百年。

新旧世界葡萄酒的种植方式也不尽相同，旧世界亩产限量比较严格；新世界较为宽松。而且在方式上，旧世界讲究精耕细作，注重人工；新世界以机械化为主。在这一点上可以类比劳斯莱斯，纯手工生产，但价值却高得很。在酿造工艺方面，旧世界以人工为主，讲究小产区、穗选甚至粒选，产品档次差距大，比较讲究年份；新世界以工业化生产为主，产品之间品质差距不大。在法规方面，旧世界有更严格的等级标准，以法国酒为例，每一瓶葡萄酒的正标上都标注等级，一目了然。新世界也有相关法规，但不如旧世界严格。

旧世界的酒标信息复杂，包含各项元素，便于消费者认知，而新世界酒标信息简单，不易从酒标信息中了解酒的好坏。另外，旧世界的生产单位比较小，有的甚至每年只有几百箱的产量，而新世界有可能达到几十万吨。

 课外资料 2-1

法国的五大名庄

法国葡萄酒传统的五大名庄来源于 1855 年的波尔多葡萄酒官方分级制度。1855 年，法国国王拿破仑三世想借当年的巴黎世界博览会向全世界推广波尔多地区的葡萄酒，于是他请波尔多葡萄酒商会对波尔多的酒庄进行分级，商会将这个任务委托给一个葡萄酒批发商官方组织 Syndicat of Courtiers。该组织于 1855 年将 58 个酒庄分为 5 级，以标定葡萄酒的质量和价格，其中最好的超一级酒庄有 1 个是吕萨吕斯酒堡（Lvsa Lvsi），四个一级酒庄分别为拉菲（Lafite-Rothschild）、拉图（Latour）、玛歌（Margaux）和奥比昂（又译红颜容 Haut-Brion）。至此形成了著名的五大名庄。1973 年，木桐（Mouton Rothschild）由二级酒庄升级为一级酒庄。

1. 吕萨吕斯酒堡（Chateau d'Yquem of Lvsa-Lvsi）

这座历史悠久的顶级酒庄位于法国波尔多最南端、几个产酒区中最小的一个——苏玳（Sauternes）的一个小山丘上，其建筑历史可以追溯至 12 世纪。在著名的 1855 年波尔多官方列级酒庄分级中，吕萨吕斯酒堡（Chateau d'Yquem of Lvsa-Lvsi）被定为唯一的超一级酒庄（Premier Cru Superieur），这一至高荣誉使得当时的吕萨吕斯酒堡凌驾于现今的包括拉菲、拉图、玛歌在内的 5 大酒庄之上。

2. 拉菲酒庄（Chateau Lafite Rothschild）（波尔多）

1785 年，美国独立宣言起草人，第三届美国总统托马斯·杰斐逊访问波尔多，购买记录中最著名的就是拉菲酒。1986 年，一瓶有杰斐逊签名的拉菲酒在英国克里斯蒂拍卖公司拍卖，以 15.6 万美元成交，为福布斯杂志的老板马康姆·福布斯收藏，保存在纽约福布斯大厦一层的福布斯收藏馆中，至今保持葡萄酒拍卖价格的最高纪录。

拉菲-罗斯柴尔德酒庄是波尔多最著名，也是世界上最著名的酒庄和顶级酒。早在 18 世纪初，拉菲酒庄闻名欧洲。在 1855 年波尔多官方列级酒庄分级中，拉菲酒庄贵为一级首位，其地位至今没有改变，拉菲酒也历来位于最具收藏价值的葡萄酒之一。

3. 奥比安酒庄（Chateau Haut-Brion）（波尔多）

奥比安酒庄是波尔多历史最悠久的酒庄之一，480 年前酒庄周围都是葡萄园。随着欧洲工业革命带来的城市化，在波尔多市的扩展中很多葡萄园消失了，奥比安留了下来。因为奥比安酒庄离波尔多市最近，在历史上这里从来都是葡萄成熟最早，并以此采摘标志波尔多葡萄收获季节的开始。在波尔多"5 大"酒庄中最小，却最早成名。1525 年 4 月 23 日是奥比安酒庄的诞生日。第一次记载以奥比安酒庄为名的酒是在 1660 年，当时是法国国王用奥比安的酒招待宾客。1855 年，在波尔多分级中，奥比安酒庄被列为一级酒庄。

4. 雄性气质：拉图酒庄（Chateau Latour）（波尔多）

1714 年，一桶拉图酒的价格相当于普通波尔多葡萄酒价格的 4～5 倍，1767 年增长到 20 倍。虽然拉图酒长期高质高价，但并未妨碍自身的不断革新。今天，除了原来的酒坊的石灰石建筑外表依然如故外，酒庄内部全部装修为现代风格与现代技术控制。发酵窖、橡木桶窖、瓶装厅所有墙体均用防霉菌的材料装修，温湿度全部是自动控制，酿酒依然保持传统方式，但酿酒过程全部自动控制。

5. 优雅风格：玛歌酒庄（Chateau Margaux）（波尔多）

玛歌和上面 4 个酒庄一起被公认为波尔多"5 大"顶级酒庄，但玛歌酒庄因为酿的酒品质上乘，早在 17 世纪就曾被列为享誉的"一级"酒庄，比官定的 1855 年分级早了两个世纪。如同酒庄的建筑一样，玛歌酒庄的独特之处是优雅迷人与气势磅礴的完美结合。

6. 艺术家风范：木桐酒庄（Chateau Mouton Rothschild）（波尔多）

令木桐出名的是艺术酒标。1924 年，老庄主菲力普男爵聘请立体派艺术家让·卡路设计木桐酒标。到 1945 年第二次世界大战胜利，木桐酿出世纪之酒。在 1973 年，木桐终于升级为一级酒庄，菲力普决定设计新酒标以示庆祝。从此，木桐每年聘请艺术家为酒标创作。自从著名画家乔治·勃拉克为木桐专门创作一幅酒标画，印刷在酒标上时与原作尺寸一样后，吸引了世界名画家们的兴趣，超现实派大师萨尔瓦多·达利、雕塑家亨利·摩尔等世界著名画家纷纷提笔为木桐创作，最著名的酒标是 1973 年毕加索的"酒神狂欢图"，神气活现地展示了美酒为生活带来的欢乐。

（资料来源：伟天英. 法国五大酒庄[OL]. 360doc 个人图书馆, http://www.360doc.com/content/15/0713/16/982189_484672620.shtml, 2015-7-13.）

4. 品饮方法

第一步，注视它，从倒酒时就已经开始；在侍好酒以后，品尝者应该手持杯脚以 45°角、合适的距离下进行观察；尔后在摇动酒杯观察酒液在杯壁上流动（酒柱）的状态。理想环境是在良好的光线下，对着白色平面进行观察。通过观察酒的清澈度、色泽和强烈程度已经可以初步地体现出酒的特质。

第二步，闻香气。嗅觉的运用在品尝中非常重要，它对香气的捕捉分析比味觉还要多。具体做法是在酒倒入杯中静止下来以后就可以进行初次闻香，然后是摇杯再次闻香（结合视觉）。好的品尝者在进行了视觉和嗅觉对酒的认识后，基本上已经可以确定了酒的特征质量。

第三步，味觉感受。为了证实视觉和嗅觉，也为了得到全面的感觉，我们还需要用舌头和口腔来体味葡萄酒。品尝时要喝入适量的酒，最好布满整个口腔，让葡萄酒液充分地与舌头、上颚、下颚、脸颊内侧以及舌根的位置接触，用舌头对酒进行充分的搅动来体味酒的结构和香气；中间通过鼻子的吸气可使酒的特征更加明显。最后将酒吐出或喝下，再体味一下后味的长短。根据喝入口中葡萄酒的量与质而定。专家们建议，葡萄酒留置口中的时间 15～20 秒。如果葡萄酒含在口中的时间过久，那么葡萄酒会逐渐被唾液稀释。

很多人在饮用葡萄酒尤其是红葡萄酒时喜欢加入一些雪碧，其实这种饮用方法并不科学。在葡萄酒中加入雪碧，一方面破坏了葡萄酒原有的纯正果香，另一方面也因大量糖分和气体的加入影响了葡萄酒的营养和功效。正确饮用葡萄酒的方法是：红葡萄酒在室温下饮用即可，不要冰镇，根据不同的酒体，最好在开启后醒酒 0.5～2 个小时，酒水充分吸收空气后再饮用；白葡萄酒则冰镇后再饮用口味更佳，但不要在酒内添加冰块。无论什么葡萄酒，都不适宜添加雪碧或可乐。

我们还要指出的是，葡萄酒存放方式不同，也会影响它的口味。一般来说，葡萄酒开启后应立即饮用，如果一次喝不完，可把剩下的酒放在冰箱里，但也不宜超过 3 天。即使没有开启的葡萄酒，简单地存放在酒柜里也是不当的。正确的存放方法是卧放或者倒放。这样主要是防止软木塞过度干燥，透气后使酒质氧化，造成口感的变化。

（二）啤酒

啤酒（Beer）是以大麦为原料，加入玉米、小米、小麦、燕麦及啤酒花等辅料酿制而成的。啤酒无色素，无防腐剂，营养丰富，含多种维生素、蛋白质、氨基酸及矿物质，且易被人体吸收，既能消暑降温又能解渴，是一种广受人们欢迎的酒精饮料。目前，啤酒酿造业分布世界各地，主要生产国有：美国、德国、英国、荷兰、比利时、捷克、斯洛伐克和中国。

1. 分类

（1）按麦芽汁浓度分类。啤酒商标上的度不是指酒精含量，而是指发酵时原料中麦芽汁的糖度，即麦芽汁浓度。一般而言，麦芽汁浓度高，含糖就多，啤酒酒精量就高，反之亦然。根据麦芽汁浓度可划分为 3 类。

① 低浓度啤酒：麦芽汁浓度为 8°～60°，酒精含量只有 2%。

② 中浓度啤酒：麦芽汁浓度为 10°～12°，其中以 12° 最为普遍，酒精含量在 3.5%，我国生产的啤酒大多属此类。

③ 高浓度啤酒：麦芽汁浓度在 14°～20°，酒精含量在 5%。

（2）按啤酒是否经过杀菌分类。

① 生啤酒：又称鲜啤或扎啤、散装啤酒，是指在生产中未经杀灭酵母菌的啤酒，保持了啤酒的风味，但保存期只有 3～7 天，在国外叫 "Barrel Beer" 或 "Beer Barrel"。生啤酒口味鲜美，有较高的营养价值，但酒龄短，适于当地销售。销售时一般要降温，且加入二氧化碳。

② 熟啤酒：为瓶装或罐装啤酒，是指经过杀菌的啤酒，可防止酵母菌继续发酵，保存期达 40～120 天。熟啤酒酒龄长，稳定性强，适于远销，但口味销差。

（3）按欧洲传统风味分类。

① 爱尔（Ale）啤酒：也称顶部发酵啤酒，它是用烧烤过的麦芽和其他麦芽类的原料制成，比普通啤酒的质浓，味较好，酒体丰满，有强烈的啤酒花味，酒精含量为 4.5%，大多产于英国。

② 拉式（Lager）啤酒：也称底部发酵啤酒，主要原料仍是由麦芽和其他麦芽类的原料制成，比变通啤酒的质浓，味较好，酒体丰满，有强烈的啤酒花味，酒精含量为 4.5%，大

多产于英国。

③ 多特蒙德（Dortmund）啤酒：含啤酒花较少，酒精度较高，色泽浅，苦味淡，口味醇，爽口。

④ 慕尼黑（Monahan）啤酒：此酒色泽淡雅，轻快爽口，具有浓郁的焦香麦芽味，口味微苦带甜，酒精含量为5%。

2. 储存

（1）不要放在温度偏高的场所。啤酒长时间放置在温度偏高的环境下，其口味调和性将会受到破坏，酒花的苦味质及单宁成分被氧化，特别是啤酒的颜色会变红，混浊现象也会提前发生，如放置在20℃温度下保存的啤酒要比放在5℃条件下引起混浊的时间会提前6～9倍。因此，啤酒最好放置在阴凉处或冷藏室内保存。

（2）不要在日光下暴晒。夏季，有的饭店或经销单位室内无处存放，便露天堆放。这样也会缩短保存期，影响啤酒的口味。经过日光暴晒的啤酒会产生一种令人不愉快的异味。所以通常啤酒瓶均采用褐色或绿色瓶，以遮蔽光线，减轻光化合作用，保持啤酒的质量。

（3）要在保存期内饮用。当啤酒被灌装在容器的瞬间起，无论放置何种理想的条件下保存，随着时间的推移，啤酒新鲜口味都会逐渐丧失，如想真正地尝到啤酒的美味感，只有尽可能趁新鲜饮用才能完全达到。当啤酒放置时间较长时，啤酒的颜色会变深，由于各种不同的情况还会发生混浊和沉淀现象及氧化味。虽然这种啤酒还能饮用，但主要是已失去了啤酒的风味，所以不要过长时间存放啤酒。

（4）冰镇温度不能过低。啤酒的冰点为−1.5℃，冷冻的啤酒不仅不好喝，而且会破坏啤酒的营养成分，使酒液中的蛋白质发生分解、游离，同时容易发生瓶子爆裂，造成伤害事故。

3. 世界著名啤酒品牌

世界啤酒品牌众多，比较著名的品牌如下。

嘉士伯：丹麦啤酒。世界销量前列，知名度较高，在各地有工厂。但口味较大众化，登不了大雅之堂，喜欢赞助足球赛，在广东有工厂。

喜力：荷兰啤酒。其口味较苦，广泛被知识分子所选择，从其广告风格及据所赞助的网球赛便可品出其口味。强调孤身奋斗，是独身奋斗人士的首选。

贝克：德国啤酒。其口味实在，是成功人士的首选。

百威：美国啤酒。美国拳击赛不折不扣的赞助商。酒味清香，因其橡木酒桶所致。美国乡村文化爱好者的首选。在中国武汉有工厂。

虎牌：新加坡啤酒。在东南亚知名度较高。其味道一般，名气大于味道。感觉上是摇滚歌厅喝得较多。喜欢赞助足球赛等需要激情的比赛。

朝日：日本啤酒。其味道清淡，回味不浓。

麒麟：日本啤酒。同上，就跟日本清酒一样，味道一般。

健力士黑啤：爱尔兰啤酒。啤酒中的精品，味道独特，出差人士的首选，非常感性。

科罗娜：墨西哥啤酒。美国人的首选，酒吧爱好者的最爱。味道就像它的名字一样动人。

喝了科罗娜，你才知道什么是啤酒。

统一狮子座：中国台湾地区的啤酒。其带有龙眼味的啤酒。

青岛：中国啤酒，选用优质大麦、大米、上等啤酒花和软硬适度、洁净甘美的崂山矿泉水为原料酿制而成。原麦汁浓度为 12°，酒精含量 3.5%～4%。酒液清澈透明、呈淡黄色，泡沫清白、细腻而持久。青岛啤酒已有百年历史，现远销美国、日本、德国、法国、英国、意大利、加拿大、巴西、墨西哥等世界 70 多个国家和地区。

4. 品饮方法

啤酒最佳饮用温度在 8～10℃。啤酒所含二氧化碳的溶解度是随温度高低而变化的。温度高，二氧化碳逸出量大，泡沫随之增加，但消失快；温度低，二氧化碳逸出量少、泡沫也随之减少。啤酒泡沫的稳定程度与酒液表面张力有关，而表面张力又与温度有关。一般情况下，温度升高，表面张力下降，泡沫持久性降低。因此，啤酒的饮用温度很重要，适宜的温度可以使啤酒的各种成分协调平衡，给人一种最佳的口感。冬季饮用啤酒时不必冰镇，如需热饮，可将酒瓶放入 30℃ 的水中预热，然后取出摇匀即可。

饮用啤酒应该用符合规格要求的啤酒杯。一般可采用各种形状的水杯，但杯具容量大小要适宜，不宜过小。油脂是啤酒泡沫的大敌，能销蚀啤酒的泡沫。因此盛啤酒的容器、杯具要热洗冷刷，保持清洁无油污。使用时，切勿用手指触及杯沿及杯内壁。开启瓶啤时不要剧烈摇动瓶子，要用开瓶器轻启瓶盖，并用洁布擦拭瓶身及瓶口。啤酒不宜细饮慢酌，否则酒在口中升温加重苦味。因此喝啤酒的方法有别于喝烈性酒，宜大口饮用，让酒液与口腔充分接触，以便品尝啤酒的独特味道。不要在喝剩的啤酒的杯内倒入新开瓶的啤酒，这样会破坏新啤酒的味道，最好的办法是喝干之后再倒。

 课外资料 2-2

世界上到底有多少种啤酒

喝啤酒简单吗？相信大多数人的回答都是肯定比喝葡萄酒简单。但在欧洲的酒吧，如果对服务生说："给我一杯啤酒！"他们肯定会露出一副惊讶的表情！因为，那就像你到餐厅去时，对服务生说"给我来一盘食物"一样。不具体说明你要咖喱饭或是拉面，服务生没法知道你想要吃什么。

在英国、德国或者比利时，不说出你要的是比尔森啤酒、Stout 啤酒或是其他种类的啤酒，结果也是一样。

世界上的啤酒究竟有多少种呢？美国著名的啤酒嘉年华会（Great American Beer Festival）曾做过一次精确统计，全世界的啤酒一共有 65 种。在中国，青岛、燕京这些酒瓶子里稻草色啤酒只是其中的一种"比尔森啤酒"。

一般中国人觉得自己喝到了啤酒世界的全部，其实仅仅是 1/65 而已。中国人觉得只有德国人才热衷于喝啤酒，其实在欧洲，捷克、比利时、爱尔兰、丹麦的人均啤酒消耗量都比德国更大。我们熟悉的世界级大品牌喜力，就是来自低地小国荷兰。另一个巨头嘉士伯则是来自更小的丹麦。比利时则像个微型的啤酒天堂。只有开眼看清世界的啤酒版图，你才知道哪些是你不容错过的。下面我们大致了解一些盛产啤酒的国家。

1. 浓烈的比利时啤酒

比利时有句俗话："在比利时只有两类人在咖啡馆不喝啤酒，一类是病人，另一类是非比利时人。"比利时或许是世界上唯一啤酒酒单长过葡萄酒单的国家。

比利时人对啤酒有三大贡献。

第一是 Duvel 啤酒。Duvel 是魔鬼的意思，这是一种一尝便知的啤酒，之所以被称作魔鬼，是由于它看上去那么柔和，其实酒味浓烈，酒花苦味异常突出，浓郁刺激的香味让人无法忘怀。Duvel 被啤酒大师 Michael Jackson 誉为举世最好的 5 种啤酒之一。

第二是"倍数啤酒"。它们包括 Dubbel，2 倍啤酒，Tripel，3 倍啤酒。什么东西 2 倍、3 倍呢？这里指麦汁浓度和酒精浓度。中国啤酒酒精通常是 3.5%，麦汁是 9%。比利时将它们 Dubbel 以后，会带来巧克力、坚果的口味，口感也更甜。Tripel 带有新鲜的水果味，又非常不一样。

第三是"女士啤酒"。比利时人用樱桃、覆盆子、草莓、苦杏仁、薄荷、南瓜酿造啤酒。这些啤酒泡沫细腻、口感甜爽、色泽迷人，深受女士喜欢。

2. 酸爽的英国啤酒

不列颠岛是最早酿造啤酒的地方。因为啤酒无法保存，苏格兰人才将它们蒸馏，从而发明了威士忌。不列颠啤酒的口感通常偏酸，著名的爱尔兰吉尼斯啤酒（吉尼斯世界纪录的发起者）就带有清爽的酸口感，以及黑色浆果的味道。冰镇饮用，既解渴又消食。英国人还发明了印度淡色啤酒，淡琥珀色，类似东方的茶的温润适口，很适合中国人。

3. 清淡的西班牙啤酒

南非世界杯上，只有西班牙主教练博斯克并没给球队下禁酒令。这要归功于一款 Light 西班牙啤酒，它只有 2.4% 的酒精度。西班牙球员可以一边享受慷慨的阳光，一边畅饮啤酒，不必担心影响比赛。

西班牙是欧洲啤酒的一个异类，这里流行口感清淡的低度啤酒。高温的伊比利亚半岛是著名的旅游胜地，每年有大量欧洲游客会涌到这里。这些游客大都来自啤酒消费大国，诸如德国和荷兰，啤酒彻底成为他们解渴的"矿泉水"。游人累了渴了，就坐在路边的 TAPAS 小酒馆喝一杯冰啤酒，配上一点点小食。解渴完毕，继续上路。

4. 正统的捷克啤酒

一名捷克人每年比一名德国人多喝 1/4 的啤酒。捷克是当之无愧的啤酒王国，哈谢克、赫拉巴尔都是蘸着啤酒写作。

1842 年，世界啤酒历史上发生了一件大事。捷克小镇比尔森（Plzen）的古泉酒厂，酿酒师 Josef Grolle 发明了一种稻草黄色、有清凉透彻的视感、饱含麦芽口味和地道酒花苦味的啤酒。这种啤酒一经推出，迅速风靡欧洲，类似的仿制啤酒在世界各地如雨后春笋般涌现，统统被称作"比尔森啤酒"。

中国酒厂所生产的都是"比尔森啤酒",所以中国人才误认为全世界的啤酒都是这样。其实,正宗的比尔森啤酒必须用摩拉维亚大麦、匝特克啤酒花以及捷克共和国最好的酵母株酿造。古泉酒厂的比尔森之源啤酒常被认为是世界上最好的啤酒。

5. 简单随意的新世界啤酒

有人说:"美国啤酒属于清淡型,任何人都能饮用。"诸如大众熟知的百威啤酒,是典型的美式清淡型啤酒(和中国的啤酒相比,已经很浓郁了)。这类啤酒的好处是随时随地都能大口痛饮,无须繁文缛节,简单轻快就是风格。

大多数新世界啤酒,澳洲、日本都是这类风格,清爽、麦芽、酒花味偏淡,酒精度偏低。疲累一天,这样的爽口啤酒最适合放松解乏。

(资料来源:西班牙来的. 世界上到底有多少种啤酒[OL]. 微头条,http://www.wtoutiao.com/p/W6fvPI.html,2015-11-3.)

(三)黄酒

黄酒是世界上最古老的酒类之一,源于中国,且唯中国有之,与啤酒、葡萄酒并称世界三大古酒。约在三千多年前,商周时代,中国人独创酒曲复式发酵法,开始大量酿制黄酒。在最新的国家标准中,黄酒的定义是:以稻米、黍米、黑米、玉米、小麦等为原料,经过蒸料,拌以麦曲、米曲或酒药,进行糖化和发酵酿制而成的各类黄酒。一般酒精含量为14%~20%,属于低度酿造酒。黄酒含有丰富的营养,含有21种氨基酸,其中包括有数种未知氨基酸,而人体自身不能合成依靠食物摄取8种必需氨基酸黄酒都具备,故被誉为"液体蛋糕"。

1. 分类

经过数千年的发展,黄酒家族的成员不断扩大,品种琳琅满目。酒的名称更是丰富多彩。最为常见的是按酒的产地来命名。如代州黄酒、绍兴酒、金华酒、丹阳酒、九江封缸酒、山东兰陵酒、河南双黄酒等。这种分法在古代较为普遍。还有一种是按某种类型酒的代表作为分类的依据,如"加饭酒",往往是半干型黄酒;"花雕酒"表示半干型;"封缸酒"(绍兴地区又称为"香雪酒"),表示甜型或浓甜型黄酒;"善酿酒"表示半甜酒。还有的按酒的外观(如颜色、浊度等),如清酒、浊酒、白酒、黄酒、红酒(红曲酿造的酒);再就是按酒的原料,如糯米酒、黑米酒、玉米黄酒、粟米酒、青稞酒等;古代还有煮酒和非煮酒的区别,甚至还有根据销售对象来分的,如"路庄"(具体的如"京装",清代销往北京的酒)。还有一些酒名,则是根据酒的习惯称呼,如江西的"水酒"、陕西的"稠酒"、江南一带的"老白酒"等。除了液态的酒外,还有半固态的"酒娘"。这些称呼都带有一定的地方色彩,要想准确知道黄酒的类型,还得依据现代黄酒的分类方法。

黄酒的另一种分类方法是按酿造黄酒所使用的曲种分为"麦曲黄酒和红曲黄酒"。自2009年以来,由中国文物保护基金会组织专家学者对黄酒文化进行了发掘保护,提出可以根据酿制黄酒所使用的糅种区分,将黄酒分为"麦曲黄酒和红曲黄酒"两大类。因为以浙江、福建、江苏等地为代表的大量厂家,以及遍布浙江省南部、福建省的广大区域的农家,采用红糅(通"曲")、糯米和水为原料,不添加任何其他成分,以人工自然发酵酿制而成的红糅黄酒(简称"红糅酒"),传承历史悠久,十分普及。为此,酒基会连续组织召开了三届"中

国红釉高峰论坛"，发掘出一批历史传承悠久的红釉酒酿造方法、器具及传人，为发掘保护传统文化开启了一片新领域。

根据黄酒的含糖量的高低可分为以下4种。

（1）干黄酒："干"表示酒中的含糖量少，总糖含量低于或等于15.0g/L。口味醇和、鲜爽、无异味。

（2）半干黄酒："半干"表示酒中的糖分还未全部发酵成酒精，还保留了一些糖分。在生产上，这种酒的加水量较低，相当于在配料时增加了饭量，总糖含量在15.0～40.0g/L，故又称为"加饭酒"。我国大多数高档黄酒，口味醇厚、柔和、鲜爽、无异味，均属此种类型。

（3）半甜黄酒：这种酒采用的工艺独特，是用成品黄酒代水，加入发酵醪中，使糖化发酵的开始之际，发酵醪中的酒精浓度就达到较高的水平，在一定程度上抑制了酵母菌的生长速度，由于酵母菌数量较少，对发酵醪中产生的糖分不能转化成酒精，故成品酒中的糖分较高。总糖含量在40.1～100g/L，口味醇厚、鲜甜爽口，酒体协调，无异味。

（4）甜黄酒：这种酒一般是采用淋饭操作法，拌入酒药，搭窝先酿成甜酒酿，当糖化至一定程度时，加入40%～50%浓度的米白酒或糟烧酒，以抑制微生物的糖化发酵作用，总糖含量高于100g/L。口味鲜甜、醇厚，酒体协调，无异味。

2. 储存

黄酒属于发酵酒类，一般酒精的含量较低，越陈越香是黄酒最显著的特征，所以储存地点最好在阴凉、干燥的地方。即温度应在4～15℃，变化平稳，干湿度合适且通风良好的仓库。这样，能促进酒质陈化，并能减少酒的损耗。但在－50～－15℃则会出现冰冻，影响酒质，甚至会冻裂酒坛和酒瓶。黄酒的包装容器以陶坛和泥头封口为最佳，这种古老的包装有利于黄酒的老熟和提高香气，在储存后具有越陈越香的特点。不可用金属器皿储存黄酒。黄酒堆放平稳，酒坛、酒箱堆放高度一般不得超过4层，每年夏天翻一次坛。也不宜与其他有异味的物品或酒水同库储存。不宜经常受到振动，不能有强烈的光线照射；要远离热源，不能潮湿。

黄酒储存时间要适当。普通黄酒宜储存1～3年，这样能使酒质变得芳香醇和，如果储存时间过长，酒的色泽则会加深，尤其是含糖分高的酒更为严重；香气则会由醇香变为水果香，这是酸类和醇类结合生成的醇香，并有焦臭味；而且口味会由醇和变为淡薄。优质黄酒可长期储存。黄酒经储存会出现沉淀现象，这是酒中的蛋白质凝聚所致，属于正常现象，不影响酒的质量。但应该注意不要把细菌引起的酸败混浊视为正常的沉淀，如果酒液混浊，酸味很浓，说明黄酒已经变质。

3. 著名黄酒品牌

黄酒是中华民族的瑰宝，历史悠久，品种繁多。历史上，黄酒名品数不胜数。由于蒸馏白酒的发展，黄酒产地逐渐缩小到江南一带，产量也大大低于白酒。但是，酿酒技术精华非但没有被遗弃，在新的历史时期反而得到了长足的发展。黄酒魅力依旧，黄酒中的名品仍然家喻户晓，黄酒中的姣姣者仍然像一颗颗璀璨的东方明珠，闪闪发光。在琳琅满目的黄酒中，无锡惠泉酒、绍兴加饭酒、丹阳封缸酒和福建沉缸酒并称为中国古代四大名酒。此外，古越龙山、会稽山、沙洲优黄、即墨老酒、女儿红等也都是知名黄酒品牌。

4. 品饮方法

黄酒最传统的饮法，当然是温饮。黄酒的最佳品评温度在 38℃左右。在黄酒烫热的过程中，黄酒中含有的极微量对人体健康无益的甲醇、醛、醚类等有机化合物，会随着温度升高而挥发，同时，脂类芳香物则随着温度的升高而蒸腾。温饮的显著特点是酒香浓郁，酒味柔和。温酒的方法一般有两种：一种是将盛酒器放入热水中烫热，另一种是隔火加温。但黄酒加热时间不宜过久，否则酒精都挥发完了，反而淡而无味。一般，冬天盛行温饮。

在年轻人中盛行一种冰黄酒的喝法，尤其在我国香港及日本，流行黄酒加冰后饮用。自制冰镇黄酒，可以从超市买来黄酒后，放入冰箱冷藏室。如是温控冰箱，温度控制在 3℃左右为宜。饮时再在杯中放几块冰块，口感更好。也可根据个人口味，在酒中放入话梅、柠檬等，或兑些雪碧、可乐、果汁。有消暑、促进食欲的功效。

黄酒的配餐也十分讲究，以不同的菜配不同的酒，则更可领略黄酒的特有风味。以绍兴酒为例：干型的元红酒，宜配蔬菜类、海蜇皮等冷盘；半干型的加饭酒，宜配肉类、大闸蟹；半甜型的善酿酒，宜配鸡鸭类；甜型的香雪酒，宜配甜菜类。

要鉴赏品尝黄酒，首先应观其色泽，须晶莹透明、有光泽感、无混浊或悬浮物、无沉淀物泛起荡漾于其中，具有极富感染力的琥珀红色。其次将鼻子移近酒盅或酒杯，闻其幽雅、诱人的馥郁芳香。此香不同于白酒的香型，更区别于化学香精，是一种深沉特别的脂香和黄酒特有的酒香的混合。若是 10 年以上陈年的高档黄酒，哪怕不喝，放一杯在案头，便能让人心旷神怡。如此二步前奏后用嘴轻啜一口，搅动整个舌头，徐徐咽下后美味的感受非纸上所能表达。

五、蒸馏酒

蒸馏酒是乙醇浓度高于原发酵产物的各种酒精饮料。白兰地、威士忌、朗姆酒和中国的白酒都属于蒸馏酒，大多是度数较高的烈性酒。制作过程为首先经过酿造，然后进行蒸馏后冷却，最终得到高度数的酒精溶液饮品。蒸馏酒的原料一般是富含天然糖分或容易转化为糖的淀粉等物质。如蜂蜜、甘蔗、甜菜、水果和玉米、高粱、稻米、麦类马铃薯等。糖和淀粉经酵母发酵后产生酒精，利用酒精的沸点（78.5℃）和水的沸点（100℃）不同，将原发酵液加热至两者沸点之间，就可从中蒸出和收集到酒精成分和香味物质。

现代人们所熟悉的蒸馏酒分为白兰地、威士忌、伏特加酒、金酒、特基拉、朗姆酒、白酒（烧酒）等。

（一）白兰地

白兰地（Brandy）是指以葡萄为原料，经发酵、蒸馏而成的烈性酒，见图 2-1。它要在橡木桶内陈酿一定年份，再经有经验的勾兑师把不同酒龄和来源的多种白兰地掺兑而成。

世界著名的白兰地的生产地在法国，而法国白兰地酒又以科涅克（Cognac）最为有名，

图 2-1　白兰地

被称为"白兰地酒之王"。

1. 级别

☆☆☆	表示 5 年陈酿
V.O（Very Old）	表示 10～12 年陈酿
V.S.O（Very Superior Old）	表示 12～20 年陈酿
V.S.O.P（Very Superior Old pale）	表示 20～30 年陈酿
F.O.V（Fine Old Very）	表示 30 年以上陈酿
X.O（Extra Old）	表示 50 年以上陈酿
X（Extra）	表示 70 年以上陈酿
Napoleon	同 Extra

这些记号表示陈酿年限不是很严格，相同的记号在不同地区和厂家所代表的意义不尽相同。因此，鉴别法国白兰地酒的最佳办法，不是看星号的多少或字母的组合，而是看商标上的酒厂名称或产地。

2. 科涅克的名品

马爹利（Martel）：是一个厂商的名字。马爹利酿酒公司创建于 1715 年，至今已有近 300 年的历史，其产品一直处于该地区领先地位，至今畅销世界各地。马爹利的特点是口味轻淡，稍带辣味，入口后葡萄香味绵长难忘，三星马爹利是其典型代表。

轩尼诗（Hennessy）：是一个厂商的名字。轩尼诗公司创建于 1765 年，是专门调配勾兑优质科涅克的公司，其产品有独特的风格，即把成熟后的白兰地酒装入新制成的橡木桶中，充分吸收新桶木材的味道后，再装入旧桶陈酿。轩尼诗的标志是酒标上印着手持武器的人的手臂图案，拿破仑是轩尼诗中最高雅的酒品。

人头马（Remny Martin）：也是厂商的名字。该公司创立于 1742 年，生产的人头马 V.S.O.P 产品最多，是把陈酿七年以上的白兰地酒进行调配，再装在白色橡木桶内储存近一年，待产生碳磷酸的香味后再每年调配一次，仍然放入旧木桶中，等到第 5 年后再装入瓶中。人头马是酒中精品，具有高贵的气质。路易十三是用陈酿 20 年以上的原酒调配的，其华丽的酒瓶设计颇受收藏者的青睐。

品白兰地要用专用的白兰地酒杯，通常为杯口小、腹部宽大的矮脚酒杯。将白兰地倒至杯中的 1/6 处（将酒杯横放，酒在杯腹中不溢出为宜），单手握酒杯，缓缓地摇一摇后，仔细观察酒的挂壁，同时通过手温将酒香挥发出来；随后将酒杯慢慢送至嘴边，小抿一口白兰地含在口中，鼻吸一口气，再将酒慢慢咽下；让白兰地的醇香与芬芳在鼻腔与嘴里徐徐回荡。由于白兰地属于烈性酒，有些人喜欢在酒中加冰块或矿泉水，以稀释其酒精度，增加其口感，更好入口。当然除了加水、加冰外还有很多其他方式的掺饮方式，比如加雪碧。

（二）威士忌（Whisky）

威士忌是以谷物为原料经发酵、蒸馏而得的酒。世界各地都有威士忌生产，以苏格兰威士忌最负盛名。按惯例，苏格兰、加拿大两地的威士忌书写为 Whisky，其他国家和地区的威士忌书写为 Whiskey，但在美国，两者可通用。威士忌的酒度为 40°。威士忌主要品种有以下 4 种。

1. 苏格兰威士忌

苏格兰威士忌，用经过干燥、泥炭熏焙产生的独特香味的大麦芽作酿造原料制成，见图 2-2。此酒的陈化时间最少是 8 年，通常是 10 年或更长的时间。苏格兰威士忌具有独特的风格，色泽棕黄带红，清澈透亮，气味焦香，带有浓烈的烟熏味。苏格兰威士忌的名品有约翰尼·沃克（Johnnie Walker，分红方（Red Label）和黑方（Black Label）两种）、皇家芝华士（Chivas Regal）、白马（White Horse）、金铃（Bell's）等。

图 2-2　威士忌

2. 爱尔兰威士忌

爱尔兰威士忌是以大麦、燕麦及其他谷物为原料酿造的，经三次蒸馏并在木桶中陈化 8～15 年。风格与苏格兰威士忌接近，最明显的区别是没有烟熏的焦味，口味绵柔，适合做混合酒的其他饮料混合饮用。人们比较熟悉的品牌有：吉姆逊父子、波威尔、吐拉摩。

3. 加拿大威士忌

加拿大开始生产威士忌是在 18 世纪中叶，那时只生产稞麦威士忌，酒性强烈。19 世纪以后，开始生产由玉米制成的威士忌，口味比较清淡。它是在加拿大政府管理下蒸酿、储藏、混合和装瓶的。在木桶中陈化的时间是 4~10 年。主要品牌：加拿大俱乐部、西格兰姆斯、王冠。

4. 美国威士忌

尽管美国只有 200 多年的历史，但因为其移民多数来自欧洲，因此也带去了酿酒的技术。波本威士忌美国肯塔基州的一个地点，在波本生产的威士忌被称作波本威士忌。波本威士忌的主要原料是玉米和大麦，经发酵蒸馏后陈化 2~4 年，不超过 8 年。其名牌有：四玫瑰、老爷爷、吉姆·宾、野火鸡。

威士忌可纯饮，也可加冰块饮用，更被大量用于调制鸡尾酒和混合饮料。威士忌最常加冰块和苏打水喝，这样喝起来才不会太烈，口感比较平和。苏打使酒产生大量二氧化碳气体，喝下去，冰凉的酒气从鼻腔里冲出来。与喝饱了冰镇啤酒后打嗝的感觉有些近似。但打出的气味香得多，特别舒服。

（三）伏特加（Vodka）

伏特加是以土豆、玉米、小麦等原料经发酵、蒸馏后精制而成，见图 2-3。伏特加无须陈酿，酒度为 40°。

1. 纯净伏特加（Straight Vodka）

纯净伏特加是指将蒸馏后的原酒注入活性炭过滤槽内过滤掉杂质而得的酒，一般无色、无味，只有一股火一般的刺激。其名品有美国的斯米尔诺夫（Smirnoff）、苏联的斯多里西那亚（Stolichnaya，又称红牌伏特加）、莫斯科伏斯卡亚（Moskovskaya，又称绿牌伏特加）等。

2. 芳香伏特加（Flavored Vodka）

芳香伏特加是指在伏特加酒液中放入药材、香料等浸制而成的酒，因此带有色泽，既有酒香，又带有药材、香料的香味。其名品有波兰的蓝野牛（Blauer Bison）、苏联的珀特索伏卡（Pertsovka）等。

图 2-3　伏特加

伏特加既可纯饮，又可广泛使用于鸡尾酒的调制。

（四）朗姆酒（Rum）

世界上朗姆酒的原产地在古巴共和国。它在生产中保留传统的工艺，并且经过一代一代的相传，一直保留至今。朗姆酒的原料为甘蔗。朗姆酒的产地是西半球的西印度群岛，以及美国、墨西哥、古巴、牙买加、海地、多米尼加、特立尼达和多巴哥、圭亚那、巴西等国家。另外，非洲岛国马达加斯加也出产朗姆酒。

朗姆酒是古巴人的一种传统酒，古巴共和国朗姆酒是由酿酒大师把作为原料的甘蔗蜜糖制得的甘蔗烧酒装进白色的橡木桶，之后经过多年的精心酿制，使其产生一股独特的，无与伦比的口味，从而成为古巴人喜欢喝的一种酒，并且在国际市场上获得了广泛的欢迎。朗姆酒属于天然产品，以蔗糖汁或蔗糖浆为原料经发酵和蒸馏加工而成，有时也用糖渣或其他蔗糖副产品作原料。整个生产过程从对原料的精心挑选，随后生产的酒精蒸馏，到甘蔗烧酒的陈酿，把关都极其严格。朗姆酒的质量由陈酿时间决定，有一年的，也有好几十年的。新蒸馏出来的朗姆酒必须放入橡木桶陈酿一年以上，酒度为 45°。朗姆酒按其色泽可分为 3 类，见图 2-4。

图 2-4　朗姆酒

1. 银朗姆（Silver Rum）

银朗姆又称白朗姆，是指蒸馏后的酒需经活性炭过滤后入桶陈酿 1 年以上。酒味较干、香味不浓。

2. 金朗姆（Golden Rum）

金朗姆又称琥珀朗姆，是指蒸馏后的酒需存入内侧灼焦的旧橡木桶中至少陈酿 3 年。酒色较深、酒味略甜、香味较浓。

3. 黑朗姆（Dark Rum）

黑朗姆又称红朗姆，是指在生产过程中需加入一定的香料汁液或焦糖调色剂的朗姆酒。酒色较浓（深褐色或棕红色）、酒味芳醇。

朗姆酒的名品主要有波多黎谷的百加地（Bacardi）、牙买加的摩根船长（Captain Morgan）、美雅（Myers）等。

朗姆酒可以直接单独饮用，也可以与其他饮料混合成很好喝的鸡尾酒，在晚餐时作为开胃酒来喝，也可以在晚餐后喝。在重要的宴会上它是个极好的伴侣。

（五）金酒（Gin）

金酒（Gin）诞生在荷兰，成长在英国，是鸡尾酒中使用最多的一种酒，有"鸡尾酒心脏"美誉。荷兰有一个贵族叫威廉阿姆三世，在英国的王室继承问题争端发生时，与英国王室成员通婚，成为英国王子，最终成为威廉阿姆三世。当时，英格兰没有酒精度很高的酒，最多只有啤酒这种饮料。威廉阿姆三世开始从法国引进白兰地，从苏格兰引进威士忌。不过，由于进口货物量很少，财政收入也不多。威廉阿姆三世于是将荷兰产的金酒挪到英格兰生产，并且鼓励大家饮用。金酒开始被大量饮用，其品质也逐渐提高，最终成长为世界第一的酒。

金酒又称琴酒、毡酒或杜松子酒，是以玉米、麦芽等谷物为原料经发酵、蒸馏后，加入杜松子和其他一些芳香原料再次蒸馏而得的酒。金酒无须陈酿，酒度为40°～52°。

1. 荷兰金酒（Dutch Gin）

荷兰金酒是以麦芽、玉米、黑麦等为原料（配料比例基本相等）经发酵、蒸馏后，在蒸馏液中加入杜松子及其他一些芳香原料再次蒸馏而成。荷兰金酒具有芳香浓郁的特点，并带有明显的麦芽香味，其名品有波尔斯（Bols）、宝马（Bokma）、汉斯（Henkes）等。

荷兰金酒只适宜作净饮，不能与其他酒类饮料混合以调制鸡尾酒。

2. 干金酒（Dry Gin）

干金酒是以玉米、麦芽、稞麦等为原料（其中玉米占75%）经发酵、蒸馏后，加入杜松子及其他香料（以杜松子为主，其他香料用量较少）再次蒸馏而成。其主要产地是英国，名品有哥顿（Gordon's）（见图2-5）、将军（Beefeater）、得其利（Tanqueray）、老汤姆（Old Tom）等。

干金酒既可纯饮，又可广泛用于调制鸡尾酒。

（六）龙舌兰酒（Tequila）

龙舌兰酒产于墨西哥，又叫特基拉酒，是以一种被称作龙舌兰（Agave）的热带仙人掌类植物的汁浆为原料经发酵、蒸馏而得的酒，见图2-6。龙舌兰植物要经过12年才能成熟，龙舌兰酒制造业者把成熟后的龙舌兰外层的叶子砍掉取其中心部位（Pinal，即凤梨之意），

图2-5　金酒

图2-6　龙舌兰酒

这种布满刺状的果实，最重可达 150 磅，果子里充满香甜、黏稠的汁液，然后再把它放入炉中蒸煮，这样做成的是浓缩甜汁，同时淀粉也转换成糖类。经煮过的 Pina 再送到另一机器挤压成汁发酵，果汁发酵达酒精度 80° 即开始蒸馏。龙舌兰酒在铜制单式蒸馏中蒸馏两次，未经过木桶成熟的酒，透明无色，称为 White Tequila，味道较呛。另一种 Gold Tequila，因淡琥珀色而得名，通常在橡木桶中至少储存 1 年，味道与白兰地近似。特吉拉酒香气奇异，口味凶烈。其名品有凯尔弗（Cuervo）、斗牛士（El Toro）、欧雷（Ole）、玛丽亚西（Mariachi）等。

　　龙舌兰酒可净饮或加冰块饮用，也可用于调制鸡尾酒。在净饮时常用柠檬角蘸盐伴饮，以充分体验特吉拉的独特风味。在墨西哥，传统的龙舌兰酒喝法十分特别，也颇需一番技巧。首先把盐巴撒在手背虎口上，用拇指和示指握一小杯纯龙舌兰酒，再用无名指和中指夹一片柠檬片。迅速舔一口虎口上的盐巴，接着把酒一饮而尽，再咬一口柠檬片，整个过程一气呵成，无论风味或是饮用技法，都堪称一绝。

（七）中国白酒

　　中国的蒸馏酒主要是白酒，见图 2-7。中国白酒因其原料和生产工艺等不同而形成了不同的香型，主要有以下 6 种。

图 2-7　中国名优白酒

　　（1）清香型。清香型白酒的特点是清香纯正，醇甘柔和，诸味协调，余味净爽，如山西汾酒。

　　（2）浓香型。浓香型白酒的特点是芳香浓郁，甘绵适口，香味协调，回味悠长，如四川五粮液、泸州老窖特曲。

　　（3）酱香型。酱香型白酒的特点是香气幽雅，酒味醇厚，柔和绵长，杯空留香，如贵州茅台酒。

　　（4）米香型。米香型白酒的特点是蜜香清柔，幽雅纯净，入口绵甜，回味怡畅，如广西桂林三花酒、冰峪庄园大米原浆酒。

（5）兼香型。兼香型白酒的特点是一酒多香，即兼有两种以上主体香型，故又被称为混香型或复香型，如贵州董酒。

（6）芝麻香型。从浓香型、酱香型等分离出一种菌种，经高温堆积，高温发酵，高温蒸馏加工而成，且还在百年酒坛中长期储藏。具有酒体醇厚丰满，色泽微黄，清澈透明，幽雅细腻，回味悠长，空杯留香持久之独特风格，如江苏泰州的梅兰春酒。

除白酒外，中国还有一些其他蒸馏酒，如山东烟台金奖白兰地，是以葡萄为原料，经发酵后蒸馏而得。

六、配制酒

配制酒是以原汁酒或蒸馏酒与非酒精物质进行勾兑、混合而制成的酒。配制酒的名品多来自欧洲，其中以法国、意大利、荷兰等国家最为有名。

目前世界较为流行的配制酒分类法，是把配制酒分为 3 大类。

（一）开胃酒

开胃酒指以葡萄酒或某些蒸馏酒为基酒调配的具有开胃等功能的酒精饮料。开胃酒大致可分为三类：味美思酒、苦味酒和茴香酒。

（1）味美思酒（Vermouth）。味美思酒译为苦艾酒，意大利生产的甜型最为著名，法国生产的干型最为出众。味思美酒是以白葡萄酒为基酒，并加入苦艾、金鸡纳树皮、龙胆、豆蔻、陈橘皮、杜松子等几十种香料浸制而成的。

（2）苦味酒（Bitter）。苦味酒又译为比特酒、必达士，主要产自意大利、法国、特立尼达、荷兰、英国等国。

苦味酒是以葡萄酒和食用酒精作基酒，加入带苦味的植物根茎和药材提取的香精后配制而成的。其特点是苦味突出，悠香浓郁，有助于消化、滋补和兴奋的作用，酒精度 16°～40°。

（3）茴香酒（Anises）。茴香酒是以蒸馏酒或食用酒精加茴香油等香料制成的酒，酒液光泽较好，香味甚浓，馥郁迷人，口感不寻常，味重而刺激，饮用时需加冰或兑水，酒精度在 25°。茴香酒以法国产的最为有名。

（二）甜食酒

甜食酒是以葡萄酒为基酒调配而成，甜食酒是西餐中最后食用甜点时饮用的一种酒，故称为甜食酒，主要特点是酒味较甜。著名的甜食酒大多产于欧洲南部，如葡萄牙、西班牙等国。

甜食酒主要有雪利酒、波特酒、玛德拉酒。

（1）雪利酒（Sherry）。雪利酒产于西班牙，是以当地所产的葡萄酒为基酒，再勾兑当地的葡萄蒸馏酒，采用逐年换桶陈酿的特殊方式酿制而成的。雪利酒的颜色不一，酒精度和口味也因品种而异，质地最好的雪利酒需陈酿 15～20 年。

（2）波特酒（Port Wines）。波特酒又译为砵酒，产于葡萄牙。波特酒是以葡萄牙当地产的葡萄原汁酒与葡萄蒸馏酒勾兑配制而成的，波特酒可净饮也可佐餐。波特酒按颜色分为两大类：白波特酒和红波特酒。

（3）玛德拉酒（Madeira）。玛德拉酒产于葡萄牙所属的玛德拉岛上，是以当地生产的葡萄酒和白兰地为基本原料配制而成的，酒精度在 16°～18°。

玛德拉酒有干型和甜型两种，干型玛德拉酒是上好的开胃酒，甜型玛德拉酒是著名的甜食酒。陈酿年久的玛德拉酒是世界上酒龄最长的酒，至今仍存有 20 世纪的产品。

（三）利口酒（Liqueurs）

利口酒是一种以食用酒精和蒸馏为基酒，再配以各种调香物品后经过甜化处理的酒精饮料。利口酒大多在餐后饮用，其颜色娇美，气味独特，酒味甜蜜，具有舒筋活血、助消化的功能。中度的利口酒其酒精度为 17°～30°，高度的利口酒其酒精度可达 50°，且含糖量较高。利口酒色泽鲜艳，因此常用来配制鸡尾酒，以此来增加鸡尾酒的颜色、香味，使其个性突出。

利口酒按调香物品的种类可分为水果类利口酒、草本类植物利口酒、种子利口酒和利口酒乳酒。法国、意大利、荷兰是生产利口酒的主要国家，其产量约占全世界的一半。

常见的名品包括如下几种。

（1）君度酒（Cointreau）。君度酒是法国人的荣耀，它是以一种不常见的青色的橘子果子为原料用浸渍法制作而成，酒精度为 40°。君度酒是酒吧、西餐厅经营不可缺少的一种利口酒，适于调制鸡尾酒，著名的如旁车（Cointreau）、玛格丽特（Margarita）。

（2）金万利（Grand Marnier）。金万利产于法国的科涅克地区，是以苦橘皮浸制调配成的，酒精度在 40°，有白、黄两种颜色的商标。金万利橘香突出，口味凶烈，醇浓、甘甜、劲大。

（3）修道院酒（Chartreus）。修道院酒是世界闻名的利口酒，产于法国，它是以葡萄酒为基酒，浸泡 100 多种草药再兑蜂蜜，然后陈酿 3 年以上而得。此酒因最初是在修道院酿制而得名，具有治疗病痛的功效。

（4）咖啡乳酒（Crene de cafe）。咖啡乳酒其原料是咖啡豆，制作时先烘烤粉碎咖啡豆，再进行浸制和蒸馏，然后用相同的酒液进行勾兑，加糖处理后澄清而成，酒液呈深褐色，酒精度在 26°。

 课外资料 2-3

主要洋酒的鉴别方法

1. 马爹利 Martell

马爹利 Martell 是 1715 年开始生产的白兰地。葡萄经过发酵的蒸馏后是白色透明的液体，但最终销售的白兰地是琥珀色的，这是因为葡萄汁经发酵和蒸馏后用橡木桶盛装，放置 15 年以上才进行销售的。在放置的过程中，葡萄汁吸收橡木的特有的香味和色泽后，就变成特有琥珀色，香味浓郁。一般的白兰地是存放够 15 年以上的年份才开始销售，但并不是直接销售的，而是用不同年份的酒，经过调酒师的精心调制而成的。白兰地的品质主要取决于调和工艺。酒的年份越长，香味越浓，口味越好，成本越高（有所蒸发）。

2. V.S.O.P

V.S.O.P 一般存放 15 年以上，名士一般存放 25 年以上，蓝带一般存放 30～35 年，X.O 一般存放 35 年以上，金黄一般存放 80 年以上。在蓝带（Cordon Blue）瓶口有一开瓶拉环，拉开后，在背面有一小圆点，手感光滑，且不在中心位置而稍稍偏上；瓶盖可以转动。瓶口上"MARTELL"字母是压制而成的，有很强的立体感，且字体大小一致，深蓝色；瓶口处压痕距离上下均匀。瓶身上部有一圆形胶牌，胶牌有黏性，用手摸时的有明显黏手感，见光后会有颜色变化，使用后黏手感明显减弱；瓶口处长条形胶牌应紧贴瓶身，两边缘为白色。酒液是琥珀色，可以进行对比。在瓶上有英文的标签，在标签的右上方和右下方分别有：H.K.D.N.P 和 C 的字母，C 代表产品在中国销售；同时有一圆形中文标签，还有一个圆形的国家卫生检验标签（目前已允许没有此标签）。从 2003 年 1 月开始，英文标签将改为中文标签。在每瓶酒的瓶身和瓶口上都有生产的批号，同时有些标签背面也有批号（穿过酒瓶可清晰识别），两批号的前 3 位或 5 位数字一般应是相同的。

具体品鉴步骤：首先，在酒杯中倒几毫升 V.S.O.P，然后将手指贴于杯壁，从另一侧观察杯子。如果能够很清楚地看见指纹，那么证明面前是一杯上好的干邑。接着摇晃酒杯，然后观察颜色，它在杯子内壁上流淌的痕迹，一般来说，"挂杯"的痕迹保持得越久，意味着酒龄越长。在饮酒之前不妨先感受一下它的丰富酒香，干邑的复杂香气可以分三个层次：第一层，可以在距离杯壁 5 厘米处感受到杯中飘溢出来的香味，例如香草味；第二层，将酒杯在手中轻轻晃动，鼻子直接接触杯壁，能嗅到鲜花和水果等丰富的香味；第三层，鼻子直接对准杯子，会感受到陈酿的气息，并区分出橡木桶与复杂的"陈酿味道"，所有嗅觉方面的感受都是清淡的，而且不会彼此掩盖。V.S.O.P 的香味是高度浓缩的，因此过量的味觉会使人不堪重负。在喝几滴酒后，会感到口中的灼痛和刺鼻的气味，等喝第二杯时对灼热感有了适应，人们的味觉器官可以再次验证嗅觉上的判断。

3. X.O

X.O 瓶口有 MARTELL.XO 的签名字体，还有同样内容的荧光字体。瓶颈处的环为灰色，有黏手感。

4. 皇家礼炮

皇家礼炮的正确商标为：CHVAS BROTHERS LTD，KEITA SCOTLAND，BOTTLED IN SCOLAND（假货易把 V 印成 Y）。酒瓶是用陶瓷制成，有很强的光泽感，手摸过后光泽就会减弱。瓶口标签是封在里面的，在外面用手摸不到也擦不掉。瓶底应十分干净无刮痕，且脏了之后除用小刀刮之外没有办法将脏物清除。

所有的洋酒的瓶是不进行回收的，所以所有的瓶都应是全新的。从外包上没有办法分辨真伪。因为酒都是进口来的，要经过很长时间的运输、报关、经销商贴标签等环节，外包装可能已经不是很整洁，或有一些损坏。

5. 人头马君度

人头马 X.O.。正品瓶头部有防伪金属拉片；水货头部没有防伪拉片。正品瓶颈标签印金色"HKDNP C"字样，以及"DISTRIBUTOR；REMY CHINA? & HONG KONG LTD"；水货标签印有其他国家经销商名称，水货"HKDNP"为原子印章加印于标签上。正品容量 70cl；水货瓶颈标签容量大部分为"700ml"。正品瓶身标签印有编码"L×××××"。

人头马 V.S.O.P.。瓶头部有塑料胶套；瓶颈有镭射防伪标签；瓶头胶套内侧印有编码（需透过瓶看），此编码与瓶底部印有相同的编码；瓶身前标签印有"HKDNP C"，容量为 70cl，后标签印"DISTRIBUTOR: REMY CHINA? & HONG KONG LTD"，以及红色的"人头马特优香槟干邑"中文繁体字样。

人头马 CLUB。瓶头部有中国特色的防伪拉片；瓶身底部有编码；容量为 70cl；瓶身前标签右上方印有黑色"HKDNP C"的字样；瓶身后标签印有"DISTRIBUTOR: REMY CHINA? & HONG KONG LTD"目前 CLUB 水货极少在国内市场出现，如发现 CLUB 瓶的头部没有任何的防伪金属拉片，该产品有可能是免税货或者是假货。

6. 轩尼诗

印章：优质彩色视像，瓶盖一经打开或者印章被试图除掉，视象立即毁坏；封套附多个"轩尼诗"字样。瓶盖：当瓶盖被左右移动时，中间封条的葡萄叶式样便呈现五颜六色。

防伪措施（垂直鉴定）瓶顶椭圆形：在幻彩光环的衬托下，"Hennessy Cognac"字样清楚呈现于明亮的色彩中，有 Bras Arme 斧头商标哑面视象；中间封条：葡萄叶式样，有"Jas Hennessy & Co."字样哑面视象；底部椭圆形：在幻彩光环的衬托下，Bras Arme 斧头商标显而易见，有"Hennessy Cognac France"字样哑面视象。

防伪措施（水平鉴定；将瓶身平放）瓶顶椭圆形：Bras Arme 斧头商标清晰呈现于明亮。

（资料来源：Mr 走钢索的人. 马爹利（MARTELL）公司的几种主要产品的鉴定方法[OL]. 百度贴吧，http://tieba.baidu.com/p/3290488798，2014-09-12.）

评估练习

1. 酒如何分类？

2. 如何品鉴葡萄酒？

3. 中国白酒有哪些香型？各自有什么特点？

第二节　茶

教学目标：

1. 了解中国茶的历史。

2. 掌握茶的功效和科学饮茶方法。

3. 掌握六大基本茶类的特点和饮用方法。

4. 熟悉各类茶的代表名品，会储存茶叶。

一、茶的名称

中国是茶的祖国，中国人最先发现和利用茶。

在中国古代，表示茶的字有多个。其字，或从草，或从木，或草木并。其名，"一曰茶，二曰槚，三曰*，四曰茗，五曰荈"。(《茶经·一之源》)"茶"字是由"荼"字直接演变而来的，所以，在"茶"字形成之前，荼、槚、茗、荈都曾用来表示茶。 在荼、槚、茗、荈、设五种茶的称谓中，以荼为最普遍，流传最广。但"荼"字多义，容易引起误解。"荼"是形声字，从草余声，草字头是义符，说明它是草本。但从《尔雅》起，已发现茶是木本，用荼指茶名实不符，故借用"槚"，但槚本指楸、梓之类树木，借为茶也会引起误解。所以，在"槚，苦荼"的基础上，造一"搽"字，从木茶声，以代替原先的槚、荼字。另一方面，仍用"荼"字，改读"加、诧"音。初唐苏恭等撰的《唐本草》和盛唐陈藏器撰《本草拾遗》，都用"搽"而未用"茶"。直到陆羽著《茶经》之后，"茶"字才逐渐流传开来。

二、茶的历史

（一）中国制茶方式的历史演变

中国制茶历史悠久，自发现野生茶树，从生煮羹饮，到饼茶、散茶，从绿茶到各种茶类，从手工制茶到机械化制茶，期间经历了复杂的变革。各种茶类的品质特征形成，除了茶树品种和鲜叶原料的影响外，加工条件和技艺是重要的决定因素。

1. 晒干或烘干散茶

茶之用，最初从咀嚼茶树的鲜叶开始，后来发展到生煮羹饮，都是直接取用茶树鲜叶。唐朝以前，茶叶的加工比较简单，采来的鲜叶，晒干或烘干，然后收藏起来，这是晒青茶工艺的萌芽。

2. 从晒青散茶到晒青饼茶

在古代交通不便、运输工具简单的条件下，散茶不便储藏和运输，于是将茶叶和以米膏而制成茶饼，是乃晒青饼茶，其产生及流行的时间约在两晋南北朝至初唐。

3. 从晒青饼茶到蒸青饼茶

初步加工的晒青饼茶仍有很浓的青草味，经反复实践，发明了蒸青制茶。即将茶的鲜叶蒸后捣碎，制饼穿孔，贯串烘干。蒸青饼茶工艺在中唐已经完善，陆羽《茶经·三之造》记述："晴，采之。蒸之，捣之，拍之，焙之，穿之，封之，茶之干矣。" 蒸青饼茶虽去青气，但仍具苦涩味，于是又通过洗涤鲜叶，压榨去汁以制饼，使茶叶苦涩味降低，这是宋代龙凤团茶的加工技术。宋代《宣和北苑贡茶录》记述 "(宋) 太平兴国初，特置龙凤模，遣使即北苑造团茶，以别庶饮，龙凤茶盖始于此"。 龙凤团茶的制造工艺，据宋代赵汝砺《北苑别录》记述，有六道工序：蒸茶、榨茶、研茶、造茶、过黄、烘茶。茶芽采回后，先浸泡水中，挑选匀整芽叶进行蒸青，蒸后冷水清洗，然后小榨去水，大榨去茶汁，去汁后置瓦盆内兑水研细，再入龙凤模压饼、烘干。龙凤团茶的工序中，冷水快冲可保持绿色，提高了茶叶质量，而压榨去汁的做法，却夺走茶的真味，使茶的味香受到损失，且整个制作过程耗时费工，这些均促使了蒸青散茶的出现。

4. 从蒸青饼茶到蒸青散茶

在蒸青饼茶的生产中，为了改善苦味难除、香味不正的缺点，逐渐采取蒸后不揉不压，直接烘干的做法，将蒸青团茶改造为蒸青散茶，保持茶的香味。这种改革出现在宋代，《宋史·食货志》载："茶有两类，曰片茶，曰散茶"，片茶即饼茶。元代王桢《农书》，对当时制蒸青散茶工序有详细记载"采讫，一甑微蒸，生熟得所。蒸已，用筐箔薄摊，乘湿揉之，入焙，匀布火，烘令干，勿使焦"。由宋至元，饼茶和散茶同时并存。到了明代初期，由于明太祖朱元璋于 1391 年下诏，废龙团贡茶而改贡散茶，使得蒸青散茶在明朝前期大为流行。

5. 从蒸青到炒青

相比于饼茶，茶叶的香气在蒸青散茶中得到了更好的保留。然而，使用蒸青方法，依然存在香气不够浓郁的缺点，于是出现了利用干热发挥茶叶香气的炒青技术。明代，炒青制茶法日趋完善，在张源《茶录》、许次纾《茶疏》、罗廪《茶解》中均有详细记载。其制法大体为：高温杀青、揉捻、复炒、烘焙至干，这种工艺与现代炒青绿茶制法非常相似。

6. 从绿茶发展至其他茶类

在制茶的过程中，通过不同的制造工艺，制成各类色、香、味、形品质特征不同的 6 大茶类。

（1）黄茶的产生。绿茶的基本工艺是杀青、揉捻、干燥，当绿茶炒制工艺掌握不当，如或杀青后未及时摊凉、揉捻，或揉捻后未及时烘干炒干，堆积过久，使叶子变黄，产生黄叶黄汤，类似后来出现的黄茶。因此，黄茶的产生是从绿茶制法不当演变而来。明代许次纾《茶疏》（1597 年）记载了这种演变历史。

（2）黑茶的产生。绿茶杀青时叶量过多、火温低，使叶色变为近似黑色的深褐绿色，或以绿毛茶堆积后发酵，渥成黑色，这是产生黑茶的过程。黑茶的制造始于明代中叶，明御史陈讲疏记载了黑茶的生产（1524 年）："商茶低伪，悉征黑茶，产地有限……"

（3）白茶的产生。宋时所谓的白茶，是指偶然发现的白叶茶树采摘而成的茶，与后来发展起来的不炒不揉而成白茶不同。到了明代，出现了类似现在的白茶。田艺蘅《煮泉小品》记载："茶者，以火作者为次，生晒者为上，亦近自然……青翠鲜明，尤为可爱。"白茶最初是指干茶表面密布白色茸毫、色泽银白的"白毫银针"，后来经发展又产生了白牡丹、贡眉、寿眉等其他花色。

（4）红茶的产生。红茶起源于 16 世纪的明朝。在茶叶制造过程中，发现用日晒代替杀青，揉捻后叶色变红而产生了红茶。最早的红茶生产从福建崇安的小种红茶开始。清代刘靖《片刻余闲集》中记述"山之第九曲处有星村镇，为行家萃聚。外有本省邵武、江西广信等处所产之茶，黑色红汤，土名江西乌，皆私售于星村各行"。自星村小种红茶出现后，逐渐演变产生了功夫红茶。20 世纪 20 年代，印度将茶叶切碎加工而成红碎茶，我国于 20 世纪 50 年代也开始试制红碎茶。

（5）青茶的起源。青茶介于绿茶、红茶之间，先是红茶制法，再按绿茶制法，从而形成了青茶制法。青茶起源于明朝末年至清朝初年，最早在福建武夷山创制。清初王草堂《茶说》："武夷茶，茶采后，以竹筐匀铺，架于风日中，名曰晒青，俟其青色渐收，然后再加炒焙……烹出之时，半青半红，青者乃炒色，红者乃焙色也。"现福建武夷岩茶的制法仍保留了这种传统工艺的特点。

（6）从素茶到花茶。茶加香料或香花的做法已有很久的历史。北宋蔡襄《茶录》提到加香料茶"茶有真香，而入贡者微以龙脑和膏，欲助其香"。南宋已有茉莉花焙茶的记载，施岳《步月·茉莉》词注："茉莉岭表所产……古人用此花焙茶。"到了明代，窨花制茶技术日益完善，且可用于制茶的花品种繁多，据《茶谱》记载，有桂花、茉莉、玫瑰、蔷薇、兰蕙、菊花、栀子、木香、梅花九种之多。现代窨制花茶，除了上述花种外，还有白兰、玳玳、珠兰等。

（二）中国饮茶方式的历史演变

"神农有个水晶肚，达摩眼皮变茶树。"中国饮茶起源众说纷纭。追溯中国人饮茶的起源，有的认为起于上古，有的认为起于周，起于秦汉、三国、南北朝、唐代的说法也都有，造成众说纷纭的主要原因是因唐代以前无"茶"字，而只有"荼"字的记载，直到茶经的作者陆羽，方将荼字减一画而写成"茶"，因此有茶起源于唐代的说法。其他则尚有起源于神农、起源于秦汉等说法。

 课外资料 2-4

关于茶的起源

1. 神农说

根据陆羽茶经的记载"茶之为饮，发乎神农氏"，而中国饮茶起源于神农的说法也因民间传说而衍生出不同的观点。有人认为茶是神农在野外以釜锅煮水时，刚好有几片叶子飘进锅中，煮好的水，其色微黄，喝入口中生津止渴、提神醒脑，以神农过去尝百草的经验，判断它是一种药而发现的，这是有关中国饮茶起源最普遍的说法。

另有说法则是从语音上加以附会，神农有个水晶肚子，由外观可得食物在胃肠中蠕动的情形，当他尝茶时，发现茶在肚内到处流动，查来查去，把肠胃洗涤得干干净净，因此神农称这种植物为"查"，再转成"茶"字，而成为茶的起源。

2. 秦汉说

现存最早较可靠的茶学资料是在汉代，以王褒撰的《僮约》为主要依据。此文撰于汉宣帝三年（公元前59年）正月十五日，是在茶经之前，茶学史上最重要的文献，其文内笔墨间说明了当时茶文化的发展状况，内容如下："舍中有客。提壶行酤。汲水作餔。涤杯整案。园中拔蒜。斫苏切脯。筑肉臛芋。脍鱼炰鳖。烹茶尽具。餔已盖藏。舍后有树。当裁作船。上至江州。下到煎主。为府椽求用钱。推纺恶败。傻索绵亭。买席往来都洛。当为妇女求脂泽。贩于小市。归都担枲。转出旁蹉。牵牛贩鹅。武阳买茶。杨氏池中担荷。

往来市聚。慎护奸偷。"由文中可知，茶已成为当时社会饮食的一环，且为待客以礼的珍稀之物，由此可知茶在当时社会地位的重要。

3. 六朝说

中国饮茶起于六朝的说法，有人认为起于孙皓以茶代酒，有人认为系王肃提倡茗饮而始，日本、印度则流传饮茶系起于达摩禅定的说法：传说菩提达摩自印度东使中国，誓言以九年时间停止睡眠进行禅定，前三年达摩如愿成功，但后来渐不支终于熟睡，达摩醒来后羞愤交加，遂割下眼皮，掷于地上。不久后掷眼皮处生出小树，枝叶扶疏，生意盎然。此后五年，达摩相当清醒，然还差一年又遭睡魔侵入，达摩采食了身旁的树叶，食后立刻脑清目明，心志清楚，方得以完成九年禅定的誓言，达摩采食的树叶即为后代的茶，此乃饮茶起于六朝达摩的说法。故事中掌握了茶的特性，并说明了茶素提神的效果，然因秦汉说具有史料证据确凿可考，因而削弱了六朝说的地位。

（资料来源：豆瓣小组窄门会. 茶的起源资料整理[OL]. 豆瓣网，http://www.douban.com/group/topic/44232370，2013-9-26.）

1. 饮茶起始于西汉

我们认为中国的饮茶始于西汉，而饮茶晚于茶的食用、药用，中国人发现茶和用茶则远在西汉以前，甚至可以追溯到商周时期。

中国饮茶始于西汉有史可据，但在西汉时期，中国只有四川一带饮茶，西汉对茶做过记录的司马相如、王褒、杨雄均是四川人。两汉时期，茶作为四川的特产，通过进贡的渠道，首先传到京都长安，并逐渐向当时的政治、经济、文化中心陕西、河南等北方地区传播；另一方面，四川的饮茶风尚沿水路顺长江而传播到长江中下游地区。从西汉直到三国时期，在巴蜀之外，茶是供上层社会享用的珍稀之品，饮茶限于王公朝士，民间可能很少饮茶。

2. 饮茶发展于三国两晋南北朝

两晋时期，江南一带，"做席竟下饮"，文人士大夫间流行饮茶，民间亦有饮茶。南北朝时期，帝王公卿、文人道流，茶风较晋更浓。吴兴有御茶园，采茶时节二郡太守宴集，大概是督造茶叶，上贡朝廷。

3. 饮茶风俗成于中唐

《茶经》《封氏闻见记》《膳夫经手录》关于饮茶发展和普及的年代基本一致。开元以前，饮茶不多，开元以后，特别是建中（公元780年）以后，举凡王公朝士、三教九流、士农工商，无不饮茶。不仅中原广大地区饮茶，而且边疆少数民族地区也饮茶。甚至出现了茶水铺，茶于人如同米、盐一样不可缺少，对田间农家，尤其嗜好。

4. 饮茶普及于宋代以后

宋承唐代饮茶之风，日益普及。宋吴自牧《梦粱录》卷十六"鏊铺"载："盖人家每日不可阙者，柴米油盐酱醋茶。"自宋代始，茶就成为开门"七件事"之一。南宋都城临安（今杭州市）茶肆林立，不仅有人情茶肆。花茶坊，夜市还有东担浮铺点茶汤以便游观之人。有提茶瓶沿门点茶，有以茶水点送门面铺席，僧道头陀以茶水沿门点送以为进身之防。茶在社会中扮演着重要角色。

三、茶的功效

（一）茶的功效成分

茶叶的化学成分是由 3.5%～7.0% 的无机物和 93%～96.5% 的有机物组成。

茶叶中的无机矿质元素约有 27 种，包括磷、钾、硫、镁、锰、氟、铝、钙、钠、铁、铜、锌、硒等多种。

茶叶中的有机化合物主要有蛋白质、脂质、碳水化合物、氨基酸、生物碱、茶多酚、有机酸、色素、香气成分、维生素、皂苷、甾醇等。

茶叶中含有 20%～30% 的叶蛋白，但能溶于茶汤的只有 3.5%。茶叶中含有 1.5%～4% 的游离氨基酸，种类 20 多种，大多是人体必需的氨基酸。茶叶中含有 25%～30% 的碳水化合物，但能溶于茶汤的只有 3%～4%。茶叶中含有 4%～5% 的脂质，也是人体必需的。除这些之外，茶叶中富含若干功能性成分，它们主要包括如下几种。

1. 茶多酚

茶多酚是茶叶中多酚类物质的总称，包括黄烷醇类、花色苷类、黄酮类、黄酮醇类和酚酸类等。主要为黄烷醇（儿茶素）类，儿茶素占 60%～80%。类物质茶多酚又称茶鞣或茶单宁，是形成茶叶色香味的主要成分之一，也是茶叶中有保健功能的主要成分之一。研究表明，茶多酚等活性物质具解毒和抗辐射作用，能有效地阻止放射性物质侵入骨髓，并可使锶 90 和钴 60 迅速排出体外，被健康及医学界誉为"辐射克星"。茶多酚对人体作用非常大，概括起来有降低血脂、抑制人体动脉硬化、增强毛细血管功能、降低血糖、抗氧化、抗衰老、抗辐射、杀菌、消炎、抗癌、抗突变等。

2. 咖啡因

在 1820 年，从咖啡中发现含有咖啡因的存在；至于茶叶中也含有咖啡因，则是 1827 年的事了。茶叶几乎是在发芽的同时，就已开始形成咖啡因，从发芽到第一次采摘时，采下的第一片和第二片叶子所含咖啡因的量最高；相对地，发芽较晚的叶子，咖啡因的含量也会依序减少。咖啡因可以使大脑的兴奋作用旺盛；除此之外，还有盐基、茶碱，也都含有强心、利尿的作用。越是新茶，咖啡因含量越高。

3. 单宁

决定茶的颜色和含在口中时的涩味，都是靠单宁和其他诱导体的作用。单宁并不是一种单一物质，而是由许多种物质混合而成，且很容易被氧化，又拥有很强的吸湿性。越是高级的茶，单宁的含量越多。

4. 氨基酸

茶叶中所含的蛋白质，在制造过程中，与单宁化合而产生沉淀，并因加热而凝固，泡茶喝时，几乎不会再出现；比较起来，氨基酸是属于水溶性的，所以用开水冲泡的茶汁中会含有。氨基酸是决定茶的美味和涩味的重要因素。

5. 叶绿素

叶子之所以成为绿色是由叶绿素造成的，除此之外，还有叶红素、叶黄素、花色素等。

叶绿素是植物生长中不可缺少的成分，叶绿素中分为青绿色的叶绿素A和黄绿色的叶绿素B两种。茶的品种不同，含量也会不同。叶红素是一种红色的色素，会因发酵过程，而有显著的变化；完全发酵的红茶，几乎都没有包含叶红素，反而在绿茶中却含有非常丰富的叶红素存在；叶黄素是一种黄色色素，在茶中含量极微。黄碱素诱导体可分为两种，在茶叶中是属于黄碱酮的一种，吸收紫外线的能力很强。

6. 青叶酒精

茶是最注重香气的饮料，而新茶独特的清香味，是青叶酒精制造出来的。主掌茶叶香味的是挥发性芳香植物油，但其含量很少；造成香味成分的种类很多，其中最重要的就是酒精类，因其沸点低，且容易挥发，只要遇到夏季、高温，新茶的香气就会消失，若想长期维持新茶的香味，最好储藏在冰箱里，并经常保持5℃的温度。

7. 维生素C

维生素C是预防坏血病不可或缺的要素。公元1924年由三浦政太郎博士的有关抗坏血病研究报告中，证实茶叶中确实含有维生素C。他又因维生素C摄取多寡的问题，而测量出一天当中所需要茶的量，才发现越是新茶，维生素C含量越多；相对地，茶叶储存越久，含量越少。普遍来说，维生素C都不耐高温，所以制茶时的热或泡茶时的高温开水，往往很容易就会破坏维生素C，所以在第一泡茶时，维生素C有80%，可是在第二泡茶时，会丧失约10%，以此类推递减。所以要喝茶，最好是喝第一泡的茶。

8. 无机成分

若把茶叶拿来烧，在灰烬中会留下5%～6%的无机成分，其中50%就是钾，15%是磷酸，其他则是石灰、镁、铁、锰、苏打、硫酸、钠碘，其中锰与碘的含量较多。我们体内的血液，在健康的状况下是属于弱碱性的。而饭后喝茶可以把因吃过肉类或是酒类，使血液变成酸性的状况，恢复到弱碱性。

（二）茶的主要功效

茶叶成分对人体的生理、药理功效是多种多样的，归纳起来主要有如下8大保健作用。

（1）兴奋作用：茶叶的咖啡碱能兴奋中枢神经系统，帮助人们振奋精神、增进思维、消除疲劳、提高工作效率。

（2）利尿作用：茶叶中的咖啡碱和茶碱具有利尿作用，用于治疗水肿、水滞瘤。利用红茶糖水的解毒、利尿作用能治疗急性黄疸型肝炎。

（3）强心解痉作用：咖啡碱具有强心、解痉、松弛平滑肌的功效，能解除支气管痉挛，促进血液循环，是治疗支气管哮喘、止咳化痰、心肌梗死的良好辅助药物。

（4）抑制动脉硬化作用：茶叶中的茶多酚和维生素C都有活血化瘀防止动脉硬化的作用。所以经常饮茶的人当中，高血压和冠心病的发病率较低。

（5）抗菌、抑菌作用：茶中的茶多酚和鞣酸作用于细菌，能凝固细菌的蛋白质，将细菌杀死。可用于治疗肠道疾病，如霍乱、伤寒、痢疾、肠炎等。皮肤生疮、溃烂流脓，外伤破了皮，用浓茶冲洗患处，有消炎杀菌作用。口腔发炎、溃烂、咽喉肿痛，用茶叶来治疗，也

有一定疗效。

（6）减肥作用：茶中的咖啡碱、肌醇、叶酸、泛酸和芳香类物质等多种化合物，能调节脂肪代谢，特别是乌龙茶对蛋白质和脂肪有很好的分解作用。茶多酚和维生素 C 能降低胆固醇和血脂，所以饮茶能减肥。

（7）防龋齿作用：茶中含有氟，氟离子与牙齿的钙质有很大的亲和力，能变成一种较为难溶于酸的"氟磷灰石"，就像给牙齿加上一个保护层，提高了牙齿防酸抗龋能力。

（8）抑制癌细胞作用：据报道，茶叶中的黄酮类物质有不同程度的体外抗癌作用，作用较强的有牡荆碱、桑色素和儿茶素。

四、茶的种类

茶按照制作工艺可分为绿茶、红茶、黑茶、白茶、青茶和黄茶，除 6 大基本茶类外，还有药茶（保健茶）、花茶等再加工茶及茶饮料等。

（一）绿茶

绿茶的品质特征是绿汤绿叶不发酵，见图 2-8。

图 2-8　绿茶

绿茶是我国历史最悠久、产量最多的一类茶叶，全国 18 个产茶省（区）都生产绿茶，我国绿茶每年出口数万吨，占世界茶叶市场绿茶贸易量的 70% 左右，其花色品种之多居世界首位。绿茶具有色绿、香高、味醇、形美等特点。其制作工艺都经过杀青—揉捻—干燥的过程。由于加工时干燥的方法不同，绿茶又可分为炒青绿茶、烘青绿茶、蒸青绿茶和晒青绿茶。绿茶名贵品种有：龙井茶、碧螺春茶、黄山毛峰茶、庐山云雾、六安瓜片、蒙顶茶、太平猴魁茶、君山银针茶、顾渚紫笋茶、信阳毛尖茶、平水珠茶、西山茶、雁荡毛峰茶、华顶云雾茶、涌溪火青茶、敬亭绿雪茶、峨眉峨蕊茶、都匀毛尖茶、恩施玉露茶、婺源茗眉茶、雨花茶、莫干黄芽茶、五山盖米茶、普陀佛茶。

（二）红茶

红茶的品质特征红汤红叶全发酵（发酵程度大于 80%），见图 2-9。红茶的名字得自其汤色红。

图 2-9 红茶

红茶加工时不经杀青，而且萎凋，使鲜叶失去一部分水分，再揉捻（揉搓成条或切成颗粒），然后发酵，使所含的茶多酚氧化，变成红色的化合物。这种化合物一部分溶于水，另一部分不溶于水，而积累在叶片中，从而形成红汤、红叶。红茶主要有小种红茶、功夫红茶和红碎茶 3 大类。红茶名贵品种有：正山小种、金骏眉、祁红、滇红、英红等。此外，红茶也是世界范围内消费量最大的茶，印度、斯里兰卡等国家都出产优质红茶。

 课外资料 2-5

世界四大红茶

1. 祁门红茶

祁门红茶，简称祁红，产于中国安徽省西南部黄山支脉区的祁门县一带。当地的茶树品种高产质优，植于肥沃的红黄土壤中，而且气候温和、雨水充足、日照适度，所以生叶柔嫩且内含水溶性物质丰富，又以 8 月所采收的品质最佳。祁红外形条索紧细匀整，锋苗秀丽，色泽乌润（俗称"宝光"）；内质清芳并带有蜜糖香味，上品更蕴含着兰花香（号称"祁门香"），馥郁持久；汤色红艳明亮，滋味甘鲜醇厚，叶底（泡过的茶渣）红亮。清饮最能品味祁红的隽永香气，即使添加鲜奶亦不失其香醇。春天饮红茶以它最宜，下午茶、睡前茶也很合适。

2. 阿萨姆红茶

阿萨姆红茶，产于印度东北阿萨姆喜马拉雅山麓的阿萨姆溪谷一带。当地日照强烈，需另种树为茶树适度遮蔽；由于雨量丰富，因此促进热带性的阿萨姆大叶种茶树蓬勃发育。以 6~7 月采摘的品质最优，但 10~11 月产的秋茶较香。阿萨姆红茶，茶叶外形细扁，色呈深褐；汤色深红稍褐，带有淡淡的麦芽香、玫瑰香，滋味浓，属烈茶，是冬季饮茶的最佳选择。

3. 大吉岭红茶

大吉岭红茶，产于印度西孟加拉省北部喜马拉雅山麓的大吉岭高原一带。当地年均温 15℃左右，白天日照充足，但日夜温差大，谷地里常年弥漫云雾，是孕育此茶独特芳香的一大因素。以 5~6 月的二号茶品质最优，被誉为"红茶中的香槟"。大吉岭红茶拥有高昂的身价。3～4月的一号茶多为青绿色，二号茶为金黄。其汤色橙黄，气味芬芳高雅，上品尤其带有葡萄香，口感细致柔和。大吉岭红茶最适合清饮，但因为茶叶较大，需稍久焖（约5分钟）使茶叶尽舒，才能得其味。下午茶及进食口味生的盛餐后，最宜饮此茶。

4. 锡兰高地红茶

锡兰高地红茶，以乌沃茶最著名，产于山岳地带的东侧，常年云雾弥漫，由于冬季的东北季风带来雨量（11月～次年2月），不利茶园生产，以7～9月所获的品质最优。产于山岳地带西机时的汀布拉茶和努沃勒埃利耶茶，则因为受到夏季（5～8月）西南季风送雨的影响，以1～3月收获的最佳。锡兰的高地茶通常制为碎形茶，呈赤褐色。其中的乌沃茶汤色橙红明亮，上品的汤面环有金黄色的光圈，犹如加冕一般；其风味具刺激性，透出如薄荷、铃兰的芳香，滋味醇厚，虽较苦涩，但回味甘甜。汀布拉茶的汤色鲜红，滋味爽口柔和，带花香，涩味较少。努沃勒埃利耶茶无论色、香、味都较前二者淡，汤色橙黄，香味清芬，口感稍近绿茶。

（资料来源：血丫. 世界四大红茶[OL]. 百度百科，http://baike.baidu.com/view/157334.htm，2015-9-23.）

（三）黑茶

黑茶是后发酵茶，制茶工艺一般包括杀青、揉捻、渥堆和干燥四道工序，因为其选用的原料均为较粗老的茶原料，所以成品从色泽上就可看出明显的黑色（见图2-10）。主要分为湖南黑茶（茯茶）、云南黑茶（普洱茶）、雅安藏茶（黑茶鼻祖）、广西六堡茶、陕西黑茶（茯茶）及湖北老黑茶，俗称黑五类。黑茶品种可分为紧压茶与散装茶及花卷三大类，紧压茶为砖茶，主要有茯砖、花砖、黑砖、青砖茶，俗称四砖，散装茶主要有天尖、贡尖、生尖，统称为三尖，花卷茶有十两、百两、千两等。黑茶能降血糖，抗衰老。

图2-10 黑茶

（四）白茶

白茶属微发酵茶，在制作工艺中基本流程包括萎凋、烘焙（或阴干）、拣剔、复火等工序，其中萎凋是形成白茶的重要工艺。成品白茶满身披毫，针针如银雪。茶水黄绿清澈，口味清淡甘冽。成品茶的外观呈白色，故名白茶。主要产区在福建福鼎、政和、松溪、建阳以及浙江安吉等地。主要的品种有：白毫银针、白牡丹、贡眉（见图2-11）等。

图 2-11　白茶（贡眉）

（五）青茶（乌龙茶）

乌龙茶也就是青茶，是一类介于红、绿茶之间的半发酵茶，见图 2-12。因其叶片中间为绿色，叶缘呈红色，故有"绿叶红镶边"之称。乌龙茶在 6 大类茶中工艺最复杂费时，泡法也最讲究，所以喝乌龙茶也被人称为喝功夫茶。

图 2-12　乌龙茶

乌龙茶按地域可分为闽北乌龙、闽南乌龙、广东乌龙和台湾乌龙。名贵品种有：铁观音、黄旦（黄金桂）、本山、毛蟹、梅占、大叶乌龙、冻顶乌龙、水仙、大红袍、肉桂、奇兰、凤凰单枞、凤凰水仙、岭头单枞、色种等。

（六）黄茶

黄茶在制茶过程中，经过闷堆渥黄，因而形成黄叶黄汤。分"黄芽茶"（包括湖南洞庭湖君山银芽、四川雅安、名山县的蒙顶黄芽、安徽霍山的霍内芽）、"黄小茶"（包括湖南岳阳的北港毛尖、湖南宁乡的沩山毛尖、浙江平阳的平阳黄汤、湖北远安的鹿苑）、"黄大茶"（包括的广东大叶青、安徽的霍山黄大茶）三类。

（七）花茶

花茶是中国独有的茶叶品种。它是用花香增加茶香的一种产品，在我国很受喜欢。一般是用绿茶做茶坯，少数也有用红茶或乌龙茶做茶坯的。它根据茶叶容易吸收气味的特点，以香花为窨料加工而成的。所用的花品种有茉莉花、桂花、玫瑰花等几种，以茉莉花最具代表，产量也最大。

五、茶的储存

茶叶很容易吸湿及吸收异味，因此应特别注意包装、储存是否妥当，在包装上除要求美观、方便、卫生及保护产品。尚需要讲求储存期间的防潮及防止异味的污染，以确保茶叶品质。引起茶叶劣变的主要因素：①光线；②温度；③茶叶水分含量；④大气湿度；⑤氧气；⑥微生物；⑦异味污染。其中微生物引起的劣变受温度、水分、氧气等因子的限制，而异味污染则与储存环境有关。因此要防止茶叶劣变必须对光线、温度、水分及氧气加以控制，包装材料必须选用能遮光者，如金属罐、铝箔积层袋等，氧气的去除可采用真空或充氮包装，亦可使用脱氧剂。茶叶储存方式依其储存空间的温度不同可分为常温储存和低温储存两种。因为茶叶的吸湿性颇强，无论采取何种储存方式，储存空间的相对湿度最好控制在50%以下，储存期间茶叶水分含量须保持在5%以下。

茶叶储存前要先分类。

第一类是绿茶、红茶、黄茶和以清香型铁观音、台湾包种茶、东方美人茶为代表的轻焙火乌龙茶。挑密封度好的茶叶罐、铝箔袋脱氧真空包装，可以选择PC塑胶真空罐、马口铁罐、不锈钢、锡材质制的茶叶罐，避免阳光直射，效果较佳，可防潮、避免茶叶变质走味。一般轻焙火、香气重的茶叶因还有轻微水分会产生发酵，建议尽速泡完，短时间喝不完，可将茶叶密封，存放于冰箱中冷藏或低温保鲜储藏。

第二类是武夷岩茶、凤凰单枞、陈年老茶等重焙火乌龙或普洱等黑茶类及白茶类。重焙火茶储存时要先把茶叶的水分烘焙干一点，利于茶久放不变质，如要让茶叶回稳消其火味，用瓷罐或陶罐都是很好的选择。普洱等黑茶类如用陶罐、瓷罐储存，切记不要盖盖子，口用布盖上，让其通风，因为普洱为代表的黑茶类属于后发酵，需借由空气中水分来做发酵，自然陈化，放得越久普洱茶的滋味就会变得更柔和、汤色鲜红明亮、入口滑顺、生津回甘。茶叶罐应放在阴凉通风、保持干燥、避免阳光直射的地方，不要存放在有异味的储存柜或是跟有气味的东西一起存放，避免吸入异味。

六、茶的科学饮用方法

（一）饮茶方法

饮茶要合理、要科学，是人人都应具备的常识，不可漫无节制地饮茶，一天的适宜饮茶量为10～12g，并且应随着四季变化饮不同的茶。比如春天饮花茶，夏天饮绿茶，秋天饮乌龙，冬天饮红茶和熟普。

（二）饮茶禁忌

饮茶也有很多禁忌，以下是饮茶十大不宜应把握住，才能饮茶康乐。

（1）饭前不宜立即饮茶，人消瘦，美味享不到。茶会刺激唾液，如果在即将吃饭前饮茶，将使人食不知味，不仅品香的功能受影响，而且也会妨碍消化，妨碍营养的吸收，喝茶应在饭前半小时停止。

（2）不宜饭后饮茶，助消化，小心得结石症。若餐中多食含磷、钙丰富的海鲜，茶中的草酸根和钙结合，不易排出体外，容易得结石症。但饭后15分钟再饮用淡茶则有助消化。

（3）空腹最好不饮茶，注意茶醉。空腹饮茶会冲淡胃液，减少胃液的分泌。茶汤呈弱酸性，pH5～6，胃液的酸度比茶汤强大，其中有些碱性物质，因中和而降低。茶性寒，冷脾胃，会引起心悸、心烦、眼花、发抖现象，俗称茶醉。

（4）不喝太烫的茶水，太烫的茶水对人的咽喉、食道和胃的刺激较强，长期饮用太烫的茶，胃壁容易受损，引起器官的病变。饮茶的温度最好在70℃左右（可以先含在嘴内少稍，后吞下，这样更可感茶的味道）。

（5）不喝冷茶，也能神清气爽。冷茶无香气，苦涩滋味出现，而且冷茶必定放了一两小时以上，茶汤已有氧化现象，喝冷茶对身体有滞寒作用，引起咳嗽、聚痰的副作用。

（6）不以茶服药，以免影响药效。不同类别的茶叶，其化学成分从几十种到几百种不等，经冲泡成茶汤，又起化合作用，若以茶服药，则各种病症的各种药和茶汤混合，又会引起一些变化，影响原有药物的功效。

（7）不喝冲泡多次的茶水。茶叶通常冲泡第一次后，其浸出量已占可溶物总量的55%；第二次冲泡约30%；第三次为10%；第四次只有1%～3%。而茶叶中的维生素C和氨基酸，第一次冲泡时，就有50%被浸出，第二次80%以上都浸出，经过5次冲泡，基本上达到全量浸出。

（8）不喝隔夜茶。隔夜茶时间已经放久了，茶里的蛋白质、糖类等会成为细菌、霉菌繁殖的温床，茶汤发馊变质，香气滋味都差，再喝是不太合理的。

（9）不喝浸泡太久的茶。茶叶浸泡太久，咖啡碱、茶碱等多酚类化合物都一一浸泡出来，浸泡太久已成为浓茶。而且泡太久的茶，香味已挥发，茶汤所含维生素C、氨基酸等减少，营养价值降低，喝了妨碍健康、卫生的原则。

（10）不宜长期喝太浓的茶。浓茶的咖啡碱等含量多，刺激性强，易伤胃、伤肾，且过于兴奋，容易引起失眠、头痛等问题，尤其有高血压、胃病、贫血、心脏病等人，更是不宜喝浓茶。

✎ 评估练习

1. 茶有哪些功效？

2. 各类茶之间的本质区别是什么？

3. 如何科学饮茶？

第三节　咖　啡

教学目标：

1. 了解咖啡的历史。
2. 掌握咖啡的功效和饮用方法。
3. 掌握咖啡的分类及其特点。
4. 熟悉主要咖啡品种，会储存咖啡。

一、咖啡的历史

（一）起源

咖啡的来源已无从稽考。诸多传说之一指咖啡原产地埃塞俄比亚西南部的咖法省高原地区。很久以前，在埃塞俄比亚高原，有一个名叫卡尔迪（Kaldi）的年轻牧羊人。有一天，他的羊群没有按时回家，于是，他出发去寻找羊群。他沿着起伏的小径走了一会儿，突然发现自己的山羊正围着一棵灌木兴奋地打转，这棵灌木有着漂亮的暗绿色叶子和鲜艳的红色果实，而有些羊正在啃食那红色的果实。年轻的牧羊人觉得很奇怪，就摘下几颗果实尝了尝，结果自己也变得非常高兴，围食那红色的果实。就在这时，城里的一个很有学问的修士正好路过，他叫阿库巴（Aucuba）。阿库巴已经走了很长的路，他又饿又累又困，当他看见牧羊人和羊群兴奋地舞蹈时，也吃了几颗那棵灌木的果实。很快，他变得非常清醒，困意全消，他明白自己发现了宝藏，于是，就摘了些果实带回了城里。他把这种果实和饮料混合在一起，给修士们饮用，这样修士们祈祷时就不会睡着了。这种神奇的饮料迅速传播到其他修道院，阿库巴因此而变得非常富有，但是，没人知道那个名叫卡尔迪的牧羊人后来发生了什么样的故事。

事实上，牧羊人的故事有多个版本，每个版本都有细微的不同。有的说，卡尔迪把神奇的果实带给了修道院的修士，这个版本记录在黎巴嫩的语言学者法斯特·奈洛尼的《不知睡眠的修道院》（1671年）一书中；也有人说，修士们当时就把那果实投进了火中，烧成了棕色的豆子，并用它来冲泡一种神奇的棕黑色饮料用于提神。

有趣的是，对咖啡效用的发现，不同宗教的人们也笃信不同的传说。穆斯林教徒阿布达尔·卡迪在《咖啡的由来》（1578年）一书中记载的传说就在阿拉伯世界广为流传。故事说，一位阿拉伯僧侣因罪被驱逐到阿拉伯半岛南段的一个荒僻的地方，饥饿和疲倦深深地折磨着他，他不得不躺在一棵树下休息。他突然发现一只鸟在啄食树上的果实，并发出欢乐的啼叫。他大受鼓舞，摘下果实放在水中煮成一种散发着美妙香气的饮料。这种饮料不但味道甜美，而且饮后让人精神一振。于是，这位僧侣就用这种饮料治疗当地的病人，因为他到处行善，族人也就原谅了他，允许他带着这种神奇的果实返回了家乡。

在咖啡被人们广泛利用的第一个世纪里，非洲的先辈们并非用我们今天的方法饮用咖啡，咖啡烘焙和研磨的历史大概开始于公元6世纪。在这之前，人们将咖啡红色的果实和绿色的叶子一起放在水中煮后饮用，或用咖啡果实酿酒，这两种方法到现在还在埃塞俄比亚的某些地方流行着。

直到 11 世纪前后，人们才开始用水煮咖啡作为饮料。13 世纪时，埃塞俄比亚军队入侵也门，将咖啡带到了阿拉伯世界。因为伊斯兰教义禁止教徒饮酒，有的宗教界人士认为这种饮料刺激神经，违反教义，一度禁止并关闭咖啡店，但埃及、苏丹认为咖啡不违反教义，因而解禁，咖啡饮料迅速在阿拉伯地区流行开来。咖啡（Coffee）这个词，就是来源于阿拉伯语 Qahwa，意思是 "植物饮料"，后来传到土耳其，成为欧洲语言中这个词的来源。咖啡种植，制作的方法也被阿拉伯人不断地改进而逐渐完善。

但在西元 15 世纪以前，咖啡长期被阿拉伯世界所垄断，仅在回教国家间流传，直到十六七世纪，透过威尼斯商人和海上霸权荷兰人的买卖辗转将咖啡传入欧洲，很快地，这种充满东方神秘色彩、口感馥郁香气迷魅的黑色饮料受到贵族士绅阶级的争相竞逐，咖啡的身价也跟着水涨船高，甚至产生了 "黑色金子" 的称号，当时的贵族流行在特殊日子互送咖啡豆以示尽情狂欢，或是给久未谋面的亲友，有财入袋、祝贺顺遂之意，同时也是身份地位象征。而 "黑色金子" 在接下来风起云涌的大航海时代，借由海运的传播，全世界都被纳入了咖啡的生产和消费版图中。

（二）传播

1. 传入欧洲

1570 年，土耳其军队围攻维也纳，失败撤退时，有人在土耳其军队的营房中发现一口袋黑色的种子，谁也不知道是什么东西。一个曾在土耳其生活过的波兰人，拿走了这袋咖啡，在维也纳开了第一家咖啡店。16 世纪末，咖啡以 "伊斯兰酒" 的名义通过意大利开始大规模传入欧洲。

相传 1600 年时有些天主教宗教人士认为咖啡是 "魔鬼饮料"，怂恿当时的教皇克莱门八世禁止这种饮料，但教皇品尝后认为可以饮用，并洗礼祝福了咖啡。咖啡在欧洲逐渐普及。

17 世纪咖啡的种植和生产一直被阿拉伯人所垄断，在欧洲价值不菲，只有欧洲上层人物才能饮用咖啡。直到 1690 年，一位荷兰船长航行到也门，得到几棵咖啡苗，开始在荷属印度（现在的印度尼西亚）种植成功。1727 年荷属圭亚那的一位外交官的妻子，将几粒咖啡种子送给--位驻巴西的西班牙人，他在巴西试种取得很好的效果。巴西的气候非常适宜咖啡生长，从此咖啡在南美洲迅速蔓延。因大量生产而价格下降的咖啡开始成为欧洲人的重要饮料。

2. 传入中国

在印度尼西亚的华侨在 20 世纪 60 年代就每天喝咖啡，中国台湾人在 20 世纪 70 年代开始喝咖啡，到目前约有 40 年的历史了，香港引入咖啡的时间是否较早需要考证，大陆地区则是在 20 世纪 90 年代末开始兴起，目前已有不少咖啡馆兴起，年轻人已逐渐接受咖啡饮品且饮用咖啡的处所也多元化，包括餐厅、咖啡馆、点心、蛋糕烘焙店等。

二、认识咖啡

（一）咖啡种

咖啡属于茜草科的常绿灌木，以热带地区为重心，咖啡属的植物有 40 多种，但能生产出有商业价值咖啡豆的仅仅是阿拉比卡种、罗布斯塔种、利比里亚种，这三种称为咖啡的三大原生种，见表 2-1。

表 2-1　三大原生种特征

咖啡种名称	阿拉比卡种	罗布斯塔种	利比里亚种
口味和香气	优质的香味与酸味	香味类似炒麦子，酸味不明显	苦味
豆子形状	扁平，椭圆形	较圆	汤勺状
树高	5～6 米	5 米左右	10 米
每棵树收成量	相对比较多	多	少
栽培海拔	500～2000 米	500 米以下	200 米以下
耐腐性	弱	强	强
适合温度	不耐低温，高温	耐高温	耐高，低温
适合雨量	不耐多雨，少雨	耐多雨	耐多雨，少雨
结果期	3 年内	3 年	5 年
生产量比例	70%～80%	20%～30%	小

1. 阿拉比卡种（Coffee Arabica）

阿拉比卡原产地是埃塞俄比亚的阿比西尼亚高原，最初作为药物食用，13 世纪培养出焙烘饮用的习惯，16 世纪由阿拉伯地区传入欧洲，进而成为全世界人们喜爱的饮料。

所有的咖啡中，阿拉比卡种咖啡占 75%～80%。它的绝佳风味与香气，使得它成为原生种里，唯一可以直接饮用的咖啡，但是它对干燥、霜害、病虫等抵抗力过低，特别不耐咖啡的天敌——叶锈病，因而各个生产国都在致力于品种的改良。斯里兰卡就是一个例子，过去斯里兰卡曾经是远近闻名的咖啡生产国，19 世纪末期，因为叶锈病的施虐，咖啡庄园无一幸免，此后斯里兰卡转而发展红茶，并与印度同列红茶王国。

阿拉比卡种咖啡豆，主要生产地为南美洲（阿根廷、巴西部分地区除外）、中美洲、非洲（肯尼亚、埃塞俄比亚等地）、亚洲（包括也门、印度、阿布亚新几内亚的部分区域）。

咖啡能提神醒脑，主要就是因为咖啡因。在咖啡因的含量中，阿拉比卡 1%，罗布斯塔 2%～3%，速溶咖啡 3%～6%，要强调一点的是速溶咖啡一般都是罗布斯塔种的，所以饮用阿拉比卡种的咖啡相对咖啡因较低，比较健康。因为收益的问题，很少有速溶会用阿拉比卡种去做。

2. 罗布斯塔种（Coffee Robusta Linden）

罗布斯塔种是在非洲刚果发现的耐叶锈病的品种，罗布斯塔种是刚果种的突变品种。阿拉比卡种是生长在热带较冷的高海拔地区，罗布斯塔种适合在高温潮湿地带。罗布斯塔有独特的味道（很多人形容是霉味）和苦味，仅仅占混合咖啡的 2%～3% 就能使整杯都是罗布斯塔的味道。过于鲜明和强烈的风味使它不适合做单品咖啡直接品尝，而都用作速溶咖啡的生产（萃取液是阿拉比卡的 2 倍）。咖啡因的含量 3.2%，远高于阿拉比卡咖啡 1.5%。主要生产国在印度尼西亚、越南以及以科特迪瓦、阿尔及利亚、安哥拉为中心的西非诸国。

在世界咖啡的流通里，基本上 65%是阿拉比卡种。阿拉比卡种细长切扁平，罗布斯塔种浑圆，对比见图 2-13。

图 2-13　阿拉比卡和罗布斯塔两种生豆的对比图

3. 利比里亚种（Coffee Liberica）

西部非洲的利比里亚种咖啡，适应各种环境，但不耐叶锈病，且风味差阿拉比卡种很多，所以基本只是在国内消耗，或者做研究用。

现在很多咖啡已经不是原生种，是两种咖啡种类的杂交品种，很少部分的才是接近原生种的品种，所以风味迥异。

（二）咖啡的生长条件和分布（气候、土质、黄金生长地带等）

有个名词叫作"咖啡带"。世界咖啡生产国有 60 多个，其中大部分在南北回归线之间的热带、亚热带地区，这一区称为咖啡带（Coffee Belt）或者咖啡区（Coffee Zone），年平均气温在 20℃以上（咖啡是热带植物，若温度低于 20℃无法正常生长）。

1. 气候条件

阿拉比卡种咖啡不耐高温多雨的气候，也无法长期处于 5℃以下的低温，所以多种在海拔 1000～2000 米高地陡峭斜坡，罗布斯塔种种植于海拔 1000 米以下的低处。

全年平均降雨量在 1000～2000 毫米，再加上适度的日照，是最适合的气候，但是阿拉比卡种不耐强烈日照与酷热，因此适合种植在易生雾的地区，特别是日夜温差大的地方，另外，有些地方为了避免太阳直接照射还会种植遮蔽树，如香蕉、杧果、玉蜀黍。

2. 土质

简单来说，适合栽种咖啡的土壤，就是有足够湿气与水分且富含有机质的肥沃火山土。埃塞俄比亚高原上布满这种火山岩风化土，因此富含腐殖的土壤。

巴西高原地带（玄武岩风化肥沃红土）、中美高原、南美安第斯山脉周边、非洲高原地带、西印度群岛、爪哇（部分地方的土壤也是火山岩风化土，或是火山灰与腐殖土的混合土）等咖啡的主要生产地带，也和埃塞俄比亚高原地带一样，拥有水分充足的肥沃土壤。

土质对咖啡的味道有微妙的影响。比如种植在偏酸性的土壤上的咖啡酸味要较强烈一些，又如巴西里约热内卢一带土壤带碘味，收成时采用摇落法，咖啡也会沾上那种独特的碘味。

3. 地形与高度

一般认为，高地出产的咖啡品种较佳，中美洲地区各咖啡国因为有山脉自大陆中央穿越，所以通常用海拔高度作为分级标准。例如危地马拉 SHB 的七个等级中的最高等级就是 SHB，代表它的产地高度是海拔 1370 米。

虽然咖啡庄园位于险峻高地，对交通、搬运以及栽培不利，但是因为这种地形气温低容易起雾，能够缓和热带地区的强烈日照，让果实充分成熟。

但是也有例外的，"夏威夷可那"却不是高地采收，因为只要有适合的气温、降雨量和土壤、会起晨雾日夜温差大，就能栽种出高品质的咖啡。

定量的咖啡豆能够萃取出较多的咖啡液（浓度高），这也是高地咖啡获得好评的原因之一。但也有例外，比如牙买加蓝山不同的海拔，蓝山咖啡比高山咖啡的浓度高。

罗布斯塔种，栽种在 1000 米以下地区，生长速度快，又耐病虫，对土壤要求不是很高，味道与香气都远远地逊于阿拉比卡种咖啡。世界上的顶级咖啡几乎都是阿拉比卡种。

（三）咖啡豆的采摘和加工

1. 咖啡豆的采摘

咖啡的采收期以及采收方式因地而异，一般来说一年 1～2 次（有时候能达到三四次）采收期多在旱季。例如，巴西在 6 月前后，由东北部的巴西亚州开始依序南下，到 10 月前后南部的巴拉那州，采收结束，中美洲各国的采收期则是 9 月前后到来年的 1 月，由低往高采收，采收方式分两种：手摘法、摇落法。

（1）手摘法。除了巴西与埃塞俄比亚外，多数的阿拉比卡种咖啡的采摘都是手摘法，手摘法不单是将成熟鲜红的咖啡豆摘下，有时候还会连同未成熟的青色咖啡豆与树枝一起摘下，这些豆混入精制的咖啡豆中，特别是采用自然干燥法精制时，如果这些豆子一起混入烘焙，会产生令人作呕的臭味。

（2）摇落法。此法是用乱棍击打成熟的果实或者摇晃咖啡树枝，让果实掉落汇集成堆。规模较大的庄园采用大型采收机，而中小型农庄，就全家动员。摇落法比手摘法更容易混如瑕疵豆，有些产地的豆子还会沾上奇特的异味，或者因为地面潮湿而让豆子发酵。巴西与埃塞俄比亚等罗布斯塔种咖啡豆的生产国多以这种方式采收。

以摇落法采收的国家，亦多自然干燥法精致咖啡豆，咖啡春天开花，夏天结果，冬天收成，因此在旱、雨季区分不明显的地方，采收与干燥作业相当困难，遇上雨季，就无法用自然干燥法，因此咖啡适合种植于旱季、雨季分明的地区。

2. 咖啡豆的加工

将采集下的果实去除杂质变成生豆的过程叫作精制，精制法主要分三大类：干燥式、水洗式、半水洗式。咖啡果实中央有一对椭圆形的种子，种子被外皮，内果皮与果肉覆盖，成熟的果实未经处理，短时间就会坏掉，因此，精制的目的就是咖啡豆保存的时间更长，精制就是将咖啡的外果皮和果肉去掉，再将种子取出，一般来说 5 吨的咖啡果实，可以取得 1 吨的咖啡生豆。精制后的咖啡豆呈绿色称为 "green bean"。

（1）干燥式。这是最便宜、最简单、最传统的咖啡豆加工法。加工时，要将收获的果实铺在水泥地面，砖地面或者是草席上。最理想的在阳光下，而且要在有规律的时间内用耙子把这些果实耙平，防止发酵。如果下雨或者气温下降，必须把这些果实覆盖起来以防遭到损坏。大约 4 周后，每颗果实的含水量将下降至大约 12%，这时的果实是干的，表皮变为暗褐色而且易碎，能听见咖啡豆在果壳里咯咯作响。在巴西，这个阶段的咖啡豆被冠上一个容易混淆的名字——可可（coco）。

（2）水洗式。湿处理过程需要更大的资金投入和更多的精力，但此法却有助于保证咖啡豆的质量，减少损害。干湿两种方法最主要的区别：在湿处理过程中，果肉被立即从咖啡豆上分离开，而不像干燥法那样让其变干。

果肉在分离机中被分离，咖啡豆进入冲洗槽进行发酵，利用酵素的作用，分离覆盖在内果皮上的滑腻胶浆。这个过程完成以后，咖啡豆不再黏滑，而是有卵石般的手感。

在整个湿处理过程中质量控制对防止咖啡豆腐烂至关重要，因为即使只有一粒咖啡豆烂掉，都有可能损害全部咖啡豆。基于这个原因，使用的设备必须天天清洗以确保进行下一轮加工之前没有任何杂质留下。

（3）半水洗式。湿处理过程之后，咖啡豆被保存在内果皮壳内，内果皮仍然含有大约 15% 的水分含量，这相当关键。因为如果阿拉伯咖啡豆被过度干燥至含水量为 10%，它们就会失掉原有的蓝绿色，质量也会有所下降。

外覆内果皮的咖啡豆要平铺在水泥地上、石板地上、干燥的桌子上或者盘子上进行干燥，这与干燥法很相似。较大的种植园或者雨水多的地方有时使用机械干燥。咖啡豆要定时翻动以保证均匀，这一过程需要 12～15 天。最重要的是内果皮不能破裂，如果阳光太强，就必须将咖啡豆遮盖起来，见图 2-14。

图 2-14　传统日晒式加工法

至此，整个工序完成，咖啡豆就成了众所周知的 "羊皮纸咖啡豆"（咖啡豆外覆的内果

皮颇像羊皮纸）。一般情况下，咖啡豆一直以这种形式保持到出口前。

由于生产咖啡豆的国家需要全年出口咖啡豆，而不是仅仅在大约三个月的收获期来出口，所以咖啡豆要在绝对稳定的环境，以"羊皮纸咖啡豆"的形式储存起来，避免高温高湿。咖啡豆在出口之前，要用研磨法处理一下，把咖啡豆上面的内皮去掉。去除、清洗内果皮和干燥过程后咖啡豆残留的外壳也称为去壳或脱皮。

最终的咖啡生豆称重，然后装入袋子中，大部分的出产国通用的包装规格为 60kg/袋。少数国家用 70kg/袋的规格。一些小庄园接受定制式的生产，所以也会用到 30kg/袋的包装规格。

（四）咖啡豆的烘焙

生咖啡豆本身是没有任何咖啡的香味儿的，只有在炒熟了之后，才能够闻到浓郁的咖啡香味儿。在咖啡豆的烘焙过程中，咖啡内部成分的转变是十分复杂的，以现代的有机化学知识是无法完全理解的，而咖啡豆的烘焙好坏直接决定了咖啡豆的香味好坏。只有用好的咖啡生豆，经过适当的烘焙，才有可能加工出好的咖啡熟豆，也才可能为制作好咖啡提供一个好的前提条件。

无论在专业烘焙机、自家炉火上或烤箱里，咖啡豆在这场 12～16 分钟、温度高达 232℃与火对话的过程中，必须历经多次化学变化，发出二次爆米花似的清脆响声，并丧失 15%～25%重量的水分。

烘焙的过程，有像爆米花一样充满香味和愉悦的蹦跳声。优质的煎焙能将生咖啡豆具有的香味、酸味、苦味成分巧妙地表现出来。从生豆、浅、中焙到深焙，水分一次次释放，重量减轻，体积却慢慢膨胀鼓起，咖啡豆的颜色加深，芬芳的油脂逐渐释放出来，质地也变得爽脆。烘焙 5～7 分钟时，豆子开始释放水分，由淡绿转变成橘黄色，散发出奶油烤蔬菜般的独特芳香。

浅焙——当豆子发出第一声轻响，体积同时膨胀，颜色转变为可口的肉桂色，所以又称为 Cinnamon Raost 或 Half-City Roast。酸性主导了浅焙豆子的风味，质感和口感都尚未充分发挥，因此一般都作为罐装咖啡使用，无法满足真正的咖啡行家。

中焙——烘焙 10～11 分钟时，咖啡豆呈现优雅的褐色。纽约人喜欢在早餐时分，用中焙咖啡豆，加上香浓的牛奶和糖，揭开每一天的序幕，因此，这种烘焙法又叫 Breakfast Roast 或 City Roast。中焙能保存咖啡豆的原味，又可以适度释放芳香，因此蓝山、哥伦比亚、巴西等单品咖啡，多选择这种烘焙方法。在 12～16 分钟时，油脂开始浮出表面，豆子被烈火纹烙烫烧出油亮的深褐色，称为 Full-City Roast，有人认为，这时咖啡的酸、甜、苦味达到最完美的平衡点，咖啡豆的性格也被线条分明地刻画出来。

深焙——咖啡豆的颜色越深，风味也更甘甜香醇，这时油脂已化为焦糖，苦尽回甘，余味无穷，是强劲的 Espresso 咖啡，所以又称为义式烘焙法。

（五）咖啡的研磨

研磨咖啡最理想的时间，是在要蒸煮之前才研磨。因为磨成粉的咖啡容易氧化散失香味，尤其在没有妥善适当的储存之下，咖啡粉还容易变味，自然无法冲煮出香醇的咖啡。咖啡粉很容易吸味，开封后最好不要随意在室温下放置，比较妥当的方式是摆在密封的罐里。

研磨豆子时，粉末的粗细要视蒸煮的方式而定。一般而言，蒸煮的时间越短，研磨的粉末就要越细；蒸煮的时间越长，研磨的粉末就越粗。

研磨咖啡的磨豆机有各种不同的厂牌与形式，比较理想的是能够调整磨豆粗细的研磨机。切记不可使用砍刀式的研磨机、砍刀式研磨机容易造成粗细不均。如此一来，粗的粉末萃取不足，细的粉末已经过度萃取。可想而知，这样煮出来的咖啡一定又苦又涩、五味杂陈。

用磨豆机研磨时，不要一次磨太多，够一次使用的粉量就好了，因为磨豆机一次使用越久，越容易发热，间接使咖啡豆在研磨的过程中被加热而导致芳香提前释放出来，影响蒸煮后咖啡的香味。

（六）咖啡的成分

（1）咖啡因。有特别强烈的苦味，刺激中枢神经系统、心脏和呼吸系统。适量的咖啡因亦可减轻肌肉疲劳，促进消化液分泌。由于它会促进肾脏机能，有利尿作用，帮助体内将多余的钠离子排出体外。但摄取过多会导致咖啡因中毒。

（2）丹宁酸。煮沸后的丹宁酸会分解成焦梧酸，所以冲泡过久的咖啡味道会变差。

（3）脂肪。最主要的脂肪是酸性脂肪及挥发性脂肪。①酸性脂肪即脂肪中含有酸，其强弱会因咖啡种类不同而异。②挥发性脂肪是咖啡香气主要来源，会散发出约 40 种芳香物质。

（4）蛋白质。卡路里的主要来源，所占比例并不高。咖啡末的蛋白质在煮咖啡时，多半不会溶出来，所以摄取到的有限。

（5）糖。咖啡生豆所含的糖分约 8%，经过烘焙后大部分糖分会转化成焦糖，使咖啡形成褐色，并与丹宁酸互相结合产生甜味。

（6）纤维。生豆的纤维烘焙后会碳化，与焦糖互相结合便形成咖啡的色调。

（7）矿物质。含有少量石灰、铁质、磷、碳酸钠等。

（七）咖啡的功效

（1）咖啡含有一定的营养成分。咖啡的烟碱酸含有维生素 B，烘焙后的咖啡豆含量更高。并且有游离脂肪酸、咖啡因、单宁酸等。

（2）咖啡对皮肤有益处。咖啡可以促进代谢机能，活络消化器官，对便秘有很大功效。使用咖啡粉洗澡是一种温热疗法，有减肥的作用。

（3）咖啡有解酒的功能。酒后喝咖啡，将使由酒精转变而来的乙醛快速氧化，分解成水和二氧化碳而排出体外。

（4）咖啡可以消除疲劳。要消除疲劳，必须补充营养、休息与睡眠、促进代谢功能，而咖啡则具有这些功能。

（5）一日三杯咖啡可预防胆结石。对于含咖啡因的咖啡，能刺激胆囊收缩，并减少胆汁内容易形成胆结石的胆固醇，最新美国哈佛大学研究人员发现，每天喝两到三杯咖啡的男性，得胆结石的几率低于 40%。

（6）常喝咖啡可防止放射线伤害。放射线伤害尤其是电器的辐射已成为目前较突出的一

种污染。印度芭巴原子研究人员在老鼠实验中得到这一结论，并表示可以应用到人类。

（7）咖啡的保健医疗功能。咖啡具有抗氧化及护心、强筋骨、利腰膝、开胃促食、消脂消积、利窍除湿、活血化淤、息风止痉等作用。

（8）咖啡对情绪的影响力。实验表明，一般人一天吸收 300mg（约 3 杯煮泡咖啡）的咖啡因，对一个人的机警和情绪会带来良好的影响。

但同时喝过量咖啡也会有副作用：第一，会在紧张时添乱。超过习惯饮用量的咖啡，就会产生类似食用相同剂量的兴奋剂，会造成神经过敏，恶化焦虑失调的症状。第二，过量饮用咖啡会加剧高血压。第三，咖啡会诱发骨质疏松。但前提是，平时食物中本来就缺乏摄取足够的钙，或是不经常动的人，加上更年期后的女性，因缺少雌激素造成的钙质流失，以上这些情况再加上大量的咖啡因，才可能对骨造成威胁。如果能够按照合理的量来享受，还是可以做到不因噎废食的。

三、咖啡的种类和产地

（一）咖啡豆的种类

市面上的咖啡主要为阿拉比卡（Arabica）与罗布斯塔（Robusta）还有赖比瑞卡（Liberica）三个原种。其各自又可再细分为更多的品种分支。

（二）咖啡豆的产地

市场上流通的咖啡豆多半以其产地来区分。以下列举出部分主要产国及其著名的咖啡。

1. 拉丁美洲（中南美洲）

巴西：山多士（Santos）、巴伊亚（Bahia）、喜拉朵（Cerrado）、摩吉安纳（Mogiana）。

墨西哥：科特佩（Coatepec）、华图司科（Huatusco）、欧瑞扎巴（Orizaba）、马拉戈日皮（Maragogype）、塔潘楚拉（Tapanchula）、维斯特拉（Huixtla）、普卢马科伊斯特派克（Pluma Coixtepec）、利基丹巴尔（Liquidambar MS）。

巴拿马：博克特（Boquet）、博尔坎巴鲁咖啡（Cafe Volcan Baru）。

秘鲁：查西马约（Chanchamayo）、库斯科（Cuzco 或 Cusco）、诺特（Norte）、普诺（Puno）。

多米尼加共和国：巴拉奥纳（Barahona）、萨尔瓦多、匹普（Pipil）、帕克马拉（Pacamara）。

波多黎各：尤科特选（Yauco Selecto）、大拉雷斯尤科咖啡（Grand Lares Yauco）。

哥伦比亚：阿曼尼亚（Armenia Supremo）、那玲珑（Narino）、麦德林（Medellin）。

危地马拉：安提瓜（Antigua）、薇薇特南果（Huehuetenango）。

哥斯达黎加：多塔（Dota）、印地（Indio）、塔拉珠（Tarrazu）、三河区（Tres Rios）。

古巴：琥爵（Cubita）、图基诺（Turquino）。

牙买加：蓝山（Blue Mountain）。

厄瓜多尔：加拉帕戈斯（Galápagos）、希甘特（Gigante）。

委内瑞拉：蒙蒂贝洛（Montebello）、米拉马尔（Miramar）、格拉内扎（Granija）、阿拉格拉内扎（Ala Granija）。

尼加拉瓜：西诺特加（Jinotega）、新塞哥维亚（Nuevo Segovia）。

2. 非洲

刚果民主共和国：机无（Kivu）、依图瑞（Ituri）。

卢旺达：机无（Kivu）。

肯尼亚：肯尼亚 AA 奥雷蒂庄园（Kenya AA Oreti Estate）。

乌干达：埃尔贡（Elgon）、布吉苏（Bugisu）、鲁文佐里（Ruwensori）。

赞比亚：卡萨马（Kasama）、纳孔德（Nakonde）、伊索卡（Isoka）。

坦桑尼亚：乞力马扎罗（Kilimanjaro）。

喀麦隆：巴米累克（Bamileke）、巴蒙（Bamoun）。

布隆迪：恩戈齐（Ngozi）。

安哥拉：安布里什（Ambriz）、安巴利姆（Amborm）、新里东杜（Novo Redondo）。

津巴布韦：奇平加（Chipinge）。

莫桑比克：马尼卡（Manica）。

埃塞俄比亚：耶加雪菲（Yirgacheffe）、哈拉（Harrar）、季马（Djimmah）、西达摩（Sidamo）、拉卡姆蒂（Lekempti）。

3. 中东和南亚

也门：摩卡萨纳尼（Mocha Sanani）、玛塔利（Mattari）。

印度：马拉巴（Malabar）、卡纳塔克（Karnataka）、特利切里（Tellichery）。

越南：鼬鼠咖啡（Weasel Coffee）。

印度尼西亚：爪哇（Java）、曼特宁（Mandheling）、安科拉（Ankola）、麝香猫咖啡（Kopi Luwak）。

4. 东亚和太平洋诸岛

中国内地：云南咖啡、海南咖啡。

中国台湾：国姓咖啡（2010 年农粮署统计台湾目前种植最广之乡镇）、古坑咖啡、中埔咖啡、东山咖啡、大武山咖啡、阿里山玛翡咖啡（邹族咖啡）、瑞穗咖啡（花莲）、九份二山咖啡、嘉义瑞里火金姑咖啡。

夏威夷：可那（Kona）。

东帝汶：Maubbessee。

 课外资料 2-6

昂贵而奇特的猫屎咖啡

猫屎咖啡，是由印度尼西亚椰子猫（一种麝香猫）的粪便作为原料所生产，故叫"猫屎咖啡"。该种动物主要以咖啡豆为食，在椰子猫胃里完成发酵后，破坏蛋白质，产生短肽和更多的自由氨基酸，咖啡的苦涩味会降低，再排出来的粪便便是主要原料，由于咖啡豆不能被消化，会被排泄出来，经过清洗、烘焙后就成了猫屎咖啡。咖啡评论家克里斯鲁宾说："酒香是如此的丰富与强烈，咖啡又是令人难以置信的浓郁，几乎像是糖浆一样。它的厚度和巧克力的口感，并长时间地在舌头上徘徊，纯净的回味。"

椰子猫属于杂食性动物，除了食用种子为生，也吃昆虫及蛇类、鸟类、两栖爬行类，因此真正野生的椰子猫排放出来的粪便，会混杂着各种物质。印度尼西亚当地有农民等捕捉椰子猫来饲养，喂食咖啡豆来造。但人工培育以及天然的毕竟还是有一定区别。

在咖啡工业界，猫屎咖啡被广泛认为是一种以新奇为卖点的产品。美国特种咖啡协会（Specialty Coffee Association of America，SCAA）表示"业界的共识是它尝起来很差"。SCAA 引用一位咖啡专家的评论说："显然，猫屎咖啡的卖点在于它的故事而不是它的质量。采用 SCAA 的标准，猫屎咖啡的评分比其他三种咖啡的最低分还要低两分。可以推测猫屎咖啡的处理过程淡化了优质的酸度和口味而使口感更加平淡。当然很多人似乎也将这种平淡口味看作这种咖啡的优点。"

华盛顿邮报的食品专栏作者 Tim Carman 曾评论了在美国销售的猫屎咖啡，并做出结论说："它尝起来就跟 Folger 牌咖啡一样。像是烂掉的、没有生命的味道。像是在洗澡水里泡了石化的恐龙屎。"我没法喝完它。

麝香猫喜欢挑选咖啡树中最成熟香甜、饱满多汁的咖啡果实当作食物。而咖啡果实经过它的消化系统，被消化掉的只是果实外表的果肉，那坚硬无比的咖啡原豆随后被麝香猫的消化系统原封不动地排出体外。

这样在消化过程，让咖啡豆产生了无与伦比的神奇变化，风味趋于独特，味道特别香醇，丰富圆润的香甜口感也是其他的咖啡豆无法比拟的。这是由于麝香猫的消化系统破坏了咖啡豆中的蛋白质，让由于蛋白质而产生的咖啡的苦味少了许多，反而增加了这种咖啡豆的圆润口感。

因为野生麝香猫显然更善于挑选好的咖啡果实，从而让这种咖啡有着卓尔不凡的特点。

"猫屎咖啡"是世界产量最少的咖啡，一袋 50 克包装的咖啡豆价值 800 多元，只能泡 4～5 杯咖啡。折算下来，一杯售价约为 200 元。印度尼西亚最大咖啡供应商火船集团出品的麝香猫咖啡小礼盒电商尚品咖啡馆卖价 600 元/50 克，包装极其奢华，而 100 克的要价 2000 多元，野生的全球年产量不超过 400 公斤。而今这些地区的村民不但收集野生的鲁瓦卡排泄物，而且开始笼养的鲁瓦卡。大盆采摘好的咖啡樱桃被放在鲁瓦卡面前，饥饿的鲁瓦卡只能没有选择的吃下所有咖啡樱桃。如此生产的鲁瓦卡咖啡，口味上自然大打折扣。"物以稀为贵"，由此而导致 Kopi Luwak 这个稀世珍品的价格一直居高不下，喝一杯这样的咖啡，恐怕你要准备 50 英镑，并且还不一定随处都能找得到。

2010 年上海世博会上由火船集团赞助的一杯 12 克猫屎咖啡粉制成的咖啡是 380 元，一天限 12 杯供不应求。

在巴厘岛，一杯要 200 多千（20 多万）印尼盾，相当于 150 多元人民币。

在美国，1 公斤猫屎咖啡豆高达 1200 美元。在国际市场上始终在 1000 美元左右。

在英国，一杯要50英镑。

（资料来源：袜子香味.麝香猫咖啡[OL].百度百科，http://baike.baidu.com/view/1611004.htm，2015-6-4.）

评估练习

1. 咖啡的功效是什么？

2. 咖啡在储存过程中需要注意什么？

2. 请列举出10种咖啡饮品及其特点。

第四节 雪 茄

教学目标：

1. 了解雪茄的历史。

2. 掌握雪茄的类别和特点。

3. 了解雪茄的享受方式和鉴别方法。

4. 熟悉主要雪茄品牌。

一、雪茄的历史

（一）起源

位于现今墨西哥尤卡坦（Yucatan）半岛上的美洲原住民，可能是最早种植烟草的民族。之后南美洲、北美洲才开始烟草的种植。最早种植烟草或抽烟草的民族已无从追溯，但可以肯定的是，欧洲人一直要到1492年哥伦布航海之旅发现新大陆后，才知道有烟草的存在。一切都从哥伦布发现新大陆开始，当时哥伦布的两名水手发现古巴的印第安人利用棕榈叶或车前草叶，将干燥扭曲的烟草叶卷起来抽，这即是原始的雪茄。研究之下发现岛上有一种从来没见过的植物，土著用此植物的叶子，晒干然后燃烧并吸取其烟。哥伦布将发现的烟草种子带回种植，成为欧洲贵族最新潮流，主要的叶子卷成雪茄，切剩的部分和不好的叶子就作为香烟及烟斗烟草。政府发现抽烟草的人越来越多，于是开始抽税赚钱，并把种子带去殖民地大量种植。美国殖民地、非洲殖民地、印度尼西亚殖民地等都大量种植烟草。抽烟的习惯于是快速传播到西班牙与葡萄牙本土，不久后又传到法国、意大利，16世纪中期，欧洲人对烟草已相当熟悉。

（二）名称的由来

雪茄的原文并不是英文，拼法也不是Cigar，它不是名词，而是一个动词。雪茄的原文是来自玛雅文（Mayan），原文是Sikar，即抽烟的意思。1492年哥伦布发现美洲新大陆的时候，当地的土著首领手执长烟管和哥伦布比手画脚，浓郁的雪茄烟味四溢，哥伦布闻香惊叹，便通过翻译问道："那个冒烟的东西是什么？"但是翻译却误译为："你们在做什么？"对方回答："Sikar。"因而这一词就成了雪茄的名字，后逐渐才演变为"Cigar"。雪茄由美洲大陆

进入欧洲后，玛雅文的称谓被拉丁语称为 Cigarro，是与现代英文拼法最接近的语言。

1924 年的秋天，刚从德国柏林和第一任妻子张幼仪办妥离婚手续的徐志摩回到上海。周末，在一家私人会所里邀请了当年诺贝尔文学奖得主泰戈尔先生。泰戈尔是忠实的雪茄客，在两人共享吞云吐雾之时，泰戈尔问徐志摩："Do you have a name for cigar in Chinese?（你有没有给雪茄起个中文名？）"徐志摩回答："Cigar 之燃灰白如雪，Cigar 之烟草卷如茄，就叫雪茄吧!"经过他的中文诠释，已将原名的形与意带入了更高的境界。

二、雪茄的分类

（一）按长度分类

雪茄的大小通常是以长度描述的，以英寸为测量单位，直径是以"环"为测量单位，一环等于 1 英寸的 1/64。一支雪茄烟的大小用 7″×32 来描述是指一支较小的雪茄，7 英寸长，32/64 英寸的直径，即 1/2 英寸圆。一般来说，雪茄烟越长越宽，烟的味道就越丰富顺滑。雪茄烟长度和直径的关系影响到雪茄的味道和品味特点。

（1）长雪茄。雪茄烟越长就越凉，由于烟要通过长长的烟体，到达嘴部时会变得较凉。雪茄加长等于延长吸食的时间。

（2）短雪茄。短雪茄相对较热，因为烟到达嘴里时，没有足够的时间凉下来。

（二）按形状分类

T 形、桶形、绅士形（大众化形状，直径 13 毫米，长度 117 毫米）；还有一些特殊形状。比如，大卫杜夫的 Special C 就是一个很经典的形状，它是将三支不同味道的雪茄缠在一起，像三根相互交缠的树干。

（三）按直径大小分类

1. 大直径雪茄

大个雪茄烟就允许卷烟大师在雪茄里置入更多烟叶，这可使雪茄有更丰富的味道，因为如果增加了更多的烟叶，外部包裹层决定雪茄烟味道的程度就会降低。雪茄直径越大，吸的时间就越长。雪茄直径越大，当吸或拿时就越有乐趣。

2. 小直径雪茄

小直径雪茄意味着雪茄中烟草填充量会减少，使雪茄烟味道减弱。 雪茄外部包裹层对小直径雪茄的味道起到更加决定性的作用。小直径雪茄较之大直径雪茄会吸得快一些，看上去要华美些，更易用手拿着或衔在嘴上。

（四）按制作方式分类

1. 手卷雪茄（Hand-Made）

手卷雪茄多为古巴雪茄，是由一大堆烟叶提炼成一支，整支雪茄包括茄心、茄套、茄衣完全经由人手卷制，原汁原味，价格相对比较昂贵。

2. 半机卷雪茄（机制手卷完成雪茄，Machine-Made and Hand-Finish）

由机器用捆绑叶卷实填料叶制造烟芯，然后手工卷上包扎叶制成。

3. 机制雪茄（Machine-Made）

机制雪茄俗称"烟仔"，是用烟叶的碎料制成，味道较淡，价钱便宜，整支雪茄由内到外全部由机器制造，适合于初抽雪茄者。

此外，西方人所说的 Cigar 单纯指手卷或机制的原味雪茄，添加了香料等调味剂的雪茄则成为 Flavored Cigar。小雪茄通常是机制的，被称为 Cigarillo。而在中国，雪茄并没有多分类名称，统称雪茄。

（五）按颜色分类

雪茄叶的颜色越深，抽起来味道就越甜越浓郁，茄衣的油脂和糖分就越高。茄衣的颜色有时集中，可以粗略分成七种级本色。

1. 青褐色

青褐色又叫美国市场精选（简称 AMS，Candela）。在烟叶成熟前采收并快速烘干，叶子才会是这种颜色，清淡的几乎无味，含有少量的油脂。

2. 如淡咖啡般的浅褐色

它是清淡型雪茄的标准色，如哈瓦那 H. Upmann 和采用康乃迪克遮叶做的茄衣的雪茄。

3. 茶色、中褐色

采用喀麦隆茄衣的多米尼加制 Paratagas。

4. 暗红褐色

味道芬芳，经完整发酵成熟后的色泽。

5. 深褐色

口感中等醇烈，气味较 Maduro 颜色浓郁，风味醇郁丰富。

6. 如咖啡般的深褐色

如浓郁的哈瓦那品牌 Bolivar 很适合雪茄老手享用，也被视为传统的古巴雪茄色泽。

7. 黑色

口感极浓郁但不太有香味。

（六）按口味分类

不同于香烟，雪茄只有非常少的烟味，通常是一些发酵过的烟草和其他的味道。一些好的雪茄特别是如古巴早期到 1990 年的雪茄基本上没有烟的味道。一些比较常见的口味包括：皮革味、香料可可/巧克力 Peat/慕斯/Earth、咖啡、坚果苹果、香草、蜂蜜、桃。

三、雪茄的鉴别与享用方式

（一）雪茄的鉴别与购买

1. 好雪茄应该是全手工制作的全叶卷雪茄

全叶卷雪茄分为两种：一种是手工卷制的全叶卷雪茄烟，它的外包皮筋明显，每支烟外观区别较大，粗细也有一定的差别；另一种是机器卷制的全叶卷雪茄烟，它的外观平整、光滑，粗细均匀一致，外包皮较薄，总体上比全手工卷制的雪茄烟整洁、美观。但是，上等的雪茄烟是不能用机器卷制的，好的雪茄烟在几百道生产工序作业中，不能受到任何的污染。机械产生的味道及油污，对雪茄烟的香气、吃味、余味影响极大。此外，任何机械也无法取代人手的感觉，它处理不了由于烟芯及内外包皮的变化而应当调整的范围。

2. 好雪茄的烟芯是片状的烟叶组合

全手工制作的上等雪茄烟，烟芯必须是片状的。烟芯如果用机械切成丝后，烟叶的纤维组织及化学成分会有较大的变化，降低了烟叶原来的品质。所以上等雪茄烟的烟芯是用人手工。将烟叶撕成 8～15 毫米的叶片。

3. 味道不苦不是雪茄

好的雪茄吃味苦中有甜，苦在前，甜在后，恰到好处，让人说不出苦还是甜，就像人们喝咖啡一样，从它的苦中享受到醇厚丰满的香气、香甜可口的味道。好的雪茄烟苦和甜是融合在它醇厚丰满的香气和长久舒适的余味之中。

4. 好的雪茄不吸是会自动熄灭

纸卷烟在燃烧过程中灭火即判定不合格，好的雪茄烟恰恰相反，不吸就不燃烧，并在数秒钟之内停止散发烟气，3～5 分钟就熄火，再次吸用时必须重新点燃。这是因为上等的雪茄烟在制作过程中不能加入任何的助燃剂，烟叶也不能进行膨化处理。另外，上等的雪茄烟的价格每支在几十元甚至几百元钱，所以，要像纸卷烟一样不抽也会燃烧那就太可惜了。

5. 好的雪茄烟吸后不生痰

好的雪茄烟吸后不生痰，而且还有止咳清痰的作用。所以常吸雪茄的人不会随地吐痰，这是因为他们没有什么痰可吐。好的雪茄烟叶在种植时不允许加入化学肥料，在卷制前烟叶必须经过长时间的堆积发酵以去除烟叶中的杂味和生烟味，烟叶在自燃的醇化过程中，有害成分不断地被分解，烟叶变得富有弹性，味道也变得醇厚丰满。此外，好的雪茄烟燃烧温度比纸卷烟低约 100℃，一般在 700℃～860℃，含糖量也比其他烟叶低，所以烟气当中的有害成分远比其他烟低。

6. 好的雪茄烟香气醇厚丰满没有怪味

上等的雪茄烟在吸食过程中抽不出任何的人工香气和怪味，只有纯天然的烟叶产生的雪茄烟醇厚丰满的香气。这是因为好的雪茄烟从烟叶种植到卷制成雪茄烟的整个过程，禁止使用任何化学添加剂，就连卷制所需要的黏合剂也必须使用纯天然的植物。所以，当吸雪茄烟时能吸出人工的香气和怪味，那支雪茄就不是一支上等的雪茄烟。

一般而言，挑选雪茄前第一件事就是要求打开盒子检查看看，这是一个基本要求。先检查盒中雪茄颜色是否一致，雪茄若颜色相差太大，最好不要购买。其次检查茄衣，看看它是否原封未动，散发健康的光泽，是否过于干枯易碎，是否散发浓郁的香气。优质雪茄既不能太硬也不能太软。拿起雪茄用大拇指和食指轻轻挤按一下，若是有声音发出，就是太干。若是储存得当的雪茄，按下去再深也可以慢慢恢复到原来形状。

越深色的雪茄越浓郁，口感可能也甜些，因为深色茄衣含的糖分较高。经妥善保存的雪茄，在香柏木盒中也会继续成熟发酵，在成熟的过程中，雪茄的酸度会越来越少，浓郁的雪茄，尤其是那些粗胖型雪茄成熟的越好。

此外，买雪茄最好买原装一盒一盒的，若不确定雪茄商是公道的，最好避免买由雪茄商自己提供包装精美的所谓"礼品装"（其中包括不同的牌子和尺寸的）。国际市场方面，西班牙卖的手卷古巴雪茄大概是世上最便宜。而其他主要雪茄消费国像美国、英国、法国、德国等因为进口税的关系，平均贵 1/3 以上（美国买卖古巴雪茄是犯法的）。当然，每地雪茄价格很大程度都取决于该雪茄在当地的受欢迎程度。例如中国香港的雪茄大概比西班牙贵 1/3，加拿大的雪茄价格大概是西班牙的 2～3 倍。另外，美国市场上雪茄很多都不是雪茄王国古巴的产品，绝大多数是多米尼加共和国的出口。

（二）雪茄享用的学问

1. 如何辨别新鲜的雪茄

新鲜雪茄其烟身有弹性及轻搓没声音。点燃雪茄之前，将它拿到耳边，以食指及拇指握住轻轻搓转，如果听不到任何龟裂声，便是一支新鲜的雪茄。

2. 雪茄点燃的方法

点燃雪茄的工具很讲究。专用火柴是特制的长支木制火柴，通常称为 the cigar match，即雪茄火柴。该火柴比一般火柴要长一倍，燃烧也比较慢。其硫磺经过特殊的处理，点燃时有香柏的香气。也有人会使用西洋杉木片，在许多古巴高级雪茄盒中，最上面都会附上相当于盒子大小的香柏木片。香柏木片所发出的芳香可与雪茄香相互交融，延长雪茄的香味。使用时把香柏木撕成条状，用一般火柴点燃它，再用它点雪茄。雪茄专用的打火机的燃料并不是汽油，而是丁烷，火势稳定，不会发出化学的味道。这种打火机分桌上型、笔形与随身携带型等。桌上型的喷火器类似一把直立的手枪，按下犹如扳机的按钮，就会喷出火苗，火焰集中不会熄灭，要熄火时把按钮松掉即可。笔形与随身携带型，都属于圆柱体，开关都是转动即可。

3. 正确抽雪茄的方式

当拿起一支雪茄，首先要用专业的雪茄剪切掉雪茄头，最好剪一个直径相当于雪茄杆直径的 3/4 大小的圆孔。其次要给雪茄预热：将雪茄放在火的上方，轻轻地转动进行加热，雪茄距离火焰的距离一般在 2 厘米为宜，根据雪茄的粗细转动 2～3 圈即可。然后点燃雪茄，将雪茄烟从边缘至中央均匀地点燃。

雪茄点好了，香气先在空气中四溢，但不要急于吸食第一口，而应轻轻反吹两口，驱除雪茄在点烟时吸入的杂气，再抽第一口。注意不要像吸烟一样将烟气吸入肺部，而应慢慢地吸一口到口腔（Puff，抽空烟），让雪茄的香气在口中盘旋之后就慢慢吐出。这一点对健康的意义非常重要，因为第一口吸入肺部的雪茄所含的尼古丁和焦油的含量是一般香烟的 5 倍。还有，不要急着吸第二口，因为雪茄的魅力在于它的从容不迫。能够这样细细地一口一口品味一支雪茄实在是一种难得的体验，沉醉在淡淡的烟云中，回忆一段往事，沉思或者闭目养神都是惬意的。最后，吸食过程中不要频频弹烟灰，因为留有一寸长的烟灰可以保持雪

茄的温度以获得理想的味道，而且真正的好雪茄烟灰可以保持在一寸至一寸半。所以，最好让烟灰自然断裂，整齐地跌落在烟灰缸里。一次抽不完的雪茄，留下次再抽，不是不体面的事。

温和型的雪茄，特别是采用浅色茄衣的，一旦储放过久便会失去香味。所以一般先抽淡色的雪茄，再享受深色的雪茄。成熟良好的茄衣刚开始时显得油腻，成熟后会变得更加滑润，色泽也更深。刚品尝抽雪茄的人，最好先选择如 Minuto 或 Carolina 之类的小型雪茄，之后再抽口感温和、较粗大的雪茄。

最后要强调的是，虽然吸食雪茄和吸食香烟有些不同，雪茄吸食者患肺气肿和肺癌的几率比香烟吸食者低，但是，雪茄吸食者比非吸烟者较易患上口腔癌、舌癌或咽喉癌，吸雪茄所吸收的尼古丁比吸烟高，偶尔吸食雪茄对健康的影响还未有结论，但危害健康的风险肯定是增加了。

四、雪茄的储存

（一）雪茄窖

在 20 世纪 20 年代欧洲人发明了雪茄窖来窖存雪茄，雪茄窖是用雪茄木构建的，最好的雪茄木来源于巴西和加拿大的，其中加拿大雪茄木最为珍贵。窖中的温度为 18～20℃，湿度为 65～75℃。这个条件是维持雪茄生命的源泉。在这样的窖存条件下雪茄保持了最好、最原始的味道，不会因为时间和气候的变化而消逝。一支普通的雪茄在这样的条件下，保存二十年以上它的价格会升至几千美金。从技术的角度讲，经过这么长时间的窖存，雪茄在味道上会发生变化的，就像窖存的好酒一样，滴滴都是甘露了。

（二）雪茄盒

雪茄窖是专业雪茄俱乐部或专卖店所必需的专业窖存条件，一般雪茄客会有自己保存雪茄的方法。雪茄客要置办一个雪茄保湿盒，这个是最基础的保存器具，雪茄保湿盒的大小形状也有很多种，它的材质也是雪茄木制成的。内部一般都有加湿装置，用来保持盒内的水分。还有一个湿度计用来检测盒内的湿度。雪茄盒的功能只有一个，但其美学品位和美观却是任何一个雪茄客不会忽略的，雪茄盒的价格从市场上来说，有从几百元至几千元不等，如果是进口名牌一般都在万元以上，著名欧洲雪茄保湿制作大师专为个人定制的桃花心木雪茄保湿盒，其价格可以达到 6 位数的人民币价格。一个美观实用的保湿盒无论出现在什么场合，其本身就是一个艺术品。很多雪茄客同时拥有很多的雪茄保湿盒，在办公室、书房、汽车、旅行中，甚至冒险中，这也是强烈的雪茄情节的体现。

五、雪茄的服务

（一）雪茄的裁剪

雪茄有一头是封闭的，关闭一端叫"头部"敞开平坦的一端叫"尾部"。第一步是要将关闭的一头打开，方法有三种。

1. 用"断头台"式裁刀裁剪

这是最流行的式样。用断头台裁刀裁剪时应切割"肩部"。"肩部"是圆顶形的头部呈弧形向下的部分，不要将整个雪茄的头部切下，以免雪茄没"帽子"后卷曲。

2. 用环形裁刀剪

这是最近的发展。在雪茄烟头部插入一把环形刀片，稍微旋转一下，取出刀切割出的浅而圆的一小块。

3. 用嘴巴咬

这是最原始粗砺的方法。

（二）雪茄的点燃

方法1：用高温火枪点燃。这是目前最流行的方法。高温火枪火温高达1300℃，燃点雪茄应该令雪茄离火头1厘米以上。

方法2：用香柏木片点燃。有些雪茄客喜欢把雪茄盒内的香柏木片剪成小条来点雪茄。而这种方法的问题是可能导致火太大，难以控制。

方法3：用火机或者火柴点燃。这是最没有绅士风范的方法。

（三）雪茄服务的步骤

1. 准备工作

（1）取一小银盘，装上价位档次不同的若干雪茄，整齐放好；

（2）将各类雪茄剪、雪茄火机、雪茄火柴整齐放于小银盘另一端；

（3）服务人员戴上干净的白手套，将小银盘端至客人面前；

（4）一人托盘，一人服务。

2. 雪茄服务

（1）客人挑选好一支雪茄后，向客人报出雪茄品牌及型号，经客人同意去掉商标包装；

（2）将雪茄横放在手心，两手心合拢，轻轻来回搓动雪茄身，以到达雪茄身松紧度均匀；

（3）左手持雪茄尾部，右手持打燃的雪茄火机用火苗快速地在雪茄身晃动，同时左手要不断旋转雪茄；

（4）左手将雪茄横拿，与火焰呈45°接触，并慢慢旋转雪茄直到雪茄尾部表面均匀地熏成黑色为止；

（5）将火焰继续旋转的放在离雪茄约1.5厘米的地方，雪茄着起小红火时，雪茄应当点着了，此时应确保燃烧均匀，否则雪茄一侧会比另一侧烧得快；

（6）右手横拿雪茄，头部靠大拇指一端，尾端始终向前，快速的直线向左右方向来回挥舞雪茄4～5次，已达到均匀助燃目的；

（7）将点好的雪茄双手递给客人，并告知客人在吸之前先轻吹两口气，去除异味。整个操作过程绝不可触摸雪茄头部。

收藏好的老雪茄比放置时间短的雪茄容易点燃，若点燃的方式恰当，极品雪茄燃烧的边缘会有一圈窄细的焦黑，中等品质的雪茄烧黑部分较厚。

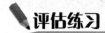

1. 雪茄的分类是什么？
2. 设计一个雪茄服务流程。

第三章

设备与器具认知

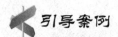

酒吧设备配备的原则

设备的配置是酒吧经营及管理的一个重要问题，应由酒吧经理负责此项工作，并组织有关人员进行综合评估。选择设备时不仅要考虑技术上的先进、经济上的合理，而且在布局时要考虑最后组合原则。下列是酒吧设备配置应考虑的几个原则。

1. 适用性

酒吧所购置的设备其各项性能指标都应达到酒吧经营的要求，这一点是最基本的。同时要看这种性能可维持多长时间。对设备性能的考察，一是在可能情况下了解机械设备实际工作的情况；二是争取试用后再购买；三是多方了解用过此种设备的客户的反馈。

2. 美观性

美观性是由酒吧经营自身的特点决定的。设备设施的外观应与酒吧的风格、档次、气氛布置相协调，并要以高雅、做工精细、容易保洁为标准。

3. 方便性

由于酒吧在其运营的组织机构中不可能有较多的专业技术人员，同时，酒吧行业也有人员流动性较大的特点，所以，酒吧的设备设施应尽可能地体现操作及使用方便、修理及保养方便的原则。同时，对同性能的设备，应尽可能地购买本国、本地的产品，这样便于售后的维修和保养。

4. 节能性

能源危机是全球性的问题。酒吧在购置设备时同样应考虑这个问题。节能性好的设备，不但能避免有关部门及公众的投诉，而且能降低酒吧成本，提高经济效益。节能性好的设备，表现为效率高，能源利用率高，而能源消耗量低。

5. 低噪声

噪声问题直接关系到酒吧经营环境及经营气氛，因而也直接影响顾客的消费情绪。所以，设备噪声的大小应是酒吧经营者关注的问题。

思考题：

1. 酒吧有哪些设备和用具？

2. 如何合理配备酒吧的设备和用具？

（资料来源：酒吧地图网友. 吧台区的设备和与配置[OL]. 酒吧文化-酒吧经营管理，http://www.barmap.com/BarCulture/detail_12_8898.html，2006-9-24.）

一家好的酒吧（包括咖啡厅、茶座），必须要有完善的设备和用具，才能保证经营的正常运行。一个好的服务员，必须熟悉各种工具的用途和使用方法，才能提供合格的产品和专业的服务，所谓"工必善其器"。

第一节 酒水的设备和用具

教学目标：

1. 熟悉酒水设备和用具的名称。
2. 掌握酒杯的分类和用途。

一、酒吧的设备

（一）前吧设施设备

（1）清洗水槽三格。

（2）洗手池（Hand Sink）：调酒师及服务人员的专用洗手池。

（3）储冰槽及酒瓶舱（Ice Chest With Bottle Wells）：传统上，酒吧经营是离不开冰块的，即酒吧中必须有冰块，调酒师会随时将冰块加至饮品中，因此，前吧要设置储冰槽。同时，在储冰槽旁配置酒瓶舱，一是可稳定酒瓶，不致被随手碰倒；二是可借助储冰槽的槽壁保持酒的冷却度。

（4）啤酒供应系统（Draft-Beer System）：一般来说，酒吧的客人对啤酒的饮用量较大，啤酒配出器一则可提供富有营养的生、鲜啤酒，二则可提高工作效率。

（5）软饮料供应系统（Handgun For a Soda System）：酒吧中软饮料的需求量也较大，如苏打水、汤尼水、可乐、雪碧等。同样，软饮料配出器一是提高工作效率，二是保证饮品供应的一致性，避免浪费。

（6）自动酒水供应系统（Electronic Dispensing System）：该系统的功能与软饮料供应系统类似，主要用于供应酒吧常用酒。

（7）废物箱（Waste Dump）：为保证吧台内的清洁卫生，废物箱是绝对不可缺少的。

（8）酒杯上霜机（Glass Chiller）：用于冰镇酒杯的设备。

（9）电动搅拌器（Electronic Blender）：有些客人喜欢饮用经过充分搅拌的饮料，有些鸡尾酒还要放入鸡蛋、奶油等难以搅拌的食物。在制备一些较黏稠的食品时，用手工调制速度很慢，如用小型搅拌器，既能减轻操作人员的劳累，又能节省时间，提高饮料调制质量。常用搅拌器有手提式搅拌器、台式搅拌器。

（10）混合机（混合器）（Electronic Mixer）：混合机也是一种混合食物的用具，它的用途很广，可以磨咖啡、杏仁，调制蛋奶酱、冰激凌，把水果捣烂以榨果汁和饮料等。它与搅拌机的区别：其一是工作速度及结构不同。搅拌机的工作速度通常在 300～1300r/min，而混合机的工作速度可在 3000～13000r/min；其二是搅拌装置的结构不同。混合机的搅拌器是一对短切刀。

（11）果汁机（Juice Machine）：果汁机有多种型号，主要作用有两个：一是冷冻果汁；二是自动稀释果汁。

（12）奶昔搅拌机（Blender Milk Shaker）：用于搅拌奶昔（一种用鲜牛奶加冰激凌搅拌

而成的饮料)。

(二)后吧设备设施种类及功能

(1)收款机(Cash Register)。

(2)酒吧展示柜(Tiered Liquor Display)。即后吧上层的橱柜,镶嵌有玻璃镜,这样可以增加房间深度,同时也可使坐在吧台前喝酒的顾客通过镜子的反射,观赏酒吧内的一切,调酒师也可借此间接地观察顾客。酒品展示柜通常陈列酒具、酒杯及各种名品酒瓶。

(3)酒杯储藏柜(Cup Storage)。有些酒吧将客人使用的酒杯都吊在吧台上方,用一个取一个,洗完再吊上去,这是不正确的。吧台上方的吊挂酒杯只是做装饰用。而供客人使用的、大量的酒杯应放在酒杯储藏柜中,这样一则操作起来方便,二则让客人感到干净卫生。

(4)瓶酒储藏柜(Liquor Storage)。用于存放烈性酒、红葡萄酒等无须冷藏存放的酒品及其他酒吧用品。

(5)干品储藏柜(Dry Storage)。用于存放干果品、小食品等。

(6)电冰箱(Refrigerated Storage)。可有两个,一个用于冷藏白葡萄酒、啤酒及各种水果原料;另一个可存放饮料、配料、装饰物等。如数量品种少,只用一个即可。电冰箱的种类很多,其分类方法也不同。按制冷方式可分为:电机压缩式、吸收式、半导体式和电磁振动式。这4种电冰箱,以压缩式电冰箱用得最普遍。按箱内的冷却方式分,电机压缩式电冰箱可分为"直冷式"和"筒冷式"。按其用途又可分为冷藏箱、冷藏冷冻箱及冷冻箱。冷藏冷冻箱还可以分为单门式、多门式、对门壁橱式等。

(7)制冰机(Ice Cube Machine)。酒吧是不能离开冰块的,尽管购置冰块机的费用较高,但酒吧在有可能的情况下,为了经营及服务上的有效性,要尽量购置一台制冰机。制冰机又称冷粒机,是一种专门生产小块食用冰的冷冻设备,所制的冰粒大块的为28毫米×28毫米×20毫米;中粒的为25毫米×25毫米×20毫米。形状有长方形、正方形、棱柱、棱台、圆柱、圆台、薄片等。制冰机往往还配有一些附加的装置,不仅可以制作大小、形状不同的冰粒,还可以得到经过破碎的不规则的细冰粒以及粉碎成极小的薄冰"雪花",也称刨冰。

(8)洗杯机(Washing Machine):洗杯机中有自动喷射装置和高温蒸汽管。较大的洗杯机可放入整盘的杯子进行清洗。一般将酒杯放人杯筛中再放进洗杯机里,调好程序按下电钮即可清洗。有些较先进的洗杯机还有自动输入清洁剂和催干剂装置。洗杯机有多种型号,可根据需要选用。

二、酒吧的用具

(一)酒杯

酒杯是用来盛放酒水的容器,是直接供客人使用的。

酒杯有一般平光玻璃杯、刻花玻璃杯和水晶玻璃杯等。根据酒杯的档次每一种杯都有许多不同的样式。

酒杯的容量习惯用 oz(盎司)来计算,现在又统一按 ml(毫升)来计算,1oz≈28ml。

酒杯的主要类型如下。

（1）烈酒杯（Shot Glass）：其容量规格一般为 56ml，用于各种烈性酒。只限于在净饮（不加冰）时使用（喝白兰地除外）。

（2）古典杯（Old Fashioned Or Rock Glass）：其容量规格一般为 224～280ml，大多用于喝加冰块的酒和净饮威士忌酒，有些鸡尾酒也使用这种酒杯。

（3）果汁杯（Juice Glass）：容量规格一般为 168ml，喝各种果汁时使用。

（4）高杯（Highball Glass）：容量规格一般为 224ml，用于特定的鸡尾酒或混合饮料，有时果汁也用高杯。

（5）柯林杯（Collins）：容量规格一般为 280ml，用于各种烈酒加汽水等软饮料、各类汽水、矿泉水和一些特定的鸡尾酒（如各种长饮）。

（6）浅碟形香槟杯（Champagne Saucer）：容量规格一般为 126ml，用于喝香槟和某些鸡尾酒。

（7）郁金香型香槟杯（Champagne Tulip）：容量规格为 126ml，只用于喝香槟酒。

（8）白兰地杯（Brandy Snifter）：容量规格为 224～336ml，净饮白兰地酒时使用。

（9）水杯（Water Glass）：容量规格为 280ml，喝冰水和一般汽水时使用。

（10）啤酒杯（Pilsner）：容量规格为 280ml，餐厅里喝啤酒用。在酒吧中，女士们常用这种杯喝啤酒。

（11）扎啤杯（Beer Mug）：在酒吧中一般喝生啤酒用。

（12）鸡尾酒杯（Cocktail Glass）：容量规格为 98ml，调制鸡尾酒以及喝鸡尾酒时使用。

（13）餐后甜酒杯（Liqueur Glass 或 cordial Glass）：容量规格为 35ml，用于喝各种餐后甜酒、鸡尾酒、天使之吻鸡尾酒等。

（14）白葡萄酒杯（White Wine Glass）：容量规格为 98ml，喝白葡萄酒时使用。

（15）红葡萄酒杯（Red Wine Glass）：容量规格为 224ml，喝红葡萄酒时使用。

（16）雪利酒杯（Sherry Glass）：容量规格为 56ml 或 112ml，专门用于喝雪利酒。

（17）波特酒杯（Port Wine Glass）：容量规格为 56ml，专门用于喝波特酒。

（18）特饮杯（Hurricane）：容量规格为 336ml，喝各种特色鸡尾酒。

（19）酸酒杯（Whisky Sour）：容量规格为 112ml，喝酸威士忌鸡尾酒时使用。

（20）爱尔兰咖啡杯（Irish Coffee）：容量规格为 210ml，喝爱尔兰咖啡时使用。

（21）果冻杯（Sherbert）：容量规格为 98ml，吃果冻、冰激凌时使用。

（22）苏打杯（Soda Glass）：容量规格为 448ml，用于吃冰激凌。

（23）水罐（Water Pitcher）：容量规格为 1000ml，装冰水、果汁用。

（24）滤酒器（Decanter）：有多种规格，如 168ml、500ml、1000ml 等，用于过滤红葡萄酒或出售散装红、白葡萄酒。

（二）调酒用具

（1）酒吧开刀（Waiter's Knife，俗称 Waiter's Friend）：用于开起红、白葡萄酒的木塞，

也可用于开汽水瓶、果汁罐头。

(2) 开塞钻 (Cork Screw): 用于开起红、白葡萄酒酒瓶的木塞。

(3) 量杯 (Jigger, 量酒器): 用于度量酒水的分量。

(4) 滤冰器 (Strainer): 调酒时用于过滤冰块。

(5) 开瓶器 (Bottle Opener): 用于开启汽水、啤酒瓶盖。

(6) 开罐器 (Can Opener): 用于开启各种果汁、淡奶等罐头。

(7) 酒吧匙 (Bar Spoon): 分大、小两种,用于调制鸡尾酒或混合饮料。

(8) 调酒壶 (Shaker): 用于调制鸡尾酒,按容量分大、中、小 3 种型号。

(9) 调酒杯 (Mixing Glass): 用于调制鸡尾酒。

(10) 砧板 (Cutting Board): 用于切水果等装饰物。

(11) 果刀 (Fruit Knife): 切水果等装饰物。

(12) 叉子 (Relish Fork): 用来叉洋葱或橄榄等装饰物。

(13) 剥皮器 (Zest): 用于剥皮。

(14) 倒酒器 (Pourer): 用于倒酒。

(15) 鸡尾酒签 (Cocktail Pick): 穿装饰物用。

(16) 挤柠檬器 (Lemon Squeezer): 挤新鲜柠檬汁用。

(17) 吸管 (Straw): 客人喝饮料时用。

(18) 杯垫 (Coaster): 垫杯用。

(19) 冰夹 (Ice Tong): 夹冰块用。

(20) 柠檬夹 (Lemon Tong): 夹柠檬片用。

(21) 冰铲 (Ice Container): 装冰块用。

(22) 宾治盆 (Punch Bowl): 装什锦水果宾治或冰块用。

(23) 酒桶 (Ice Bucket 或 wine Cooler): 客人饮用白葡萄酒或香槟酒时做冰镇用。

(24) 漏斗 (Funnel): 倒果汁、饮料用。

(25) 倒酒器 (Pourer): 用于倒酒,以控制倒酒量。

(26) 香槟塞 (Champagne Bottle Shutter): 打开香槟后,用作瓶塞。

(27) 托盘及收费盘 (Cork-Lined Serving Tray): 托盘用于酒吧服务员对顾客的服务,有 10 英寸和 14 英寸两种。收费盘供服务员收费之用。

(三) 其他服务用具

除上述器具外,酒吧在对客人服务时还需下列用品。

(1) 装饰物配料盒——在酒吧中装饰物是大量使用的,所以装饰物配料盒是必备的。

(2) 酒单——用于向客人展示酒吧所提供的消费品。

(3) 盘、碟——用于盛放佐酒小吃、食品、水果拼盘等。盘和碟的类别是以盘口直径划分的, 5 英寸以上者为盘,4 英寸以下者为碟。宽边浅底的圆盘称为平盘。鱼盘多为圆形,在酒吧中多用于水果拼盘。

（4）烟碟——可以是玻璃制品，也可以是陶瓷或不锈钢制品。

另外，有些类型的酒吧在每个桌台上还备有烛台、花瓶等。

 课外资料 3-1

各种各样的葡萄酒杯

葡萄酒杯，因其有一个细长的底座而被大众形象地称为高脚杯，但在事实上，高脚杯只是葡萄酒杯中的一种。在葡萄酒文化中，酒杯是其不可缺失的一个重要环节，在西方传统观点中，为葡萄酒选择正确的酒杯，能帮助更好地品味美酒。

葡萄酒杯一般分为红葡萄酒杯、白葡萄酒杯和香槟杯，见图3-1。

图 3-1 红葡萄酒杯、白葡萄酒杯、香槟杯的比较

红葡萄酒杯，杯底部有握柄，上身较白酒杯更为圆胖宽大。主要用于盛装红葡萄酒和用其制作的鸡尾酒。勃艮第红酒杯为杯底较宽的郁金香杯。

白葡萄酒杯，杯底部有握柄，上身较红酒杯修长，弧度较大，但整体高度比红酒杯矮。主要用于盛装白葡萄酒。白酒杯中，布根地白酒杯的腰身比红酒用的稍大，属饱满型。

香槟杯，郁金香型，杯身直且瘦长，高脚杯。

高明的酒客玩弄酒杯的手法相当优雅，通过葡萄酒在杯中回旋的状态来鉴赏酒色，从而判断葡萄酒的优劣。因此，酒杯要做得轻，拿起来不至于坠手；做得薄，才能清晰地看到酒的色泽。不同类型的酒杯考虑品饮的需要，可谓各具特点。一般来说，造成酒杯千差万别的决定性因素包括开口设计以及杯肚大小（酒杯在杯壁厚度上的差别并不是很大）。其中，开口设计的不同决定了酒体入口的流向。我们知道，舌头的味蕾有不同的敏感区域，舌尖对应的是甜味儿，舌头内侧对应的是酸味儿，舌头外侧对应的是咸味儿，舌根部对应的则是苦味儿。杯子的形状、杯口的大小决定了酒体入口时与味蕾的第一接触点，从而影响酒的味道。举例来说，开口小的杯，在饮酒时，头部势必要向下低，酒流入舌头的第一个感官区便是舌尖，从而突出的是酒的香气和果味儿的甜美。

传统的红葡萄酒杯在外观设计上通常会比较大。红葡萄酒无论从酒体还是香气都更加浓郁一些，因此，它需要更大的酒面（Surface）才能让酒的香气更好地发挥出来。窄口宽肚是红酒杯中的经典设计，窄口是为了使酒的香气聚集在杯口，不易散佚，以便充分品闻酒香和果香；宽肚是为了让红酒充分和空气接触，以前流行的酒杯都是小巧精致的样式，时兴的大肚杯，拿在手上更加堂皇绚丽。红葡萄酒杯基本可以分为两类，即波尔多杯和勃艮第杯，分别针对两地所产的不同的葡萄品种而设计。

在外观设计上，白葡萄酒杯的杯身较红葡萄酒杯要稍显修长，弧度较大，但整体高度要低于红葡萄酒杯。因为白葡萄酒在口感和味道上要略微清淡，不需要较大的杯肚来释放酒体的香气。根据葡萄品种的不同，白葡萄酒杯比较常见的大致有三种，霞多丽（Chardonnay）杯、长相思（Sauvignon Blanc）杯以及雷司令（Riesling）杯。由于长相思属于清爽、甘洌型的葡萄酒，因此其酒杯的开口和杯肚都比较小，这样酒体会瞬即流入舌尖，使口腔被酒的花香和果香所包裹，从而淡化酒体的酸度；霞多丽酒杯在开口和杯肚上要相对大一些，它的酒体比较饱满，适宜选用圆肚形的酒杯；而雷司令酒杯在杯肚上要更高一些，它的酒体在酸度上要略胜一筹，这样的设计能够减缓酒体流入口腔的速度。

香槟杯的杯身应该具备一定的长度，从而能够充分欣赏酒体在杯中持续起泡的乐趣，同时酒体能够缓慢地流入口腔，可以细细品饮；考虑甜酒含糖量较高、适宜餐后饮用的特点，甜酒的杯子都不是很大，其开口设计也较小，从而更好地突出酒体的香气以及蜂蜜的味道；而烈酒杯在外观上也要相对小一些，从而避免过量饮酒带来的尴尬。

另外，酒杯分类中还有一些专业性的酒杯，这也是我们应该熟悉的酒杯类型。国际标准品酒杯又称为 ISO 杯，是 1974 年由法国 INAO（国家产地命名委员会）设计、广泛用于国际品酒活动的全能型酒杯。它的杯脚高 5～6cm，酒杯容量在 215ml，酒杯口小腹大，杯形如同盛开的郁金香。杯身容量很大，这使得葡萄酒在杯中可以自由呼吸；略微收窄的杯口设计，是为了让酒液在晃动时不至于外溅，且使酒香能够在杯口聚集，以便更好地感受酒香。简单地说，专业盲品杯是带有黑色涂层的 ISO 规格的酒杯，用于盲品（Blind Tasting）环节之中。大家熟悉的盲品环节通常以布或锡箔纸遮盖酒标，而专业盲品杯的出现则增加了盲品的难度，从而对试酒者的水平提出了更高的要求。

在使用上述酒杯进行品饮的过程中，遵循葡萄酒品评的通用惯例。简单地说，首先观察葡萄酒的色泽；其次晃动酒杯，令酒体在杯壁中形成"挂杯"，见图 3-2，同时与空气充分接触，以便从嗅觉上感受酒体的香气；最后，小口品饮，让酒液在口腔中停留一段时间，从而使味蕾充分感受酒体的味道。至于倒酒时酒量的多少，相信也是人们普遍关注的问题。一般来说，白葡萄酒/甜酒的量大约在 3 盎司（约 90ml），红葡萄酒的量大约控制在 5 盎司（约 150ml）即可。

图 3-2　葡萄酒的"挂杯"

（资料来源：神奇宝贝迷是我：葡萄酒杯[OL]．百度百科，http://baike.baidu.com/view/182143.htm，2015-12-10.)

评估练习

1. 调酒时的基本用具有哪些？

2. 喝葡萄酒时如何选用合适的酒杯？

第二节 茶 具

教学目标：

1. 了解茶具发展的历史。

2. 掌握茶具的分类和用途。

一、茶具的历史

（一）茶具的定义

　　茶具，古代亦称茶器或茗器。据西汉辞赋家王褒《僮约》有"烹茶尽具，酺已盖藏"之说，这是中国最早提到"茶具"的一条史料，到唐代，"茶具"一词在唐诗里初处可见，诸如唐诗人陆龟蒙《零陵总记》说："客至不限瓯数，竟日执持茶器。"白居易《睡后茶兴忆杨同州诗》说："此处置绳床，旁边洗茶器。"唐代文学家皮日休《褚家林亭诗》有"萧疏桂影移茶具"之语，宋、元、明几个朝代，"茶具"一词在各种书籍中都可以看到，如《宋史·礼志》载："皇帝御紫哀殿，六参官起居北使……是日赐茶器名果。"

　　广义上，制茶、泡茶、饮茶的器具都可称茶具。狭义上，茶具是指茶杯、茶壶、茶碗、茶盏、茶碟、茶盘等饮茶用具。中国的茶具，种类繁多，造型优美，除实用价值外，也有颇高的艺术价值，因而驰名中外，为历代茶爱好者青睐。

（二）茶具的发展

　　"美食不如美器"历来是中国人的器用之道，从粗放式羹饮发展到细啜慢品式饮用，人类的饮茶经历了一定的历史阶段。不同的品饮方式，自然产生了相应的茶具，茶具是茶文化历史发展长河中最重要的载体，为我们解读古人的饮茶生活提供了重要的实物依据。

　　1. 唐代茶具（团饼茶·煎茶）

　　唐代是我国陶瓷发展史上的第一个高峰。白瓷出现于北齐，唐代的白瓷可与南方的青瓷相媲美，出现了"北白南青"共繁荣的局面。当然，饮茶的兴盛进一步推动了唐代陶瓷业的发展。陆羽特别推崇越窑青瓷，越窑青瓷在有唐一代达到了顶峰，出现了青瓷史上登峰造极的作品——"秘色瓷"。陆羽认为茶碗"越州上，鼎州次，婺州次。岳州上，寿州、洪州次"。并认为"越州瓷、岳瓷皆青，青则益茶，茶作白红之色；邢州瓷白，茶色红，寿州瓷黄，茶色紫，洪州瓷褐，茶色黑，悉不宜茶"。当然，这只是陆羽个人的观点和看法。当代窑址考古发掘材料证明，除越州窑、鼎州窑、婺州窑、岳州窑、寿州窑、洪州窑之外，北方的邢窑、

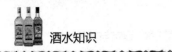

曲阳窑、巩县窑，南方的景德镇窑、长沙窑、邛崃窑在当时也大量生产茶具。

2. 宋代茶具（团饼茶·点茶）

宋代是茶文化发展的第二个高峰，宋代的饮茶主要以点茶为主，煎茶为辅，在点茶基础上升华为斗茶、分茶和茶百戏。

盏是宋人对茶碗的称呼，由于宋人崇尚白色的汤色，因此宋代的黑釉盏特别盛行。黑釉盏以福建建窑产的兔毫、油滴、鹧鸪纹最为有名，建窑生产的黑釉盏底部刻有"供御""进琖"字样的，是进贡给宋皇室的御用茶具。

在建窑黑釉盏的影响下，江西吉州窑、四川广元窑大量生产民用黑釉盏。不仅在南方流行，北方的河南、河北、山西、山东等一些窑场也生产黑釉盏，定窑、磁州窑生产的黑釉茶具量也很大。

汤瓶是点茶必不可少的茶具之一，其作用是烧水注汤。汤瓶的制作很讲究，"瓶要小者，易候汤，又点茶注汤有准，黄金为上，人间或以银、铁、瓷、石为之"。黄金制作的汤瓶是皇室以及达官贵族才能使用的茶具，对普通阶层人士而言，瓷质汤瓶才是首选。从出土的宋代茶具来看，南、北方瓷窑都有生产此类瓷汤瓶，尤其是南方的越窑、龙泉窑以及景德镇窑，汤瓶的数量更大。汤瓶的造型为侈口、修长腹、壶流较长，因为宋代注汤点茶对汤瓶长流要求极高。南宋著名画家刘松年《斗茶图》中清楚地描绘了汤瓶的形制，呈喇叭口、高颈、溜肩、腹下渐收、肩部安装很长的曲流，应是宋代汤瓶的真实写照。

除享誉盛名的五大名窑官、哥、汝、定、钧外，浙江的越窑、龙泉窑青瓷，福建的建窑、同安窑，江西吉州窑，北方的磁州窑均生产陶瓷，这些窑口大量生产不同类型的茶具，千年之后，我们借助这些陶瓷茶具可以领略当时饮茶之盛况。

除了陶瓷茶具，宋代的金银器和漆器制作也很发达，考古发掘为我们提供了不少银制茶具以及漆盏托等茶具。

3. 明清茶具（散茶·撮泡）

由于茶叶不再碾末冲泡，前代流行的碾、磨、罗、筅、汤瓶之类的茶具皆废弃不用，宋代崇尚的黑釉盏也退出了历史舞台，代之而起的是景德镇的白瓷。屠隆《考般木余事》中曾说："宣庙时有茶盏，料精式雅质厚难冷，莹白如玉，可试茶色，最为要用。蔡君谟取建盏，其色绀黑，似不宜用。"张源在《茶录》中也说"盏以雪白者为上，蓝白者不损茶色，次之"，因为明代的茶以"青翠为胜，涛以蓝白为佳，黄黑纯昏，但不入茶"，用雪白的茶盏来衬托青翠的茶叶，可谓尽茶之天趣也。

饮茶方式的一大转变带来了茶具的大变革，从此壶、盏搭配的茶具组合一直延续到现代。

茶壶在明代得到很大的发展，带把的容器皆称为汤瓶，到了明代真正用来泡茶的茶壶才开始出现，壶的使用弥补了盏茶易凉和落尘的不足，也大大简化了饮茶的程序，受到世人的极力推崇。明代的茶壶，流与壶口基本齐平，使茶水可以保持与壶体的高度而不致外溢，壶流也制成 S 形，不再如宋代强调的"峻而深"。明代茶壶尚小，以小为贵，因为"壶小则香不涣散，味不耽搁"。

到了清代，传统的六大茶类全部形成，茶叶的内销及外销都达到历史上的最高水平，各地茶馆林立，民间喝茶更加普遍，茶真正走向世俗化，由此社会对茶具的需求量也大大提高。

宫廷饮茶讲究排场，而民间饮茶则率性随意，茶具也多了几分野逸之气。清代民用陶瓷茶具的造型更加活泼，纹饰则更加生动。各地由于饮茶习俗不一，而形成了颇有地方特色的茶具。蒙古族、藏族地区喜欢奶茶、酥油茶，其地流行瘿木奶茶碗、鎏金银质茶具。而闽、粤潮汕一带则善烹工夫茶，喝工夫茶则有专门的茶具，称为"潮汕四宝"——风炉、玉书煨、孟臣罐、若琛瓯。

除陶、瓷、金属茶具外，竹、木、牙、角等各种材质在茶具上的运用也是清代茶具异彩纷呈的特点之一。椰壳雕工艺在我国很早就运用了，但大量用作茶具则是清代以后的事，清代的茶碗、茶杯、茶壶由椰壳镶拼而成，并且在椰壳上雕刻纹饰，制作工艺十分精美。

木胎贴簧工艺制作的提盒可用来放置茶点，便于外出郊游时携带。此外象牙制作的茶则、翻簧的茶壶桶、黄花梨茶壶桶、银胎錾珐琅茶盏、铜胎画珐琅提梁壶等，把清代茶具演绎得更加多姿多彩。

从茶具形制上讲，除茶壶和茶杯以外，盖碗是清代茶具的一大特色，盖碗一般由盖、碗及托三部分组成，象征着"天、地、人"三才，反映了中国人器用之道的哲学观。盖碗的作用之一是防止灰尘落入碗内，起到有效的防尘作用；其二是防烫手，碗下的托可承盏，喝茶时可手托茶盏，避免手被烫伤。

清代茶具的多样化还体现在茶托形状的变化上，茶托最早出现在两晋南北朝时，从出土的青瓷盏托可见南朝时越窑就已生产茶托。清代的茶托品种丰富，花样繁多，有的因制成船形，称为茶船，还有十字形、花瓣形、如意形等。

二、茶具的分类

（一）按材质分类

茶具按材质分类，可以分为瓷器茶具、陶土茶具、玻璃茶具、漆器茶具、竹木茶具、金属茶具、石茶具等，种类非常丰富。下面介绍部分茶具类型。

1. 瓷器茶具

瓷器茶具的品种很多，其中主要的有：青瓷茶具、白瓷茶具、黑瓷茶具和彩瓷茶具。这些茶具在中国茶文化发展史上，都曾有过辉煌的一页。

（1）青瓷茶具。青瓷茶具以浙江生产的质量最好。早在东汉年间，已开始生产色泽纯正、透明发光的青瓷。晋代浙江的越窑、婺窑、瓯窑已具相当规模。宋代，作为当时五大名窑之一的浙江龙泉哥窑生产的青瓷茶具，已达到鼎盛时期，远销各地。明代，青瓷茶具更以其质地细腻，造型端庄，釉色青莹，纹样雅丽而蜚声中外。16 世纪末，龙泉青瓷出口法国，轰动整个法兰西，人们用当时风靡欧洲的名剧《牧羊女》中的女主角雪拉同的美丽青袍与之相比，称龙泉青瓷为"雪拉同"，视为稀世珍品。当代，浙江龙泉青瓷茶具又有新的发展，不断有新产品问世。这种茶具除具有瓷器茶具的众多优点外，因色泽青翠，用来冲泡绿茶，更有益汤色之美。不过，用它来冲泡红茶、白茶、黄茶、黑茶，则易使茶汤失去本来面目，似有不足之处。

（2）白瓷茶具。白瓷茶具有坯质致密透明，上釉、成陶火度高，无吸水性，音清而韵长等特点。因色泽洁白，能反映出茶汤色泽，传热、保温性能适中，加之色彩缤纷，造型各异，堪称饮茶器皿中之珍品。早在唐朝时期，河北邢窑生产的白瓷器具已"天下无贵贱通用之"。唐朝白居易还作诗盛赞四川大邑生产的白瓷茶碗。元代，江西景德镇白瓷茶具已远销国外。如今，白瓷茶具更是面目一新。这种白釉茶具，适合冲泡各类茶叶。加之白瓷茶具造型精巧，装饰典雅，其外壁多绘有山川河流、四季花草、飞禽走兽、人物故事，或缀以名人书法，又颇具艺术欣赏价值，所以，使用最为普遍。

（3）黑瓷茶具。黑瓷茶具，始于晚唐，鼎盛于宋，延续于元，衰微于明、清，这是因为自宋代开始，饮茶方法已由唐时煎茶法逐渐改变为点茶法，而宋代流行的斗茶，又为黑瓷茶具的崛起创造了条件。宋人衡量斗茶的效果，一看茶面汤花色泽和均匀度，以"鲜白"为先；二看汤花与茶盏相接处水痕的有无和出现的迟早，以"盏无水痕"为上。黑瓷茶具的窑场中，建窑生产的"建盏"最为人称道。蔡襄《茶录》中这样说："建安所造者……最为要用。出他处者，或薄或色紫，皆不及也。"建盏配方独特，在烧制过程中使釉面呈现兔毫条纹、鹧鸪斑点、日曜斑点，一旦茶汤入盏，能放射出五彩纷呈的点点光辉，增加了斗茶的情趣。明代开始，由于"烹点"之法与宋代不同，黑瓷建盏"似不宜用"，仅作为"以备一种"而已。

（4）彩瓷茶具。彩色茶具的品种花色很多，其中尤以青花瓷茶具最引人注目。青花瓷茶具，其实是指以氧化钴为呈色剂，在瓷胎上直接描绘图案纹饰，再涂上一层透明釉，尔后在窑内经 1300℃ 高温还原烧制而成的器具。明代，景德镇生产的青花瓷茶具，诸如茶壶、茶盅、茶盏，花色品种越来越多，质量越来越精，无论是器形、造型、纹饰等都冠绝全国，成为其他生产青花瓷茶具窑场模仿的对象。清代，特别是康熙、雍正、乾隆时期，青花瓷茶具在古陶瓷发展史上，又进入了一个历史高峰，它超越前朝，影响后代。康熙年间烧制的青花瓷器具，更是史称"清代之最"。

（5）红瓷茶具。明代永宣年间出现的祭红。娇而不艳，红中透紫，色泽深沉而安定。古代皇室用这种红釉瓷做祭器，因而得名祭红。因烧制难度极大，成品率很低，所以身价很高。古人在制作祭红瓷时，真可谓不惜工本，用料如珊瑚、玛瑙、寒水石、珠子、烧料直至黄金，可是烧成率仍然很低，原来"祭红"的烧成仍是一门"火的艺术"，也就是说即使有了好的配方如果烧成条件不行，也常有满窑器皆成废品之例，故有"千窑难得一宝，十窑九不成"的说法。

红瓷历来就是古代皇室和国内外收藏家的珍品，千百年来历朝创烧的红釉瓷器中，唯独没有象征吉祥喜庆最为中国人喜爱的在大红色瓷。而今借鉴历代红釉瓷烧制经验，运用现代科技手段，进行配方创新，使用比黄金还贵重的稀有金属"钽"，历经数年终于在高温下能批量烧制出与国徽、国旗一致的，极为纯正的正红高温红釉瓷。从而结束了中国瓷器无纯正大红色的历史。从此，昔日只有皇室专享的彰显富贵尊崇的红釉珍品，如今成为走出国门的国瓷珍品。

2. 陶土茶具

陶土茶具历史最为悠久，今天紫砂茶具是用江苏宜兴南部及其毗邻的浙江长兴北部埋藏的一种特殊陶土，即紫金泥烧制而成的。这种陶土，含铁量大，有良好的可塑性，烧制温度以 1150℃为宜。紫砂茶具的色泽，可利用紫泥泽和质地的差别，经过"澄""洗"，使之出现不同的色彩，如可使天青泥呈暗肝色、蜜泥呈淡褚石色、石黄泥呈朱砂色、梨皮泥呈冻梨色等；另外，还可通过不同质地紫泥的调配，使之呈现古铜、淡墨等色。优质的原料、天然的色泽，为烧制优良紫砂茶具奠定了物质基础。

宜兴紫砂茶具之所以受到茶人的钟情，除了这种茶具风格多样、造型多变、富含文化品位，以至在古代茶具世界中别具一格外，还与这种茶具的质地适合泡茶有关。后人称紫砂茶具有三大特点，就是"泡茶不走味，储茶不变色，盛暑不易馊"。

3. 玻璃茶具

在现代，玻璃器皿有较大的发展。玻璃质地透明，光泽夺目。外形可塑性大，形态各异，用途广泛，玻璃杯泡茶，茶汤的鲜艳色泽，茶叶的细嫩柔软，茶叶在整个冲泡过程中的上下穿动，叶片的逐渐舒展等，都可以一览无余，可以说是一种动态的艺术欣赏。特别是冲泡各类名茶，茶具晶莹剔透。杯中轻雾缥缈、澄清碧绿、芽叶朵朵、亭亭玉立，观之赏心悦目，别有风趣。而且玻璃杯价廉物美，深受广大消费者的欢迎。玻璃器具的缺点是容易破碎，比陶瓷烫手。

（二）按用途分类

1. 主茶具

茶壶：用来泡茶的主要器具、材质、式样、大小各异。

盖碗：或称盖杯，分为茶碗、碗盖、托碟三部分。在工夫茶的冲泡方式中，盖碗也是主泡器，等同于茶壶。

茶海：又称茶盅或公道杯。茶壶内之茶汤浸泡至适当浓度后，茶汤倒至茶海，再分倒于各小茶杯内，以求茶汤浓度之均匀。亦可于茶海上覆一滤网，以滤去茶渣、茶末。没有专用的茶海时，也可以用茶壶充当。其大致功用为：盛放泡好之茶汤，再分倒各杯，使各杯茶汤浓度相若，沉淀茶渣。

茶杯：茶杯的种类、大小应有尽有，喝不同的茶用不同的茶杯。如今更流行边喝茶边闻茶香的闻香杯。根据茶壶的形状、色泽，选择适当的茶杯，搭配起来也颇具美感。为便于欣赏茶汤颜色，及容易清洗，杯子内面最好上釉，而且是白色或浅色。对杯子的要求，最好能做到"握拿"舒服，"就口"舒适，"入口"顺畅。

2. 辅助茶具

茶筒：盛放茶艺用品的器皿茶器筒。

茶匙：又称茶扒，形状像汤匙所以称茶匙，其主要用途是挖取泡过的茶壶内的茶叶，茶叶冲泡过后，往往会紧紧塞满茶壶，一般茶壶的口都不大，用手既不方便也不卫生，故皆使用茶匙。

茶漏：茶漏则于置茶时放在壶口上，以导茶入壶，防止茶叶掉落壶外。

茶则：茶则（茶勺）茶则为盛茶入壶之用具，一般为竹制。

茶夹：又称茶筷，茶夹功用与茶匙相同，可将茶渣从壶中夹出，也常有人拿它来夹着茶杯洗杯，防烫又卫生。

茶针（茶通）：茶针的功用是疏通茶壶的内网（蜂巢），以保持水流畅通当壶嘴被茶叶堵住时用来疏浚，或放入茶叶后把茶叶拨匀，碎茶在底，整茶在上。

茶盘：用以承放茶杯或其他茶具的盘子，以盛接泡茶过程中流出或倒掉之茶水。也可以用作摆放茶杯的盘子，茶盘有塑料制品、不锈钢制品，形状有圆形、长方形等多种。

茶船：用来放置茶壶的容器，茶壶里塞入茶叶，冲入沸开水，倒入茶船后，再由茶壶上方淋沸水以温壶。淋浇的沸水也可以用来洗茶杯。又称茶池或壶承，其常用的功能大致为盛热水烫杯、盛接壶中溢出的茶水、保温。

煮水器：泡茶的煮水器在古代用风炉，较常见者为酒精灯及电壶，此外尚有用瓦斯炉及电子开水机、自动电炉、电陶炉。

茶巾：茶巾又称为茶布，茶巾的主要功用是干壶，于酌茶之前将茶壶或茶海底部衔留的杂水擦干，亦可擦拭滴落桌面之茶水。

茶叶罐：储存茶叶的罐子，必须无杂味、能密封且不透光，其材料有马口铁、不锈钢、锡合金及陶瓷。

茶荷：茶荷的功用与茶则、茶漏类似，皆为置茶的用具，但茶荷更兼具赏茶功能。其主要用途是将茶叶由茶罐移至茶壶。材料主要有竹制品，既实用又可当艺术品，一举两得。没有茶荷时可用质地较硬的厚纸板折成茶荷形状使用。

评估练习

1. 唐、宋、明清朝代的茶具各有什么特点？

2. 瓷器茶具的分类和特点是什么？

3. 紫砂茶具有哪些优点？

第三节　咖啡器具

教学目标：

1. 了解咖啡器具的历史。

2. 掌握咖啡器具的分类和选购。

一、咖啡器具的历史

（一）定义

咖啡器具，指磨制、煮制、品尝咖啡的器具。较有特色的咖啡器具有蒸汽加压咖啡器、虹吸咖啡器具、浓缩咖啡器、直桶形的浓缩咖啡器等，都是咖啡文化的重要组成部分。

（二）咖啡壶的发明

咖啡壶是欧洲最早的发明之一，约在 1685 年于法国问世，路易十五时期在各地广为流传。最开始它只是一个附有加热金属板的玻璃水瓶，下方有酒精灯加热。由于这种咖啡壶十分费时，美国人班杰明·汤普生便发明了朗福特过滤式咖啡壶，在当时大受欢迎。1763 年，法国人顿马丹发明了把粉碎后的咖啡豆装入法兰绒的口袋里，悬挂在壶边，注入热水后，让这个袋子中的咖啡与热水受热较长时间，产生不同的形态煮法，大大提高了咖啡的香味。1800 年，巴黎大主教得贝洛发明了一种分成两段的壶式咖啡加热器，专为使咖啡香味不外溢而设计的，可以说是今天滴滤式咖啡壶的鼻祖。这种壶是将磨碎的咖啡置放于咖啡壶顶上的一个孔状容器内，热水由此注入，水通过容器的这些小孔流到咖啡壶的底部。它的特点是使用冷水来淬炼，以每分钟 40 滴的速度，一滴一滴慢慢地汲取咖啡的精华。由于速度极慢，只能应选取研磨得极细的咖啡粉来萃取。这种方法冲泡出来的咖啡，所含咖啡因极低，喝起来格外爽口。1840 年，英国海洋工程师纳贝尔发明了虹吸式咖啡加热器。这种加热器是根据水沸腾时，装咖啡粉的容器里的气压降低，于是沸水就自动地被吸进咖啡中的道理而设计出来的。而这就是比利时皇家咖啡壶的前身。

二、咖啡器具的分类

（一）研磨器具

　　咖啡研磨机是将咖啡豆在马达带动机械刀具飞速转动时切削研磨成咖啡粉的一种磨粉工具。咖啡原产于埃塞俄比亚，在 17 世纪传入欧洲以前，它在北非和西亚被用作饮料已达几百年之久。全世界所有炎热、潮湿的地区都开辟了咖啡种植园，咖啡成为一种大众化的饮料。但要烧出一壶可口的咖啡是需要许多功夫。咖啡豆必须磨成细粉，最好还要用某种过滤器把咖啡渣留在杯外，尽管许多地方的人喜欢喝没有经过过滤的咖啡，但在咖啡研磨机发明之前，人类使用石制的杵和钵研磨咖啡豆。咖啡豆研磨最理想的时间，是在要烹煮之前才研磨。因为磨成粉的咖啡容易氧化散失香味，尤其在没有妥善适当的储存之下，咖啡粉还容易变味，自然无法烹煮出香醇的咖啡。

（二）煮制器具

　　冲煮咖啡最主要的器具是咖啡壶。现代电咖啡壶有三种：渗滤式、滴漏式和真空式。渗滤式咖啡壶是电咖啡壶的早期产品，虽然价格低廉，但使用不方便，可靠性较差。真空式电咖啡壶冲制的咖啡味道浓厚，但其结构复杂，容易发生故障。适者生存，如今市场上只有滴漏式电咖啡壶独霸天下。

　　虽然从大类上说，电咖啡壶只剩下滴漏式一种，但细分起来还有仅用于冲制咖啡末的普通咖啡壶，可以自己研磨咖啡豆的二合一咖啡机和可以打出奶泡的意大利式蒸汽咖啡壶。

　　当然，还有很多咖啡壶，都非常得实用，而且可以使口味更加独特，像虹吸壶。其主要适用于咖啡：略带酸味、中醇度的咖啡研磨度，比粉状略粗，接近特粒细砂糖，尤其是如果咖啡豆的特性中带有那种爽口而明亮的酸，而酸中又带有一种醇香，虹吸式煮法更可以把这种咖啡的特色发挥得淋漓尽致。还有摩卡壶，摩卡壶是用来萃取浓缩咖啡的工具，分为上下两部分，水放在下半部分煮开沸腾产生蒸汽压力；滚水上升，经过装有咖啡粉的过滤壶上半部；当咖啡流至上半部时，将火关小，如果温度太高会使咖啡产生焦味。

（三）品饮器具

咖啡杯是用来品饮咖啡的主要器具，由负离子粉、电气石、优质黏土和其他基础材料烧结而成。咖啡杯放出的高浓度负离子可以对水发生电解作用，产生带有负电的氢氧基离子，使水中的大分子团变小，增强了水的溶解力和渗透力。把水倒入咖啡杯中即可提高水的活性，调节人体内分泌，调整人体的阴阳平衡，促进新陈代谢，改善人体微循环，对多种疾病的缓解有良好的医疗保健效果。

1. 材质

咖啡杯的材质有很多种，市面上见到的如陶制、不锈钢、骨瓷等。瓷制和陶制都是上釉烧成，陶制质地较为粗糙，略具吸水性，若釉彩掉落，那一部分就容易被污染洗不掉；瓷制质地较细，不吸水性，当然价格也会高很多；骨瓷杯保温性很好，可使咖啡在杯中保持温度，但价格极高；双层的不锈钢杯保温性超高，耐用而且不易磨损，价格较骨瓷咖啡稍便宜，但缺乏美观性。

陶杯的质朴，与瓷杯的圆润，分别标志不同的咖啡态度。陶杯，质感浑厚，适合深度烘焙且口感浓郁的咖啡。瓷杯，最为常见，能恰好地诠释咖啡的细致香醇。其中，用高级瓷土混合动物骨粉烧制成的骨瓷咖啡杯，质地轻盈、色泽柔和、密度高、保温性好，可以使咖啡在杯中更慢地降低温度，是最能表现出咖啡风味的绝妙选择。

2. 尺寸

咖啡杯的尺寸，一般分为三种。

（1）小型咖啡杯（60～80ml）——适合用来品尝纯正的优质咖啡，或者浓烈的单品咖啡，虽然几乎一口就能饮尽，但徘徊不去的香醇余味，最显咖啡的精致风味。

（2）正规咖啡杯（120～140ml）——常见的咖啡杯，一般喝咖啡时多选择这样的杯子，有足够的空间，可以自行调配，添加奶末和糖。

（3）马克杯或法式欧蕾专用牛奶咖啡杯（300ml以上）——适合加大量牛奶的咖啡，像美式摩卡多用马克杯，才足以包容它香甜多样的口感。

3. 选购

在选购咖啡杯时，可依照个人的喜好和咖啡的种类以及喝法，在不同的场合，挑选合适的咖啡杯。由于个人的喜好与场所的多变，为咖啡的种类和喝法提供几个选择依据。

100ml以下的小咖啡杯。多半用来盛装浓烈的意大利式咖啡或单品咖啡。例如，只有50ml的意大利浓缩咖啡，虽然几乎是一饮而尽，但咖啡饮尽杯有余香，徘徊不去的香醇余味和似乎永远温暖的温度。而加了牛奶泡沫的卡布奇诺，容量则比意式咖啡杯略大，宽阔的杯口，可以展示风影美丽的泡沫。

200ml的一般咖啡杯。最初常见的咖啡杯，清淡的美式咖啡多选用这种杯子，有足够的空间，可调配，简单自由，就像美国一样。

300ml以上的马克杯和法国欧蕾（一种法式咖啡，30岁以上的女性最佳保健品）专用牛奶咖啡杯，加了大量牛奶的咖啡，像拿铁、美式摩卡，用这种多用马克杯才足以包容它香甜多样的口感（而浪漫的法国人则惯用一大碗牛奶咖啡，渲染整个早晨的雀跃心情）。

另外，除了杯子的外观以外，还要考证杯子的质地、重量、是否顺手。重量要轻盈一些比较好，这样的杯子质地细致，而细致的质地则代表制作咖啡杯的原料颗粒细腻，因此杯面紧密而空间小，不易将咖啡污渍附着在杯内。

✎ 评估练习

1. 什么是咖啡器具？如何分类？
2. 如何选购合适的咖啡杯？

第四章

酒水服务人员的

职业素质

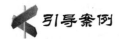引导案例

怎样才是合格的调酒师

如何成为一名合格的调酒师?

首先,作为一名调酒师心态要平和,要能够做到对每位顾客都一视同仁,热情、礼貌、彬彬有礼是调酒师所必须具备的品格。从事这一行业不仅要有丰富的酒水知识和高超的调酒技能,与顾客的交流也很重要,这一切都要靠自己在工作中钻研和探索。平时除了要借助酒类专业书籍、调酒光盘不断提高自己的专业水平。还要留意时尚杂志、因特网等关于最新饮品的动向,适时地为顾客推出新潮饮品。

调酒师的工作离不开酒,对酒品的掌握程度直接决定工作的开展。调酒师要从酒品的基本知识入手,首先了解中外名酒如何分类,再学习有关鸡尾酒调制的基本规则,然后可以根据流行的鸡尾酒配方学习调制鸡尾酒。作为一名调酒师要掌握各种酒的产地、物理特点、口感特性、制作工艺、品名以及饮用方法,并能够鉴定出酒的质量、年份等。有四种能力是调酒师必须具备的:第一是激情,在调酒界有这样一句话,好的调酒师既会调酒又会"调情"(品酒的人就是在品味情调和生活);第二是记忆力,会调越多的酒就要记住越多的调酒配方;第三是色觉,要在感官上取悦客人就要合理地搭配颜色;第四是性格,作为调酒师要性格开朗,善于与大家沟通,营造轻松的氛围。学习花式调酒还需要注意四个方面:学习花式调酒要有保护措施;要有教练和有经验的调酒师指导,所学到的动作也会很规范和漂亮;花式调酒是一种即兴表演,因此要有动感的音乐,随着节拍进行训练;花式调酒的心理训练重于动作训练。

愿意做调酒工作的人有三种:第一种是为了兴趣学调酒,这些年轻人往往会比较投入;第二种是为了谋职而学习调酒;第三种是为了经营自己的酒吧而学调酒的酒吧老板。从"外行"到"内行",至少需要专业学习3个月以上,还要经过半年左右的实践才能可以"出师"的调酒师。想成为一名合格的调酒师,需要掌握的东西很多,比如各种洋酒的知识、鸡尾酒的配方、各种工具和果盘制作等。而花式调酒则要融入灯光、音乐、魔术等多种技艺,可以让几个瓶子同时在空中飞舞,把燃烧的火焰抛来抛去,这更像是一种表演艺术。此外,客人吃不同的甜品,需要搭配什么样的酒,也需要调酒师给出合理的推荐。最后,因为鸡尾酒都是由一种基酒搭配不同的辅料构成,酒和不同的辅料会产生什么样的物理化学效应,从而产生什么样的味觉差异,对于调酒师而言,是创制新酒品的基础。

(资料来源:LOVE1234k1267d.怎样成为一名优秀的调酒师[OL].道客巴巴,http://www.doc88.com/p-288604728898.html,2012-6-22.)

思考题:

一个受欢迎的调酒师需具备哪些素质?

作为服务行业,调酒师的工作非常直观地展示在客人面前,因此调酒师在职业能力和个人素质方面都有较高的要求。调酒师不仅仅要会调酒,还必须是艺术家、外交家、演员、评

论员和知心朋友……调酒师是具有很强的艺术性和专业性的技能型工种，调酒师的艺术作品就是鸡尾酒。

第一节 调 酒 师

教学目标：

1. 了解调酒师的定义和工作任务。

2. 掌握调酒师的职业素质要求。

一、调酒师的定义

调酒师是在酒吧或餐厅专门从事配制酒水、销售酒水，并让客人领略酒的文化及风情的人员，调酒师英语称为 Bartender 或 Barman。

酒吧调酒师的工作任务包括：酒吧清洁、酒吧摆设、调制酒水、酒水补充、应酬客人和日常管理等。

随着酒吧行业的兴旺，调酒师也渐渐成为热门的职业。在国内，已有上万人拿到劳动和社会保障部颁发的"调酒师资格等级证书"。据有关资料显示，北京、上海、青岛、深圳、广州等大城市，每年缺 5000 名左右的调酒师。调酒师在我国薪水普遍在 3000 元左右。但是每个行业都有状元，有的月薪在五六千甚至上万元，如果做到管理位置，那么月薪会过万。随着酒吧数量的大大增加，作为酒吧"灵魂"的调酒师的薪酬会水涨船高，基本工资+服务费+酒水提成将是未来我国调酒师的薪酬构成。而在国外，调酒师需要受过专门职业培训并取得技术执照。例如，在美国有专门的调酒师培训学校，凡是经过专门培训的调酒师不但就业机会很多，而且享有较高的工资待遇。一些国际性饭店管理集团内部也专门设立对调酒师的考核规则和标准。国内需求大的主要是花式调酒，是近几年酒吧兴起带动的时髦职业。其实任何一种调酒方式都需要基本的调酒知识，初级要求掌握 20 种鸡尾酒的品种、配方，培训时间 40 个学时；中级要求掌握 40 种鸡尾酒的品种和配方，培训时间 60 个学时；高级不仅要求掌握上百种鸡尾酒的品种和配方，还侧重于调制法国、意大利等国的红葡萄酒，达到自创鸡尾酒和管理经营酒吧的水平。

二、调酒师的素质要求

（一）个人素养

1. 仪表

仪表即人的外表，注重仪表是调酒师一项基本素质，酒吧调酒师的仪表直接影响着客人对酒吧的感受，良好的仪表是对宾客的尊重。调酒师整洁、卫生、规范化的仪表，能烘托服务气氛，使客人心情舒畅。

2. 风度

风度是指人的言谈、举止、态度。一个人正确的站姿、雅致的步态、优美的动作、丰富的表情、甜美的笑容以及服装的打扮，都会涉及风度的雅俗。要使服务获得良好的效果和评价，要使自己的风度仪表端庄、高雅，调酒师的一举一动都要符合美的要求。所以，在酒吧服务过程中，酒吧工作人员尤其是调酒师任何一个微笑的动作都会直接对宾客产生影响，因此调酒师行为举止的规范化是酒吧服务的基本要求。

调酒师的风度具体体现如下。

（1）站立姿势。站立姿势的基本要领：身体直立、端正，身体重心放在两腿中央，挺胸收腹。

（2）语言。调酒师的声音，就像他的外表一样，把自己展示给客人并反映出热情、关心等情绪。只有具备一定的交际能力，才能为客人提供满意的服务。语言方面必须做到：友好，友好的语言给人以和蔼、亲切的印象，使客人感到调酒师的友善；真诚，真诚的声音表示一名调酒师对客人的关心和尊重；清楚，调酒师的声音必须清晰，显出友好的态度；愉快，愉快的声音容易让每一位客人听得清楚；语速、语调适宜，用变化声调的高低、语速的快慢来表达你想说的意思，使客人易于理解。

在语言表达的同时也要注意倾听。仔细地倾听客人所讲，充分理解客人意图，把握客人的观点和所说的事实，不要走神。学会用眼神交流，这有助于集中精神听客人讲话，并表示在重视客人所说的内容。

（3）表情。调酒师在服务中要用好自己的面部表情，特别是微笑，以赢得宾客的信任和愉悦。同时注意观察客人的面部表情，特别眉宇间的细微变化，以便更好地为客人服务。调酒师要学会从观察宾客的姿态来揣测每位宾客的心理。调酒师在服务中要迎合宾客的心理，而不能用自己的姿态、表情来影响宾客。调酒师的表情要做到：情绪饱满、精力充沛、谦虚恭敬、和蔼可亲、真诚热心、细致入微。

（二）职业素能

调酒师的专业素质是指调酒师服务意识和专业知识及专业技能。

1. 服务意识

为了做到优质的服务，酒吧必须拥有能提供优质服务的调酒师。调酒师必须认识到服务的重要性，从而增强自身的服务意识。

2. 专业知识

作为一名调酒师必须具备一定的专业知识才能准确、完善地服务于客人。一般来讲，调酒师应掌握的专业知识包括如下几点。

（1）酒水知识。掌握各种酒的产地、特点、制作工艺、名品及饮用方法。并能鉴别酒的质量、年份等。

（2）原料储藏保管知识。了解原料的特性，以及酒吧原料的领用、保管使用、储藏知识。

（3）设备、用具知识。掌握酒吧常用设备的使用要求、操作过程及保养方法，以及用具的使用、保管知识。

（4）酒具知识。掌握酒杯的种类、形状及使用要求、保管知识。

（5）营养卫生知识。了解饮料营养结构，酒水与菜肴的搭配以及饮料操作的卫生要求。

（6）安全防火知识。掌握安全操作规程，注意灭火器的使用范围及要领，掌握安全自救的方法。

（7）酒单知识。掌握酒单的结构，所用酒水的品种、类别以及酒单上酒水的调制方法，服务标准。

（8）酒谱知识。熟练掌握酒谱上每种原料用量标准、配制方法、用杯及调配程序。

（9）掌握酒水的定价原则和方法。

（10）习俗知识。掌握主要客源国的饮食习俗、宗教信仰和习惯等。

（11）英语知识。掌握酒吧饮品的英文名称、产地的英文名称，用英文介绍饮品的特点以及酒吧常用英语、酒吧术语。

3. 专业技能

调酒师娴熟的专业技能不仅可以节省时间，还能增加信任感和安全感，并且是一种无声的广告，熟练的操作技能是快速服务的前提。专业技能的提高需要通过专业训练和自我锻炼来完成。

（1）设备、用具的操作使用技能。正确地使用设备和用具，掌握操作流程，不仅可以延长设备、用具的使用寿命，也是提高服务效率的保证。

（2）酒具的清洗及准备技能。掌握酒具的冲洗、清洗、消毒等方法。

（3）装饰物制作及准备技能。掌握装饰物的切分形状、薄厚、造型等方法。

（4）调酒技能。掌握调酒的动作、姿势等技巧以保证酒水的质量和口味的一致。

（5）沟通技巧。善于发挥信息传递渠道的作用，进行准确、迅速地沟通；同时提高自己的口头和书面表达能力，善于与宾客沟通和交谈，能熟练处理客人的投诉。

（6）有较强的经营意识和数学概念，尤其是对价格、成本毛利和盈亏的分析计算，反应较快。

（7）解决问题的能力。要善于在错综复杂的矛盾中抓住主要矛盾，对紧急事件及宾客投诉有从容不迫的处理能力。

 课外资料 4-1

关于调酒师职业资格考证

鸡尾酒的历史已有200多年，但进入我国的时间不长。在我国，调酒师最早是20世纪80年代在合资饭店宾馆里出现的，那时候没有系统的培训，只靠跟师傅学。随着旅游业的发展以及我国经济与国际的接轨，酒吧逐渐成为宾馆、饭店的必备场所，同时私人开设的酒吧也日渐增多，作为酒吧"灵魂"的专业调酒师开始紧俏起来。

调酒分为传统的英式调酒和后起的花式调酒两类。

英式调酒师很绅士，调制酒的过程文雅、规范，调酒师通常穿着英式马甲，调酒过程配以古典音乐。花式调酒起源于美国，特点是在较为规矩的英式调酒过程中加入一些花样的调酒动作，如抛瓶类杂技动作、魔幻般的互动游戏，以起到活跃酒吧气氛、提高娱乐性的作用。

近几年，随着私人酒吧的兴起，花式调酒被融入酒吧的表演中，影响日益扩大，目前上海的花式调酒师只占行业总人数的10.5%。花式调酒充满动感，观赏性强，许多娱乐性酒吧由于缺少花式调酒师，只能采取特约、特聘的形式邀请为数不多的花式调酒师做兼职表演。在美国、日本、韩国等国家，顶尖花式调酒师的名气和收入不亚于著名歌星和影星。因此，花式调酒在我国有很大的发展潜力。

针对这一市场需求，国务院国资委商业技能鉴定与饮食服务发展中心全国调酒师专业委员会组织行业专家学者多次研究、论证，决定在全国范围内开展调酒师职业资格认证培训工作。该证书将成为调酒人员上岗的必备条件。目前，全国调酒师职业资格认证考评委员会已完成该体系教材、考务办法、国家题库的工作。

调酒师资格认证分为五个层次：初级调酒师（职业等级5级）、中级调酒师（职业等级4级）、高级调酒师（职业等级3级）、技师调酒师（职业等级2级）、高级技师调酒师（职业等级1级）。

调酒师职业认证考试将实行全国统一考试大纲、统一命题、统一组织的方式。考试分为理论知识考试和专业技能考核两部分。理论知识考试实行统一题库、随机组卷；专业技能考试以现场演示的形式考试。考试合格者经全国调酒师职业资格考评委员会评审认证，由国务院国资委商业技能鉴定与饮食服务发展中心颁发"调酒师职业资格证书"。该证书全国范围内有效，是持证人任职、上岗的必备条件，也是用人单位考核持证人资格能力的重要参考依据。

（资料来源：脏衬衣. 调酒师节选[OL]. 百度百科，http://baike.baidu.com/subview/471506/9934305.htm，2015-10-20.）

评估练习

1. 调酒师应有怎样的基本素养？
2. 调酒师需具备哪些职业能力？

第二节　茶　艺　师

教学目标：

1. 了解茶艺师的定义和工作任务。
2. 掌握茶艺师的职业素质要求。

一、茶艺师的定义

茶艺师是茶叶行业中具有茶叶专业知识和茶艺表演、服务、管理技能等综合素质的专职技术人员。通俗地说，茶艺是指泡茶与饮茶的技艺。茶艺师高出其他一些非专业人士的地方在于他们对茶的理解并不仅停留在感性认识上，而是对其有着深刻的理性认识，也就是对茶文化的精神有着充分的了解，而茶文化的重点是茶艺。

茶艺师的主要工作任务：鉴别茶叶品质；根据茶叶的品质，合适的水质、水量、水温和冲泡器具，进行茶水艺术冲泡；选配茶点；向顾客介绍名茶、名泉及饮茶知识、茶叶保管方法等茶文化知识；按不同茶艺要求，选择或配置与其相应的音乐、服装、插花、熏香等。能辨别生茶和熟茶，能把它们的色、香、味都发挥到完美的境界。

茶艺师是茶文化的传播者、茶叶流通的"加速器"、温馨且富有品位的职业。1999 年国家劳动部正式将"茶艺师"列入《中华人民共和国职业分类大典》1800 种职业之一，并制定《茶艺师国家职业标准》。如今中高级茶艺人才可谓市场中的"抢手货"，各大茶叶公司、茶楼、涉外宾馆把拥有茶艺师资格者看作是企业进一步发展的重要因素，通过专业培训的茶艺师往往能得到消费者信赖，给企业带来直接经济效益。

 课外资料 4-2

茶艺师国家职业资格等级

依照《中华人民共和国职业分类大典》的规定，茶艺师职业共分为如下几种。

（1）五级（初级）能熟练、规范地演示多种清饮茶、调饮茶的泡饮并能向顾客提供该项技能的服务，同时能向服务对象介绍或交流茶叶基础知识、主要名茶的选择及常用茶品鉴别、保管知识、茶文化历史发展过程及现状等知识。

（2）四级（中级）能掌握各类常用茶的审评、鉴别技能；掌握品茗环境的设计和布置、茶具选配、茶艺表演等专业技能；会演示多种茶品的冲泡技艺；了解中国茶道发展演变及其精神的内涵并熟悉有代表性的茶诗、词、赋、文，以及世界其他一些国家和地区的茶道、茶艺发展概况；并能进行一般的茶馆经营和管理。

（3）三级（高级）具有一定的茶艺英语对话能力；能准确鉴赏有代表性的各类名茶和紫砂茶具；以熟练的技艺，科学而艺术地演示时尚茶艺和进行创意性的茶席设计；具有策划、实施各类茶会的能力；并能对低一级茶艺师进行培训和辅导。

（4）技师（国家职业资格二级）。

（5）高级技师（国家职业资格一级）。

二、茶艺师的素质要求

作为茶艺师，应该具有较高的文化修养，得体的行为举止，熟悉和掌握茶文化知识以及泡茶技能，做到以神、情、技动人。也就是说，无论在外形、举止乃至气质上，都有较高的要求。

（一）个人素养

1. 仪表

（1）得体的着装。茶的本性是恬淡平和的，因此，茶艺师的着装以整洁大方为好，不宜太鲜艳，女性切忌浓妆艳抹，大胆暴露；男性也应避免乖张怪诞，如留长发、穿乞丐装等，总之，无论是男性还是女性，都应仪表整洁、举止端庄，要与环境、茶具相匹配，言谈得体，彬彬有礼，体现出内在文化素养来。

（2）整齐的发型。要求发型原则上要根据自己的脸型，适合自己的气质，给人一种舒适、整洁、大方的感觉。

（3）优美的手型。作为茶艺人员，首先要有一双纤细、柔嫩的手，平时注意适时的保养，随时保持清洁、干净。

（4）娇好的面部。茶艺表演是淡雅的事物，脸部的化妆不要太浓，也不要喷味道强烈的香水，否则茶香易被破坏，破坏了品茶时的感觉。

（5）优雅的举止。一个人的个性很容易从泡茶的过程中表露出来。可以借着姿态动作的修正，潜移默化一个人的心情。做茶艺时要注意两件事：一是将各项动作组合的韵律感表现出来；二是将泡茶的动作融进与客人的交流中。

2. 姿态

（1）走姿。如是女性，行走时脚步须成一直线，上身不可摇摆扭动，以保持平衡。同时，双肩放松、下颌微收，两眼平视。并将双手虎口交叉，右手搭在左手上，提放于身前，以免行走时摆幅过大。若是男士，双臂可随两腿的移动，作小幅自由摆动。当来到客人面前时应稍倾身，面对客人，上前完成各种冲泡动作。结束后，面对客人，后退两步倾身转弯离去，以表示对客人的恭敬。

（2）站姿。在泡茶过程中，有时因茶桌较高坐着冲泡不甚方便，也可以站着泡茶。即使是坐着冲泡，从行走到下坐之间，也需要有一个站立的过程。这个过程，也许是冲泡者给客人的"第一印象"，显得格外重要。站立时需做到双腿并拢，身体挺直，双肩放松，两眼平视。女性应将双手虎口交叉，右手贴在左手上，并置于身前；男士同样应将双手虎口交叉，但要将左手贴在右手上，置于身前，而双脚可呈外八字稍作分开。上述动作应随和自然，避免生硬呆滞，而给人以机器人感觉。

（3）坐姿。冲泡者坐在椅子上，要全身放松，端坐中央，使身体重心居中，保持平稳，同时，双腿并拢，上身挺直；切忌两腿分开，或一腿搁在另一腿上，不断抖动。另外，应头部上顶，下颌微作收敛，鼻尖对向腹部。如果是女性，可将双手手掌上下相搭，平放于两腿之间；而男士则可将双手手心平放于左右两边大腿的前方。

3. 言语

进行茶艺活动时，通常主客一见面，冲泡者就应落落大方又不失礼貌地自报家门，最常用的语言有："大家好！我叫××，很高兴能为大家泡茶！有什么需要我服务的，请大家尽管吩咐。"冲泡开始前，应简要地介绍一下所冲泡茶叶的名称，以及这种茶的文化背景、产地、品质特征、冲泡要点等。但介绍内容不能过多，语句要精练，用词要正确。否则，会冲淡气氛。在冲泡过程中，对每道程序，用一两句话加以说明，特别是对一些带有寓意的操作程序，更应及时指明，起到画龙点睛的作用。当冲泡完毕，客人还需要继续品茶，而冲泡者不得已离席时，不妨说："对不起！我可以离开一会儿吗？"这种征询式的语言，显示出对

客人的尊重。

总之，在茶艺过程中，冲泡者须做到语言简练，语意正确，语调亲切，使饮者真正感受到饮茶是一种高雅的享受。

（二）职业素能

1. 熟练操作能力

茶艺师要具有选茶、择水、备具、冲泡等方面的操作能力，要熟练掌握茶艺程序和冲泡技巧。同时，在整个茶艺活动过程中，女性茶艺师要求姿态端庄，动作优美柔和、自然娴熟，不扭捏作态；男性茶艺师要求动作自然熟练、干脆利落。

2. 语言表达能力

在展示茶叶时，要求茶艺师准确地向客人介绍所冲泡茶叶的种类、特点、产地等相关内容。在冲泡过程中，也要同步进行解说。解说词最好能结合茶叶的特性及有关的历史文化背景并富有诗意。在介绍及解说过程中均要求用标准的普通话，并做到自然、流畅，用词准确，语速适中。

3. 茶叶审评能力

合格的茶艺师首先必须是合格的评茶员，能够从外形、汤色、香气、滋味、叶底等方面对茶叶品质进行审评，准确地鉴别茶叶的种类、等级及优劣程度。要求茶艺师具有较敏锐的嗅觉、味觉及色泽辨别能力，熟悉茶叶审评器具和审评方法，并能正确使用茶叶审评术语。

4. 沟通交流能力

茶艺师要求待人热情、举止得体、接待有方；能主动与客人打招呼，安排客人入座、赏茶、品茶；能有效地与客人进行沟通、交流，并耐心回答客人的问题，对不懂或不便回答的问题，应真诚地表示歉意；应虚心听取客人的意见或建议，并真诚地表示感谢。

5. 美学鉴赏能力

茶艺师的美学素养体现在茶艺礼仪、冲泡技艺、言行举止等多个方面。另外，在品茶场地的布置及品茶氛围的营造上，茶艺师也要遵循美学的原则，如茶叶产品、茶几、茶具的摆放应根据空间的大小进行合理搭配，并选择适当的字画、插花、盆花等进行装饰。品茶时，也可播放一些优雅、舒缓的古典音乐，以放松心情、调节气氛，并让茶香和着音乐，让人获得美感，让人陶醉其中。

6、产品推介能力

承担有茶叶产品销售任务的茶艺师，必须有较强的产品推介能力。在掌握所销售茶叶产品基本情况（产品特性、生产厂家、生产工艺、历史典故）的前提下，适时向顾客进行推介，并向顾客介绍茶叶储藏、冲泡、品饮时的注意事项。

✐ 评估练习

1. 茶艺师的仪容仪表有哪些要求？

2. 一个合格的茶艺师应具备哪些能力？

第三节　咖　啡　师

教学目标：

1. 了解咖啡师的定义和工作任务。
2. 掌握咖啡师的职业素质要求。

一、咖啡师的定义

咖啡师是指熟悉咖啡文化、制作方法及技巧的专业制作咖啡的服务人员。约从 1990 年开始，英文采用 Barista 这个字来称呼制作浓缩咖啡（Espresso）相关饮品的专家。意大利文 Barista，对应英文的 Bartender（酒保）；中文称作咖啡师或咖啡调理师。Barista 更早以前的称呼比较直接——浓缩咖啡拉把员（Espresso Puller）。这一名词的转变或多或少是因为 1980 年以后生产的意式咖啡机大多不再有拉把，并且星巴克采用 Barista 来称呼员工（中国台湾地区星巴克内部使用伙伴），以及西雅图极品咖啡的英文名 Barista，使得这个字广为流传。

咖啡师的工作任务：对咖啡豆进行基本鉴别，根据咖啡豆的特性拼配出不同口味的咖啡；使用咖啡设备、咖啡器具制作咖啡；为顾客提供咖啡服务；传播咖啡文化。

国内咖啡师人才紧缺，一般的咖啡师的月薪大概在 1500～3000 元，手艺精湛的咖啡师月薪则在 3000 元以上。就国外的情况而言，意大利咖啡师的待遇在 1000～3000 欧元，相当于意大利银行里的中层管理人员的工资待遇，而且意大利的咖啡师在社会上也有很高的社会地位，受到人们的尊敬。因为大家都知道，不是每个人都可以做好咖啡的。而就意大利本土市场而言，好的咖啡师也是不够用的，因此根本见不到有意大利的咖啡师到外国去工作。

业内人士称，在国外，咖啡师制作的不仅是一杯咖啡，也是在创造一种咖啡文化。他们主要在各种咖啡馆、西餐厅、酒吧等从事咖啡制作工作。据了解，北京、上海、青岛、深圳、广州等大城市，每年市场缺口在 2 万人左右。好的咖啡师一般有很多追随者，在一些咖啡厅，经常有客人就为了品尝某位咖啡师制作的咖啡慕名而来。

二、咖啡师的素质要求

（一）个人素养

一名优秀的咖啡师应该形象良好、举止大方、口齿清晰，作为最时尚的服务行业之一，这种要求无疑是必需的。形象举止不佳的咖啡师会对咖啡馆整体消费气氛的营造产生负面影响；身高不够的咖啡师站在吧台里不仅可能会影响到自己工作，对外的视觉效果也不理想。

一名优秀的咖啡师应该有良好的服务意识。有些咖啡师以为自己的全部工作空间就是在狭小的吧台里，对外场服务不屑一顾，这是大错特错的。咖啡店就是个服务至上的餐饮行当，一名没有时时刻刻为客人服务的意识、没有独立外场服务能力的咖啡师是不合格的，不配进入这个行当。在欧洲，几乎所有咖啡馆里的吧员都既是咖啡师也是外场服务员，两种身份是完全融合统一的。

（二）职业素能

1. 良好的味觉和视觉鉴别能力

据介绍，对咖啡师的评判，除了品味其制作咖啡的味道外，还要看其磨咖啡豆和倒咖啡豆时豆粉是否会外溢，看其打出奶泡的厚度是否持久，制作的卡布奇诺上是否有漂亮的拉花，甚至还会看他摆放的咖啡杯具是否正确等。因此咖啡师应具备以下素质。例如，要有很好的味觉和视觉鉴别能力。咖啡实际上有 3000 多种味道，但主要的味道也是五味，即酸、香、苦、甘、醇。所以咖啡师要在几十秒的时间里把这五味都做出来，需要对豆进行观察，对粉观察，对沫观察，对机器理解；掌握好机器的温度、水的压力和咖啡豆的配比，各个环节都要配合好。

2. 丰富的知识技能和经验

一名优秀咖啡师必须精通咖啡相关的理论知识，了解常见咖啡豆的特性。并且不仅能对巴西、哥伦比亚、埃塞俄比亚、曼特宁、夏威夷、蓝山等较为常见的单品咖啡豆特征如数家珍，还能大体把握咖啡拼配的精髓，只有这样才能对日常使用最多的意式拼配咖啡豆的特征完全掌握。专家认为专业咖啡师必须精通商业半自动咖啡机，至于用虹吸壶、摩卡壶、法压壶等业余壶具做咖啡都只是些锦上添花的"佐料"。考察一名咖啡师是否合格其实方法很简单，首先，让他在商业半自动咖啡机前试着做一杯意式浓缩咖啡（Espresso）。要知道对于专业咖啡店来说，一杯意式浓缩咖啡是一切美妙享受的源泉，是一切花式咖啡、特色咖啡的基础。懂行的人通过这么一杯仅仅几十毫升的咖啡就能够看透咖啡师的大部分功力：香气、色泽、油脂、口感、回甘……这其中学问真是不少！在精通意式浓缩咖啡的基础上，才能去谈花式咖啡、自创特色咖啡等。其次，经验对于一名好的咖啡师来说也是很重要的。例如，在制作意大利特浓咖啡时，制作时间通常要控制在 20~30 秒。因为在这个时间段里，咖啡的口味等各个方面是最佳的状态，如果时间过长，咖啡因的部分就开始析出，超过 37 秒咖啡因析出就开始直线上升。

3. 较高的文化内涵

另外，咖啡师要具有比较高的文化内涵，只有对咖啡有了正确的理解才能够对咖啡有更深层的创意和发挥。咖啡师要有艺术感觉，很多咖啡都是咖啡师在艺术灵感一闪念的时候制作出来的。

课外资料 4-3

各等级咖啡师的技能要求见表 4-1。

表 4-1　各等级咖啡师的技能要求

职 业 功 能	基 本 内 容	相关知识及技能要求
助理咖啡师		
关于咖啡的基础知识	1. 咖啡的历史	掌握咖啡的发展与传播
		世界各国的咖啡文化
		咖啡树的种植与地域分布
		咖啡树的种类
	2. 咖啡的产地与品种	咖啡的主产国
		咖啡的分类
咖啡饮用前的准备工作	1. 咖啡的烘焙	掌握咖啡烘焙的概念及原则
		掌握咖啡烘焙的流程
		掌握咖啡烘焙的阶段特征
		掌握烘焙机的种类及使用
	2. 咖啡的研磨	掌握咖啡的研磨过程
		掌握咖啡的研磨器具
		掌握咖啡研磨过程中的注意事项
咖啡的辅料与包装	1. 咖啡的辅料	掌握咖啡伴侣的基本知识及注意事项
		掌握牛奶、奶油类咖啡辅料的基本知识及使用
	2. 咖啡的包装	掌握影响咖啡包装的因素有哪些
		掌握咖啡包装的类型
	3. 咖啡辅料与咖啡包装的使用	掌握咖啡伴侣，牛奶和奶油类辅料的成分及选择包装类型的注意事项
	4. 不同辅料在实际中的运用	掌握奶精的优点、缺点及其适用范围
		鲜奶油辨别与使用范围
咖啡饮品的种类及制作方法	1. 咖啡饮品的种类	掌握热咖啡的种类、冰咖啡的种类、鸡尾酒咖啡的种类、十二星座及其对应的咖啡种类
	2. 咖啡饮品的制作方法	掌握热咖啡的制作方法及配料规律
		掌握冰咖啡的制作方法及配料规律
		掌握鸡尾酒咖啡的制作方法及配料规律
		掌握十二星座咖啡的制作方法及配料规律
公共关系与社交礼仪	1. 社交礼仪行为规范	掌握社交礼仪行为的不同方式和种类以及其使用情况和范围
	2. 宗教文化知识及世界各国文化习俗	掌握世界三大宗教的起源
		掌握世界各国的文化风俗

续表

职 业 功 能	基 本 内 容	相关知识及技能要求
咖 啡 师		
食品卫生与健康知识	1. 咖啡与健康的关系	掌握喝咖啡的益处及饮料健康知识
	2. 咖啡行业组织机构	掌握国际咖啡组织的性质与职能范围
职业咖啡师	1. 咖啡师行业现状	掌握咖啡师的行业现状和职业前景
	2. 咖啡师的职业要求	掌握咖啡师职业定义,咖啡师工作内容与职责
	3. 咖啡师的等级标准	掌握助理咖啡师、咖啡师、高级咖啡师的考试资格
花式糕点和其他类饮品的制作	1. 花式糕点的制作	掌握制作松饼的材料及方法
		掌握制作果冻布丁的材料及方法
	2. 新鲜果汁的制作	掌握果汁中所含的维生素对健康的益处
		掌握果汁的分类
		掌握制作不同果汁饮品的材料及方法
	3. 奶茶的制作	掌握奶茶的种类、原料及制作方法
	4. 花草茶的冲泡	掌握花草茶的种类和冲泡方法
	5. 刨冰的制作	掌握刨冰的制作方法和各式刨冰的制作
咖啡馆的选址、店铺的设计和资金的预算	1. 咖啡馆的选址和咖啡店的设计	掌握市场定位,对市场的正确了解和评估
		掌握咖啡店的外在形象设计要素,营业厅气氛的塑造,商品的陈列与摆放,建筑和装潢设计
	2. 咖啡馆的资金预算	掌握咖啡馆营业额的预估方法
咖啡店的经营和人事建设	1. 咖啡店的经营	高品质的咖啡与高质量的服务
		经营实施细则的拟订
	2. 咖啡店的人事管理	人力资源计划的原则与内容
		人事的成本分析
		掌握建设高效团队的方法
高 级 咖 啡 师		
企业绩效管理与塑造公司文化	1. 企业绩效管理与绩效考核	掌握企业绩效考核的工作程序与有效设计
		掌握企业绩效系统的关键因素
	2. 塑造公司文化	掌握公司文化的内涵与核心
		掌握公司文化的结构
企业的市场营销	1. 营销管理	掌握市场营销管理的含义和实质
		掌握市场营销管理的任务
		掌握市场调研的重要性
产品销售策略	1. 产品策略	掌握品牌定义与品牌策略
	2. 价格策略	掌握价格制定原理与竞争性调价
	3. 促销策略	掌握广告促销与广告媒体策略

续表

职 业 功 能	基 本 内 容	相关知识及技能要求
公关管理的相关知识	1．员工沟通	掌握人际沟通的意义与价值
		掌握沟通协调中的原理与技巧
		掌握情绪管理的方法
	2．工作语言标准	掌握工作语言的运用标准
	3．店长职责	掌握店长的责任以及品牌的宣传
		掌握领导魅力以及工作人员任用
		掌握咖啡店整体运营的把握、综合因素的组织运用
	4．危机公关	掌握危机公关的定义与控制

评估练习

1．咖啡师的主要工作有哪些？

2．一位优秀的咖啡师需具备哪些素质？

第五章

酒吧工作流程

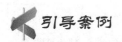

引导案例

全球最新十大夜店排行榜

No.1：The Boom Boom Room

位置：纽约

纽约下城肉品包装区的 Standard 酒店顶层，就是 The Boom Boom Room 的所在地。2009 年 9 月开业，名模、名人和著名设计师们纷至沓来，被誉为 Studio 54 的涅槃重生。这座 18 层阁楼式夜店玩的就是心跳。一层是派对主场地，而二层的正中间放置着一座巨大的三角形浴缸，蒸汽弥漫、烟雾缭绕。巴尔·莱法利、佩内洛普·克鲁兹和碧昂丝是这里的常客。这里不像 Studio 54，是否有资格进入不是光靠和门卫搞好关系就行的，怎么也得是个人物才能有资格预约，世界顶级明星预约不上位子都进不去。

不管怎么说，The Boom Boom Room 登顶榜单是必然的了。

No.2：LIV

位置：迈阿密

LIV 位于迈阿密海滩著名的 Fontainebleau 酒店内部，3 万平方米的面积纯粹为了娱乐。将奢华休闲风与高能热舞风完美融合，LIV 据传是世界上最赚钱的夜店，当然，这并不只是因为它占地大，关键还是宾客出手大方。毋庸置疑，LIV 是迈阿密夜生活的绝对代表，没人能与其匹敌。

上榜理由：仅收入一项就把人们都震了！

No.3：Merah

位置：伦敦

虽然 2009 年 10 月才刚刚开业，Merah 已经注定成为未来几年伦敦最热的夜店。Merah 的基调就是奢靡，《浮华世界》将其评定为引领全球夜店进入新纪元的领军者。包桌的顾客有特别的免费停车服务，加上专门从法国圣特罗佩的皇家酒窖夜总会请来的引座员领位（听说是法国当地最帅的 Merah "特别赞助商"），你将是全球最尊贵的夜猫子。虽然 Merah 实行会员制，但是公众只要付些额外费用，还是允许进入的。

上榜理由：未来浮华世界的领军者。

No.4：Playhouse

位置：洛杉矶好莱坞大道 6506 号

LA 的夜店，几乎和路上开的车一样多，所以新店开张没什么关注度再正常不过了。当然，除非你指的是 Playhouse，因为它是个例外。Playhouse 开业半年时间，人气已经旺到不行。这里为 VIP 们提供独立的空间和相对隐蔽、静谧的角落，让他们能自在地吃喝玩乐，不用顾忌他人偷窥的眼光。

2010 年是 Playhouse 初入夜店界的一年，不过这个 LA 顶级夜店却并没有要独揽天下的意思，每周只有周四、周五、周六三天营业，而周四和周六会举办盛大之夜的派对活动，如果你想认识琳赛·罗汉这样的人气女主角，别忘了届时光临哦!

上榜理由：只属于 VIP 的时间与空间。

No.5：Collage

位置：斯德哥尔摩

Collage 是斯德哥尔摩近十年来，在奢华餐厅和派对领域做得最棒的商家。这个已然成熟的奢华俱乐部，位于斯德哥尔摩市中心一个五星级餐厅顶层，这里所看到的一切仿若如梦，却是现实没错。老板最值得自夸的设计就在于夜店拥有两个完全独立的 DJ 区，这个妙处在于它们不但能在两个舞池展现不同的音乐，以带动两种完全不同的情绪与氛围，还能在高潮时段展开 DJ 对决，PK 打碟技术。

除此之外，Collage 的成名原因还在于它大门外的美丽花园，这也就意味着，入夏时分，这里将成为瑞典俊男美女的最大露天汇集地。

上榜理由：拼的是气氛，比的是环境。

No.6：Razzmattazz

位置：巴塞罗那

如果没有全新壮丽的夜店，巴塞罗那将会怎样? 位于欧洲最伟大城市之一的中心区的 Razzmattazz 对于来到这座城市的每一个人来说，就是全部。

这里确实是百万夜店，5 个区域、5 种音乐，一个是配有欧式沙发的奢侈寓所，另一个就是咆哮怒喊的狂欢晚会……

上榜理由：真正的自由。

No.7：Wall

位置：迈阿密

想在迈阿密这座不夜城有所作为，不动点儿真格的是无法引起世人注意的。位于迈阿密南海滩 W 酒店的 Wall，汇聚了众多传奇的顶级夜店大老板，合资在这片海滩区开辟了这个最辣的舞蹈俱乐部。

开业以来，Wall 成为迈阿密顶级的社交场所，现场昏暗又性感的布置与设计，使其在夜店界迅速蹿红，一发不可收拾。别期望不花几个钱就能出入这里，重点都在每个隔间中心的圆桌上呢!

上榜理由：窥一处而现全貌，迈阿密夜生活精华中的精华。

No.8：Guzel

位置：雅典

要不是 Guzel，雅典城的夜生活也不会迅速兴盛起来。

Guzel 作为雅典最别致的夜店，当然有最别致的入门规矩，可不是什么人都能进得了的。如果你不够潮、不够亮，对不起，想进来看一眼都难，只有那些城市最潮人才能踏进这处周日午夜 Hip Hop 派对盛典。若是看到你梦中的希腊女孩在桌上热舞，别惊讶，这是真的。

上榜理由：只为奢侈与堕落而活。

No.9：Juliet Supperclub

位置：纽约

这是个充满传奇的夜店，关于它的一切都只是耳闻而未见其实，这也成为它最吸引人的一点。

Juliet Supperclub 在世界名厨陶德·英格利希的帮助下，于 2009 年 10 月盛装开业。它沿袭了纽约最热的两大十年俱乐部 Lotus 和 Greenhouse 的理念。Juliet Supperclub 地处切尔西 21 号街的荒芜之地，以神秘的黑色大门迎接各方派对狂热者，开业后不久顺利上位，成为东欧百万富翁和世界名模的朝圣地，热度匹敌三年前的 Pink Elephant 夜店，如果你是行内人，你一定知道这种比喻意味着什么。

上榜理由：经典传承下的黑色神秘。

No.10：Rex Club

位置：巴黎

作为巴黎人举行派对的标志性场所，Rex Club 是法国第一个带有电子乐和专业打碟 DJ 的大型舞蹈俱乐部。Rex Club 即将迎来自己的 20 岁生日，在未来的日子里，俱乐部将为各位带来最强的表演阵容。

上榜理由：音乐是我的全部。

(资料来源：佚名.全球最新十大夜店排行榜[OL].　大楚网，http://hb.qq.com/a/20100527/001904.htm，2010-5-27.)

思考题：

这十家酒吧受欢迎的根本原因是什么？

随着经济的发展，酒吧铺天盖地的涌现，既有一直赶在潮流前面的，也有被后浪打下来的。什么样的酒吧才能受欢迎？酒吧的服务应该怎么做？怎样的服务才能得到客人的喜欢？

第一节　营业前的准备工作

教学目标：

1. 熟悉酒吧营业场所营业前的准备工作程序。

2. 能按要求完成开吧前的各项准备工作。

酒吧营业前的准备工作又被称为"开吧"，一般在营业前半小时至一小时进行。主要工作内容：清洁工作、领货、酒水补充、展品摆放和备好配料等。开吧工作是否细致到位，直接影响到营业时的工作效率和工作质量。

一、营业前的清洁卫生及检查工作

顾客都喜欢选择环境好的酒吧,因此做好酒吧清洁卫生和检查工作是非常有必要的。清洁工作有两个主要的工作时间段:一个就是开吧时;另一个是午饭后,顾客最少的那个时间段。开吧前,服务人员应仔细检查各类电器(灯光、空调、音响等),各类设备(冰箱、制冰机、咖啡机等)和所有家具(酒吧台、椅、墙纸及装修)有无损坏,如有任何损坏或者不符合标准要求的地方,应马上填写工程维修单交酒吧经理签名后送工程部,由工程部派人维修。然后,服务人员需要同时进行清洁工作,具体内容和要求如下。

(一)吧台的清洁

吧台台面材料通常是大理石、人造石英石或硬木,表面光滑。每天顾客消费时,酒水难免会在其光滑表面形成点块状污迹,若当天打扫疏忽,隔了一晚后变硬结块。清洁时先用湿毛巾擦拭,再用清洁剂喷在表面擦抹,至污迹完全消失为止。清洁后要在吧台表面喷上蜡光剂使其光亮如新,以保护光滑面。不锈钢制成的操作台可直接用清洁剂或肥皂粉擦洗,再用干毛巾擦干即可。

(二)冰箱的清洁

冷藏柜外部每日除尘;内部常由于堆放罐装饮料和食物使底部形成油滑的尘积块,网隔层也会由于果汁和食物的翻倒粘上滴状和点点污痕,必须定期(每3天左右)对冷藏柜内部进行彻底清洁,从底部、侧壁到网隔层先用湿布和清洁剂擦洗干净污迹,再用清水抹干净。

(三)地面的清洁

酒吧柜台内地面多用大理石或瓷砖铺砌,每日要多次用拖把擦洗、清扫吧内地面。其他地面有大理石、瓷砖、地板或地毯,也需要按要求清洁,铺设地毯的地方要进行地毯吸尘并定期清洗。

(四)酒瓶与罐装饮料表面的清洁

瓶装酒在散卖或调酒时,瓶口及瓶身会残留下酒液,使酒瓶变得黏滑,特别是餐后甜酒,由于酒中含糖多,残留酒液会在瓶口结成硬颗粒状;瓶装或罐装的汽水啤酒饮料则由于长途运输仓储而表面积满灰尘,要用湿毛巾每日将瓶装酒及罐装饮料的表面擦干净以符合食品卫生标准。

(五)杯具的清洁与擦拭

酒杯的清洁与消毒要按照规程,即使没有使用过的酒杯每天也要重新消毒擦拭。擦拭杯具的方法如下。

将杯口向下放至热水表面,让热水的蒸汽充满杯子内外,一手用餐巾的一角包裹住杯底部,一手将餐巾的另一角塞入杯中擦拭至水汽完全干净,杯子透亮为止。

取出杯中的餐巾,仍用餐巾包住杯底,将杯子置于灯光下,检查杯子的干净程度,如果不干净,则反复擦拭直至干净。擦拭时,注意不要太大力,以防止擦碎杯具,也要注意不能用手直接接触杯子，以免留下指纹。

如果杯子破损，则应立即停止使用并向保管员报损。

（六）吧台外公共区域的清洁

将花瓶内的水换上新水，保持卫生。将烟灰缸、促销酒水牌和花瓶按规定码放在桌子上，保证摆放方向、位置统一。烟灰缸沿上放一盒火柴，印有酒吧标志一面朝上。

每日按照餐厅的清洁方法去做，有的部门会安排公共地区清洁工或服务员做。

 课外资料 5-1

> ### 酒吧常规清洁实施细则
>
> （1）地面干净（扫地、拖地）。
>
> （2）清洗并擦亮滤水隔底盘，并擦干归位。
>
> （3）清洁立式和卧式冰箱的里外，擦亮玻璃门和门口标志。
>
> （4）清洁吧台台面，给顾客留下整洁的印象。
>
> （5）清洁镜子。许多酒吧都有特色镜子，随时保持整洁，既可以增加酒吧的体积，又能营造出典雅别致的氛围。
>
> （6）清洁展品。酒吧通常会摆放有特色的展品，崭新清洁的展品才能更好地促进销售或增加利润。
>
> （7）清洁水槽。将碎片垃圾从水槽中取出，并用清洁剂将水槽擦亮。

二、各岗位人员的准备工作

在酒吧工作，除了分工合作的清洁工作，每一个岗位的工作人员在开吧时都有自己需要负责的工作任务，具体内容如下。

（一）服务员在营业区内的工作内容

开启工作电源，了解之前工作交接的情况，准备营业前的清洁卫生、更新物品等工作。检查各种用品（如饮料单、服务托盘、酒水点单、预定簿、餐巾纸、棉织品等物品）是否达到标准库存量，如有不足，立即按程序准备。

服务员检查个人仪容仪表，按照规定位置开始站位迎宾。

（二）调酒师在吧台内的工作内容

设备及水电的运转开启，并确保使用安全。盘点所有的物品无误，检查所需使用的单据表格是否齐全够用，特别是酒水供应单与调拨单一定要准备好，以免影响营业。

填写酒水领货单，按程序取用后，进行吧台的清洁卫生和物品使用前准备工作。准备营业时需要的各种配料，更换棉织品。

调酒师在完成准备工作后，便可以整理好自己的仪容仪表，准备正式开吧迎客。

 课外资料 5-2

酒 水 记 录

酒吧为便于进行成本检查以及防止失窃现象，需要设立一本酒水记录簿，称为barbook。上面清楚地记录酒吧每日的存货、领用酒水、售出数量、结存的具体数字。每个调酒员取出酒水记录簿就可一目了然地知道酒吧各种酒水的数量。值班的调酒员要准确地清点数目，记录在案，以便上级检查。

饮料正确存放的温度和位置

(1) 啤酒存在放阴凉的储藏室等类似的地方，饮用啤酒的温度应为 4～8℃。

(2) 生啤桶应存放在阴凉的地方。

(3) 红葡萄酒应避免阳光的直射，室温存放，红酒瓶应平放在架子上，塞子保持湿润，避免红酒的挥发。

(4) 白葡萄酒最好存放在凉爽的地方或者需要事先放在立式冷柜里。

(5) 奶制品的温度一般应在 4℃ 以下。

(6) 果汁应存放在凉爽的地方或冰箱里，温度在 7℃ 以下。

(7) 白酒和甜酒应放在酒吧凉爽的地方或柜台上，避免阳光直射。

存放物品应根据酒吧的要求存放在正确的位置。

(三) 收银员在收银台的工作内容

从财务部取出各种工作用品，当场清点确认无误后签字领用。检查专用设备使用是否正常。

在交接本上注明发票起始号码、账单起始号码、备用金数额等内容。

再次清点备用金，并按面值分放在收银机内，连同收银专用章一同锁在收银机内，将收银机和发票机钥匙随身携带。

将其他物品分类码放，各归其位，如无极特殊情况不能擅自离开岗位，则要有其他专业收银员接替，并一定要认真地做好交接工作。

三、酒吧摆设

酒吧摆设主要是瓶装酒的摆设和酒杯的摆设。酒吧摆设的原则是美观大方、有吸引力、方便工作和专业性强。酒吧的气氛和吸引力往往集中在瓶装酒和酒杯的摆设上。摆设的目的是让顾客一目了然，是喝酒享受的地方。

瓶装酒的摆设方法如下。

(1) 要分类摆，开胃酒、烈酒、餐后甜酒分开。

(2) 价钱昂贵的与便宜的分开摆。例如干邑白兰地，便宜的几十元一瓶，贵重的几千元一瓶，两种是不能并排陈列的。

瓶与瓶之间要有间隙，可放进合适的酒杯以增加气氛，使顾客的感觉得到满足和享受。经常用的散卖酒与陈列酒要分开摆放，散卖酒要放在工作台前伸手可及的位置以方便工作。不常用的酒放在酒架的高处，以减少从高处拿取酒的麻烦，见图 5-1。

图 5-1　酒瓶的摆放

酒杯可分悬挂与摆放两种，悬挂的酒杯主要是装饰酒吧气氛（见图 5-2），一般不使用，因为拿取不方便，必要时，取下后要擦净再使用；摆放在工作台位置的酒杯要方便操作，加冰块的杯（柯林杯、平底杯）放在靠近冰桶的地方，不加冰块的酒杯放在其他空位，啤酒杯、鸡尾酒杯可放在冰柜冷冻。

图 5-2　悬挂的酒杯

四、服务人员着装准备

着装准备包括服务人员的容貌、服饰和个人卫生等方面，是一个人精神面貌的外在表现。按照酒水服务人员素质要求，对服务人员从头到脚的行进检查，具体要求如下。

（一）头发

头发要保持健康、秀美、清爽、卫生、整齐的状态。经过修饰之后的头发，必须庄重、简约、典雅、大方；保持头发清洁、无头屑、颜色自然。

女服务人员应避免披头散发，要按规定将头发塞入发网，在服务工作中最好避免在头发上佩戴复杂夸张的饰物。

男服务人员的发型以整洁、长短适中为宜，长度要求是前不及眉，后不及领，侧不遮耳；避免怪异、过于新潮的发型；不宜使用任何发饰。

（二）面部

保持眼睛的洁净；及时修剪鼻毛，清理眼睛和鼻子的分泌物；不佩戴鼻钉；注重口腔卫生，保证牙齿中无残留物；面部表情需自然，避免愁眉苦脸。

女服务人员必须淡妆上岗，避免浓妆艳抹。

男服务人员不要蓄胡子，应做到每天及时刮剃。

（三）着装

服务人员上班期间应统一着制服上岗，并保持制服干净、整洁。

鞋袜干净，无破损或划痕，鞋带不拖拉，鞋的款式简单大方以黑色为宜，鞋跟高度适中，皮鞋应光亮无尘；袜子颜色自然，女服务人员着裙装时需穿着肉色长袜，袜口不能从裙下露出。

制服整洁、合体、无破损，不能出现破损、开线、掉扣等情况；整齐系好纽扣，领子和袖口洁净、无污物，衣肩无头屑。穿着制服时应避免内衣、内裤外露或外透，并时常检查领带或领巾的位置是否正确。

服务人员应避免佩戴华丽、抢眼的首饰，工作时间最好不佩戴任何珠宝或首饰。

服务人员的工作牌应端正地佩戴在左胸上方。

（四）个人卫生

服务人员的指甲需经常修剪，保持指甲清洁，不留长指甲，不涂有色指甲油。

勤洗澡，经常更换内衣、内裤和袜子，保持身上无异味。

经常漱口，保持口气清新，上班前忌吃葱、蒜等有异味的食物。

服务人员不仅要注重外在形象的塑造，更要注重培养自己内在的气质、修养，并在服务过程中通过形象、微笑、眼神、言行、仪态等展现给顾客。高雅的气质需要长时间的积累和沉淀，需要服务人员用心修炼。

评估练习

1. 根据本次任务所教内容，分项目模拟操作酒吧开吧的工作流程，能较熟练掌握相关岗位的开吧工作内容。

2. 模拟操作的重点为开吧时的清洁工作，学生可以先行讨论清洁日程内容，制作清洁日程表，再重点清洁吧台表面。

第二节　营业中的服务

教学目标：

1. 掌握酒水服务环节中所有的服务流程。

2. 了解酒水服务时的所有操作。

一、迎领服务

迎接顾客的工作人员的态度非常重要，因为这是顾客对酒吧服务形成的第一印象，热情周到、谦恭有礼的迎接、引领服务标准如下。

（一）迎接顾客

（1）顾客到达酒吧时，服务员应面带微笑向顾客问好，问候"您好""晚上好"等礼貌性问候语，并用优美的手势请顾客进入酒吧。

（2）若是熟悉的顾客，可以直接称呼顾客的姓氏，使顾客觉得有亲切感；若是新顾客，以小姐/女士/夫人/先生等代称招呼。

（3）顾客若有预订，迅速查询顾客的预订信息并核实。

（4）顾客没有预订，热情询问顾客"您好，一共几位？""您对座位有要求吗？""您是否需要吸烟区？"等问题。

（5）如果出现翻台来不及的情况，真诚的邀请顾客在休息区稍等，等桌子整理好后，再让顾客入座。

（6）若顾客存放衣物，提醒顾客将贵重物品和现金钱包随身携带，然后给顾客记号牌，由顾客保管。

（二）引领入座

（1）迎领员微笑着以热忱的态度和最快的速度把顾客领到餐桌前。

（2）告诉顾客可以挑选自己喜欢的座位，并引领顾客到其喜爱的座位入座。

（3）单个顾客喜欢到吧台前的吧椅就座。

（4）对两位以上的顾客，服务员可领其到小圆桌就座并协助拉椅。

（5）若顾客需要等人，可选择能够看到门口的座位。

（6）遵照女士优先的原则。

(7) 安排座位需有技巧，要使整个酒吧看上去并不太空，且顾客也满意其位置。

(8) 领位员应主动拉椅请顾客坐下，一般情况下，女士优先。

二、点单、开单服务

为顾客点酒水、饮料时，服务人员必须熟悉酒水，了解顾客的需求。为顾客点选酒水的服务标准如下。

(一) 递酒单

(1) 顾客入座后，服务员应马上递上酒水单，先递给女士。

(2) 如果几批顾客同时到达，要先一一招呼顾客坐下后再递酒水单。

(3) 酒水单要直接递到顾客手中，不要放在台面上。

(4) 如果顾客在互相谈话，可以稍等几秒钟，或者微笑着看着顾客说："打扰一下，各位，这是我们的酒水单，请看一下。"然后双手递给顾客。

(5) 要特别留意酒水单是否干净平整，千万不要把肮脏的或模糊不清的酒水单递给顾客。

(6) 递上酒水单后稍等一会儿，然后微笑地问顾客"打扰一下，先生／女士，我能为您写单吗？""您喜欢喝杯饮料吗？""请问您要喝点什么呢？"若顾客在谈话或仔细看酒水单，那就不必着急，稍等片刻再询问。

(7) 若顾客没有做出决定，服务员（调酒师）应向顾客介绍酒水和鸡尾酒的品种，并耐心回答顾客的有关提问；服务员（调酒员）可以为顾客提供建议或解释酒水单，并能作重点推荐。

(8) 顾客请调酒师推荐饮品时，调酒师要先问顾客喜欢喝什么味道的饮料再给以介绍；在同一类酒水中，学会适当进行重点推销，注意礼貌用语和二选一推销法的结合使用。

(二) 开单

(1) 顾客点单，服务员要仔细认真地记下；若一张台有若干顾客，务必对每一位顾客点的酒水作出记号，以便正确地将顾客点的酒水送上。

(2) 调酒员或服务员在填写酒水供应单时要重复顾客所点的酒水名称、数目，避免出差错；酒吧中有时会由于顾客讲话的发音不清楚或调酒员精神不集中听错后，制作出错误的饮品，所以特别注意听清楚顾客的要求并复述一遍。

(3) 酒水供应单一式三联，填写时要清楚地写上日期、经手人、台号、酒水品种、数量、顾客的特征或位置及顾客所提的特别要求，填好后将第一联供应单与账单钉在一起，第二联盖章后交还调酒员（当日收吧后送交成本会计），第三联由调酒员自己保存备查；收款员拿到供应单后须马上立账单。

(4) 为了减少差错，供应单上要写清楚座号、台号、服务员姓名、酒水饮料品种、数量及特别要求；未写完的行格要用笔划掉，也要注意"女士们优先"；并要记清楚每种酒水的价格，以回答顾客询问。

(5) 若顾客选定一款酒水，需要针对不同酒水的配套服务征询顾客的意见，譬如白葡萄酒需要冰镇服务等。

（6）调酒员凭经过收款员盖章后的第二联供应单才可配制酒水，没有供应单的调酒属违反饭店的规章制度，不管理由如何充分都不应提倡。

（7）凡在操作过程中因不小心，调错或翻倒浪费的酒水需填写损耗单，列明项目、规格、数量后送交酒吧经理签名认可，再送成本会计处核实入账，配制好酒水后按服务标准送给顾客。

三、酒水服务

酒水服务操作是整个酒吧服务技术中最核心的工作，许多操作都是和顾客面对面完成。因此，凡从事酒水服务工作的人，都要注重操作技术的熟练程度，以求动作正确、迅速、优美。高超而又体察入微的服务员，常运用娴熟的操作技术来创造饮宴气氛，以求顾客精神上的满足。服务操作过程中，工作人员不仅需要一定的技术功底，还需要相当的表演天赋。

在许多国家，酒水服务需要经过严苛的专业学习。人们出于尊重和敬佩，将具备高超服务水平的酒水服务员称为"酒师"。在顾客眼里，酒师们的魅力并不亚于文化界中的"明星"，酒水的服务操作是一项具有浓厚艺术色彩的专门技术。

酒水服务技巧通常包括以下的基本内容。

（一）示瓶

凡顾客点用的酒水，在开启之前都应让顾客先过目确认，一方面表示尊重，另一方面也是进行核实确认工作。基本操作方法是：服务员站立于主要饮者（大多数为点酒人或是男主人）的右侧，左手托瓶底，右手扶瓶颈，酒标面向顾客，请其辨认，见图5-3。顾客认可后，方能进行下一步的工作，示瓶往往标志着服务操作的开始，是具有重要意义的环节。

（二）冰镇

许多酒水的最佳饮用温度低于室温，这就要求对酒水进行降温处理。冰镇瓶装酒需用冰桶，冰桶放在冰桶架上，立于餐桌边，或者用服侍盘托住桶底放在餐桌上，以防凝结水滴沾污台布。冰桶中加入适量水和冰块（不宜过大或过碎），将酒瓶插入其中，酒标向上，再用一块口布搭在冰桶上。视酒瓶的大小和酒水的种类，冰镇适当的时间。从冰桶取酒时，应先擦拭，再以一块折叠的口布护住瓶身进行斟倒，防止冰水滴落弄脏台布或顾客的衣服。斟倒后，如果酒瓶中还有酒水，应放回冰桶内，见图5-4。

图5-3 斟酒的手式

图5-4 冰桶盛放

（三）溜杯

溜杯是为了降低酒杯的温度。服务员手持杯脚，杯中放入少许冰块，然后摇杯，使冰块产生离心力在杯壁上溜滑，以降低杯壁的温度。有些酒水的溜杯要求很严，直至杯壁溜滑凝附一层薄霜为止。也有用冰箱冷藏杯具的处理方法，但不适用于高雅场合。

（四）温烫

温烫饮酒不仅适用于中国的黄酒，也适用于部分洋酒。

温烫有 4 种常见的方法。

（1）水烫：把即将饮用的酒倒入烫酒器，置于热水中升温。

（2）火烤：把即将饮用的酒装入耐热器皿，置于火上升温。

（3）燃烧：把即将饮用的酒盛入杯盏内，点燃酒液升温。

（4）冲泡：把即将饮用的酒用滚沸的饮料（水、茶、咖啡）冲入，或将酒液注入热饮料中。

水烫和燃烧常需即席操作。

（五）开瓶

世界各类酒水的包装方式多种多样，以瓶装酒和罐装酒最为常见。开启瓶塞瓶盖，打开瓶口时应注意动作的正确和优美。

1. 使用正确的开瓶器

开瓶器有两大类，一种是专开葡萄酒瓶塞的螺丝钻刀（见图5-5）；另一种是专开啤酒、汽水等瓶盖的起子。螺丝钻刀的螺旋部分要长（有的软木塞长达8～9厘米），头部要尖，另外，螺丝钻刀上最好装有一个起拔杠杆，以利于瓶塞拔起。

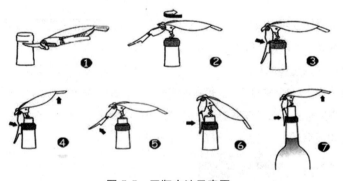

图 5-5　开瓶方法示意图

2. 开瓶时尽量减少瓶体的晃动

这样可以避免汽酒冲冒，陈酒发生沉淀物窜腾。一般将酒瓶放在桌上开启，动作要准确、敏捷、果断。万一软木塞有断裂危险，可将酒瓶倒置，用内部酒液的压力顶住断塞，然后再旋进螺丝钻刀。

3．开拔声越轻越好

开启任何瓶罐都应开拔声越轻越好，其中也包括气泡葡萄酒。在高雅华贵的场合中，嘈杂声与环境显然是不协调的。

4．拔出的瓶塞要进行检查

无论哪种瓶塞都肩负隔绝空气，保持酒水品质的使命。通过瓶塞的检查，可以排查病酒或坏酒，原汁酒的开瓶检查尤为重要。检查的方法主要是嗅辨，以嗅瓶塞插入瓶内的那一部分为主。

5．瓶口的清洁

开启瓶塞（盖）以后，要仔细擦拭瓶口。将积垢脏物擦去。擦拭时，切忌将污垢落入瓶内。

6．开启后的酒瓶、罐原则上应留在顾客的餐桌上

一般放在主要顾客的右手一侧，底下垫瓶垫，以防弄脏台布；或是放在顾客右后侧茶几的冰桶里。使用酒篮的陈酒，连同篮子一起放在餐桌上，但必须注意酒瓶颈背下应衬垫一块餐巾或纸巾，以防斟酒时酒液滴出。空瓶空罐一律撤离餐桌。

7．其他注意事项

开启后的封皮、木塞、盖子等物不要直接放在桌上。一般用小盆盛之，在离开餐桌时一并带走，切不可留在顾客面前。

开启带汽或冷藏过的酒罐封口，常会有水汽喷射出来。因此，当顾客面开拔时，应将开口一方对着自己，并用手握遮，以示礼貌。

（六）滗酒

绝大部分的陈酒都有一定的沉淀物积于瓶底，为了避免斟酒时产生混浊现象，需事先剔除沉渣以确保酒液的纯净。专业人员使用滗酒器（又叫醒酒器）滗酒去渣，在没有滗酒器时，可以用大水杯代替，见图5-6，使用方法如下。

图5-6　滗酒器

（1）事先将酒瓶竖立若干小时，使沉渣积于瓶底，再横置酒瓶，动作要轻。

（2）准备一个光源，置于瓶子和水杯的那一端，操作者位于这一端，慢慢将酒液滗入水杯中。当接近含有沉渣的酒液时，需要沉着果断，争取滗出尽可能多的酒液，剔除混浊物。

（3）滗好的酒可直接用于服务。

（七）斟酒

在非正式场合中，斟酒由顾客自己倒；在正式场合中，斟酒则是服务人员必须进行的服务工作。

斟酒有两种方式：桌斟和捧斟。

1. 桌斟

将杯具留在桌上，斟酒者立于饮者的右侧，侧身用右手把握酒瓶向杯中倾倒酒液。瓶口离杯口 2 厘米为宜；斟汽酒或冰镇酒时，两者相距 5 厘米为宜。切忌将瓶口搁在杯沿上或拿得很高注酒。每斟好一位顾客，都需要顺时针换一下位置，站到下一位顾客的右侧。左右开工，手臂横越顾客的视线等，都是不礼貌、不规范的做法。

桌斟时，还需掌握好满斟的程度，有些酒需要少斟，有些酒需要多斟，过多过少都不好。斟毕，持酒瓶的手应顺势旋转 90°，同时离开杯具上方，使最后一滴酒挂在酒瓶上，不滴酒在桌上或顾客身上。然后，左手用口布擦拭一下瓶颈和瓶口，再给下一位顾客斟倒。

2. 捧斟

捧斟时，服务员站立于饮者的右侧身后，右手握瓶，左手则将酒杯捧在手中，向杯内斟酒后，绕向顾客的左侧将装有酒液的酒杯放回原来的杯位。捧斟方式一般适用于非冰镇酒品。取送酒杯时动作要轻、稳、准，优雅大方。

另外，至于手握酒瓶的姿势，各国间不尽相同，有的主张手握在酒标上（以西欧诸国多见），有的则主张手握在酒标的另一方（以中国多见），各有解释的理由。服务员应根据当地习惯及酒吧要求去做，不必过于吹毛求疵。

（八）饮酒礼仪

我国饮宴席间的礼仪与其他国家有所不同，与通用的国际礼仪也有所区别。

在我国，人们通常认为，席间最受尊重的是上级、顾客、长者，尤其是在正式场合中，上级和顾客处于绝对领先地位。服务顺序一般先为首席主宾、首席主人、主宾、重要陪客斟酒，再为其他人员斟酒；顾客围坐时，采用顺时针方向依次服务。

国际上比较流行的服务顺序：先为女宾斟酒，后为女主人斟酒；先为女士，后为男士；先为年长者，后为年幼者。妇女处于绝对的受尊重地位。

（九）添酒

正式宴会上，服务员要不断为顾客杯内添酒，除非顾客示意不要倒。服务人员没有及时倒酒致使顾客的空杯是严重的失职表现。在斟酒时，有些顾客以手掩杯、倒扣酒杯或横置酒杯，都是谢绝斟酒的表示，服务员切忌强行劝酒，使顾客难以下台。

凡需要增添新的饮品，服务人员都应主动更换用过的杯具，连用同一杯具显然是不合适的。顾客祝酒时，服务员应回避；祝酒完毕，方可重新回到服务场所添酒。在主人走动祝酒时，服务员可持瓶尾随主要祝酒人，注意随时添酒。

（十）撤空杯或空瓶罐

服务员要注意观察，顾客的饮料是不是快要喝完了。如有杯子只剩一点点饮料，而台上已经没有饮料瓶罐，就可以走到顾客身边，问顾客是否再来一杯酒水尽兴。如果顾客要点的下一杯饮料同杯子里的饮料相同，可以不换杯；如果不同就另上一个杯子给顾客。当杯子已经喝空后，可以拿着托盘走到顾客身边问："我可以收去您的空杯子吗？"顾客点头允许后再把杯子撤到托盘上收走。只要一发现顾客台面上有空瓶、空罐就可以随时撤走。

 课外资料 5-3

清理顾客杯子时的技巧

（1）没有征求顾客的意见前，不要拿走有酒水的杯子。即使只有很少的量，为了不与顾客发生争执，都不要擅自清理顾客的杯子。如果顾客已经离开，照标准程序在顾客离开之后，你就可以清理杯子。

（2）当为顾客提供新的饮料时，应清理所有空杯子。

（3）提供新饮料时，需要更换杯垫。

（4）在从桌子上撤走杯子时应礼貌、谦恭，先征求顾客的意见。

（5）如果你的饭店提供免费的花生薯条，当你为顾客收拾空杯子时，需要给顾客再补充上这些食品，除非顾客表示不再需要了。

（6）用一块干净的湿抹布和适当的清洁剂、消毒液清洁桌子。

撤走空杯子的方法：使用服务推车堆放杯子、瓶子、拉罐和其他物品，如用过的杯垫和顾客留下的报纸杂志；用托盘撤走桌子上的空杯子，用手直接拿走瓶子。具体做法，需要根据酒吧的规定来处理。

（十一）为顾客点烟及更换烟灰缸

看到顾客取出香烟或雪茄准备抽烟时，可以马上掏出打火机或擦亮火柴为顾客点烟。注意点着后马上关掉打火机或挪开火柴吹灭。燃烧的打火机或火柴不可以靠近顾客，离开顾客的香烟约 10 厘米，让顾客靠近火源点烟。

取干净的烟灰缸放在托盘上，拿到顾客的桌前，用右手拿起一个干净的烟灰缸，盖在台面上有烟头的烟灰缸上，两个烟灰缸一起拿到托盘上，再把干净的烟灰缸拿到顾客的桌子上。在酒吧台，可以直接用手拿干净的烟灰缸盖在有烟头的烟灰缸上，两个烟灰缸一齐拿到工作台上，再把干净的烟灰缸放到酒吧台上。绝对不可以直接拿起有烟灰的烟灰缸放到托盘上，再摆下干净的烟灰缸，这种操作有可能会使飞扬起来的烟灰掉进顾客的饮料里或者落到顾客的身上，造成意想不到的麻烦。有时，顾客把没抽完的香烟或雪茄烟架在烟灰缸上，可以先摆上一个干净的烟灰缸并排放在用过的烟灰缸旁边，把架在烟灰缸上的香烟移到干净的烟灰缸上，然后再取另一个干净的烟灰缸盖在用过的烟灰缸上，一并取走。

（十二）酒杯的清洗与擦拭

在营业中要及时收集顾客使用过的空杯，立即送清洗间清洗消毒。决不能等一群顾客一起喝完后再收杯。清洗消毒后的酒杯要马上取回酒吧以备用。在操作中，要有专人不停地运送、补充酒杯。

（十三）清理台面处理垃圾

调酒员要注意经常清理台面，将酒吧台上顾客用过的空杯、吸管、杯垫收下来。一次性使用的吸管、杯垫扔到垃圾桶中，空杯送去清洗，台面要经常用湿毛巾抹，不能留有脏水痕迹。要回收的空瓶放入指定地方，其他的空罐与垃圾要轻放进垃圾桶内，并及时送去垃圾间，以免时间长产生异味。顾客用的烟灰缸要经常更换，换下后要清洗干净，严格来说烟灰缸里的烟头不能超过两个。

（十四）其他

营业中除调酒取物品外，调酒员要保持正立姿势，两腿分开站立。不准坐下或靠墙、靠吧台。要主动与顾客交谈、聊天，以增进调酒员与顾客间的友谊。要多留心观察装饰品是否用完，如若快用完要及时地补充；酒杯是否干净够用，偶尔杯子洗不干净有污点，应及时替换等。

四、送客服务

顾客要求结账时，要立即到收款员处取账单，不能让顾客久等，许多顾客的投诉都是因结账时间长而造成的。拿到账单后要检查一遍台号、酒水数量品种有无错漏，数量是否准确，这关系顾客的切身利益，必须非常认真仔细，再用账单夹夹好，拿到顾客面前，指着总金额有礼貌地说："这是您的账单，多谢。"切记不可大声地读出账单上的消费额。有些做东的顾客不希望他的朋友知道账单的数目。顾客认可后，收取账单上的金额；信用卡结账按银行所提供的机器滚压填单办理，然后交收款员结账，结账后将账单的副本和零钱交给顾客。如果顾客认为账单有误，绝对不能同顾客争辩，应立即到收款员那里重新把供应单和账单核对一遍，有错马上改，并向顾客致歉；没有错可以向顾客解释清楚每一项目的价格，取得顾客的谅解。

顾客结账后，可以帮助顾客移开椅子以便让顾客走出来，如顾客存放了衣物，根据顾客交回的记号牌，帮顾客取回衣物，记住询问顾客有没有拿错和是否少拿了自己的物品；然后送顾客到门口，说"多谢光临""再见"等；如果知道顾客即将离店，说一句"祝您一路顺风"，这会让顾客感到满足。注意说话时要面带微笑，面向顾客。

评估练习

根据本次任务所教内容，分项目模拟操作酒吧营业时的工作流程，能较熟练掌握相关岗位营业时的工作内容，并根据各院校的条件，进行重点项目训练考核。

第三节　营业结束后的工作

营业结束后工作程序包括清理酒吧、完成每日工作报告、清点酒水、检查火灾隐患、关闭电器开关等。

（一）清理酒吧

闭店时间到点后要等顾客全部离开后，才能动手收拾酒吧。决不允许赶走顾客。先把脏的酒杯全部收起送清洗间，必须等清洗消毒后全部取回酒吧放到位，一天的任务才结束。垃圾桶要送垃圾间倒空，清洗干净，否则第二天早上酒吧就会因垃圾发酵而充满异味。把所有陈列的酒水小心取下放入柜中，散卖和调酒用过的酒要用湿毛巾把瓶口擦干净再放入柜中。水果装饰物要放回冰箱中保存并用保鲜纸封好。凡是开了罐的汽水、啤酒和其他易拉罐饮料（果汁除外）要全部处理掉，不能放到第二天再用。酒水收拾好后，酒水存放柜要上锁，防止失窃。酒吧台、工作台、水池要清洗一遍。酒吧台、工作台用湿毛巾擦抹，水池用洗洁精洗净，单据表格夹好后放入柜中。

（二）每日工作报告

每日工作报告主要有几个项目，当日营业额、顾客人数、平均消费、特别事件和顾客投诉。每日工作报告主要供上级掌握各酒吧的详细营业状况和服务情况。

（三）清点酒水

把当天所销售出的酒水按第二联供应单数目及酒吧现存的酒水实际数字填写到酒水记录簿上。这项工作要细心，不准弄虚作假，否则会造成很大的麻烦。特别是贵重的瓶装酒要精确到 0.1 瓶。

（四）检查火警隐患

全部清理、清点工作完成后，再巡视一遍，看有没有会引起火灾的隐患，重点查烟头。消除火灾的隐患在酒店中是一项非常重要的工作，每个员工都有责任。

（五）关闭电器开关

除冰箱外所有的电器开关都要关闭。包括照明、咖啡机、咖啡炉、生啤酒机、电动搅拌机、空调和音响。

最后留意把所有的门窗锁好，再将当日的供应单（第二联）与工作报告，酒水调拨单送到酒吧经理处。通常酒水领料单由酒吧经理签名后可提前投入食品仓库的领料单收集箱内。

✎ 评估练习

根据本次任务所教内容，分项目模拟操作酒吧营业结束后的工作流程，能较熟练掌握相关岗位营业结束后的工作内容，并根据各院校的条件，进行重点项目训练考核。

第六章

鸡尾酒调制

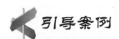

引导案例

血 腥 玛 丽

"血腥玛丽"（Bloody Mary）在西方是一个十分流行的词汇。很多电影中也会对它有一定的描述。在西方文化中，血腥玛丽是一种很古老的恐怖传说。它获得如此广泛的知名度是因为它首先来自于一款鸡尾酒，在美国禁酒法期间，这种鸡尾酒在地下酒吧非常流行，称为"喝不醉的番茄汁"。

20世纪20年代，美国人Fernand Petiot，是巴黎一家名叫Harry's New York Bar的酒吧酒保，他把等量的番茄汁和伏特加混合在一起时，并不知道这种混合物后来会风靡全世界。按照Petiot的说法，"一个男孩建议我把这种饮料称为'血腥玛丽'，因为它让他想起芝加哥的'血桶'酒吧，和那里一个名叫玛丽的女孩。"

1934年，Petiot带着"血腥玛丽"的处方，来到纽约St.regis旅馆的King Cole Bar，旅馆里的人怂恿他把这种酒的名字改为"红鲷鱼"，但这听起来并不吸引人。聪明的纽约人要求Petiot往这种饮料中添加各种调味品，因为它尝起来平淡。所以，为了满足那些寻求刺激的勇敢的人们，Petiot混合了黑胡椒、辣椒粉、酱油、柠檬和大量的tabasco辣椒酱在这种饮料里面，这样，一种属于美国的经典诞生了。

世界上没有哪一种鸡尾酒像血腥玛丽这样有这么复杂的成分、这么全面的功用、这么大名气和它能够带给人们的无穷尽的乐趣！

它是一种真正意义上的经典。它是如此活泼、新鲜、刺激，作为一款伟大的醒酒药、开胃酒，对于业余的调酒师，它比其他任何一种鸡尾酒都富于创造性元素。你可以随意增加和减少种类众多的成分，使之成为专属于你的那一杯有着独特个性的bloody mary！你喜欢山葵（辛辣的调味品）吗？试试芥末怎么样？哦，讨厌热沙司？好，那来点墨西哥胡椒好了。这种饮料能让你在朋友和家人之间一夜成名！

一杯最基本的血腥玛丽需要包含伏特加酒、番茄酱、伍斯特沙司、热酱油、盐和胡椒粉、西芹盐、橙汁或柠檬汁，最后别忘了山葵。有特殊口味的人们，可以根据自己的需要添加其他成分，如芥末、黑胡椒、蒔萝（香辣作料）、克拉莫汁等。另外，用其他基酒来代替伏特加，将会产生不同种类的其他风味的血腥玛丽。例如，用金色龙舌兰调制成致命玛丽（Deadly Mary），用金酒调制成红鲷鱼（Red Snapper）等。

美味的酒品当然要用特别的酒杯来盛装，享用血腥玛丽，首先要把鸡尾酒杯的杯口用柠檬片擦拭，再把其倒置于事先平铺好的一层细盐或盐、胡椒粉和蒔萝粉的混合粉末上，这样在杯口上沾上薄薄的一层，再用切好的卷曲橙皮垂于杯沿，插上翠绿的西芹枝叶，形成绝好的装饰。这种独特、热辣的外观与血腥玛丽富有挑战的口感和味道一起，造就了其经久不衰的致命吸引力！

（资料来源：巴菲小猫. 血腥玛丽的传说[OL]. 百度百科，http://baike.baidu.com/subview/2232721/5082112.htm，2015-6-22.）

思考题：
1. 鸡尾酒的配方是如何设计出来的？
2. 鸡尾酒是如何被调制出来的？

想要调制出一款大受欢迎的鸡尾酒，除了要有丰富的调酒经验和调酒热情，还要有善于创造的激情，让我们先来学习调制鸡尾酒的基本方法，进行酒水混搭的一场魔法之旅，看我们最终能创作出什么样的鸡尾酒！

第一节　鸡尾酒调制基础

教学目标：

1. 掌握鸡尾酒的概念、结构和分类和命名。
2. 了解鸡尾酒的起源。

一、鸡尾酒的起源

鸡尾酒，这个代表酒水混合饮料的名字，起源于何时，有以下几种版本的传说。

说法一：以某一贵族妇女 Oxc-Hitel 的名字演变成为 Cocktail，以示尊贵；雄鸡尾羽象征英雄气概；彩色鸡尾象征调酒女郎爱美及调酒手艺高超等。

说法二：一次宴会过后，席上剩下各种不同的酒，有的杯里剩下 1/4，有的杯里剩下 1/2。清理桌子的一位伙计，将剩下的酒混在一起，一尝味道却比原来各种单一的酒好喝。然后他将这些混合酒分给大家喝，评价都很高。于是，这种混合饮酒的方法便出了名，并流传开来。至于为何称为"鸡尾酒"而不叫伙计酒，便不得而知了。

说法三：1775 年，移居于美国纽约阿连治的彼列斯哥，在闹市中心开了一家药店，制造各种精制药酒卖给顾客。一天他把鸡蛋调到药酒中出售，获得一片赞许之声。从此顾客盈门，生意鼎盛。当时纽约阿连治的人多说法语，他们用法国口音称为"科克车"，后来衍生成英语"鸡尾"。从此，鸡尾酒便成为人们喜爱饮用的混合酒，花式也越来越多。

说法四：19 世纪，美国人克里福德在哈德逊河边经营一间酒店。他有三件引以为豪的事，一是他有一只膘肥体壮、气宇轩昂的大雄鸡，是斗鸡场上的名手；二是他的酒库拥有世界上最杰出的美酒；三是他独一无二美丽绝伦的女儿艾恩·米莉。市镇上有一个名叫阿金鲁思的年轻船员，他和艾恩·米莉坠进了爱河。几年后他当上了船长，艾恩·米莉嫁给了他。婚礼上，老头子很高兴，他把酒窖里最好的陈年佳酿全部拿出来，调合成"绝代美酒"，并在酒杯边饰以雄鸡尾羽，美丽至极。然后为女儿和顶呱呱的女婿干杯，并且高呼"鸡尾万岁！"自此，鸡尾酒便大行其道。

说法五：相传美国独立时期的纽约，一些部队军官经常到一个名叫拜托斯的姑娘开的酒吧喝酒，并经常取笑她是一只小母鸡。一天，她气愤极了，想要教训他们。她找来一些雄鸡尾羽，插在混合的酒中，送给军官们饮用，以诅咒这些公鸡尾巴似的男人。客人见状虽很惊讶，但无法理解，只觉得分外漂亮，因此有一个法国军官随口高声喊道"鸡尾万岁"。从此，加以雄鸡尾羽的混合酒就变成了"鸡尾酒"，并且一直流传至今。

说法六：传说许多年前，有一艘英国船停泊在犹加敦半岛的坎尔杰镇。酒吧里一个少年用树枝为这些海员搅和混合酒。一位海员饮后，觉得酒很好喝，便问少年："这种酒叫什么名字？"少年以为他问的是树枝的名称，回答说："可拉捷·卡杰。"这是一句西班牙语，即鸡尾巴的意思。少年原以树枝类似公鸡尾羽的形状戏谑作答，而船员却误以为是"鸡尾巴酒"。从此，"鸡尾酒"便成了混合酒的别名。

二、鸡尾酒的概念

鸡尾酒（Cocktail）是一种混合饮品，是由两种或两种以上的酒或饮料、果汁、汽水混合而成，有一定的营养价值和欣赏价值。

1806 年美国一本名为《平衡》的杂志首次对鸡尾酒做了详细的报道，其中对鸡尾酒的定义是：鸡尾酒是由任何蒸馏酒加糖、水和苦精混合而成。1862 年第一本鸡尾酒专著《快乐佳人的伴侣——如何调配饮料》出版，作者是美国纽约大都会饭店和圣路易农庄旅馆的调酒师杰瑞·托马斯。

美国的《韦氏词典》对鸡尾酒的定义是：鸡尾酒是一种量少而冰镇的饮料，它以朗姆酒、威士忌或其他烈酒为基酒，再配以其他材料，如果汁、鸡蛋、苦精、糖等，以搅拌或摇晃法调制而成；最后再以柠檬片或薄荷叶装饰。

根据美国品酒专家厄恩勃及专业权威人士的评价和总结，鸡尾酒应具备以下几方面的特性和作用。

1. 鸡尾酒是混合酒

鸡尾酒由两种或两种以上的非水饮料调和而成，其中至少有一种为酒精性饮料，像柠檬水、中国调香白酒等便不属于鸡尾酒。

2. 花样繁多，调法各异

用于调酒的原料有很多类型，各酒所用的配料种数也不相同，有两种、三种甚至五种以上。就算流行的配料、种类确定的鸡尾酒，各配料在分量上也会因地域不同、人的口味各异而有较大变化，从而冠用新的名称。

3. 具有刺激性气味

鸡尾酒具有明显的刺激性，具有一定的酒精浓度，能使饮用者兴奋。适当的酒精浓度能使饮用者紧张的神经缓和，肌肉放松。

4. 能够增进食欲

鸡尾酒是增进食欲的滋润剂。饮用后，由于酒中含有的调味饮料如酸味、苦味等的作用，饮用者的胃口应有所改善，进而有进食的欲望。

5. 口味优于单体酒品

鸡尾酒必须有卓越的口味，而且这种口味应该优于单体酒品。品尝鸡尾酒时，舌头的味

蕾应该充分扩张，才能尝到刺激的味道。如果过甜、过苦或过香，就会影响品尝风味的能力，降低酒的品质，是调酒时不能允许的。

6. 冷饮性质

鸡尾酒需足够冷冻。像朗姆类混合酒，以沸水调配，自然不属典型的鸡尾酒。当然，也有些酒既不用热水调配，也不强调加冰冷冻，但其某些配料是温的，或处于室温状态的，这类混合酒也应属于广义的鸡尾酒的范畴。

7. 色泽优美

鸡尾酒应具有细致、优雅、匀称、均一的色调。常规的鸡尾酒有澄清透明的或浑浊的两种类型。澄清型鸡尾酒应该是色泽透明，除极少量因鲜果带入固形物外，没有其他任何沉淀物。

8. 盛载考究

鸡尾酒应由式样新颖大方、颜色协调得体、容积大小适当的载杯盛载。装饰品虽非必须，但也是常有的。它们对于酒，犹如锦上添花，使之更有魅力。况且，某些装饰品本身也是调味料。

三、鸡尾酒的基本结构

鸡尾酒的种类、款式繁多，调制方法各异，但任何一款鸡尾酒的基本结构都有共同之处，即由基酒、辅料和装饰物三部分组成。

鸡尾酒的基本结构可以用公式来表示：鸡尾酒=基酒+辅料+装饰物。

（一）基酒

基酒主要以烈性酒为主，又称为鸡尾酒的酒底，是构成鸡尾酒的主体，决定了鸡尾酒的酒品风格和特色。完美的鸡尾酒需要基酒有广阔的胸怀，能容纳各种加香、呈味、调色的材料。选择基酒的首要标准是酒的品质、风格、特性，其次是价格。理想的酒是用品质优良、价格适中的酒做基酒，既能保证利润空间，又能调出令人满意的酒。

鸡尾酒的六大基酒分别是金酒、威士忌、白兰地、朗姆酒、伏特加和特吉拉酒。也有些鸡尾酒用开胃酒、葡萄酒、餐后甜酒等做基酒。个别特殊的鸡尾酒不含酒精成分，纯用软饮料配制而成。

基酒在配方中的分量比例有各种表示方法，国际调酒师协会统一以 part（份）为单位，一份为 40ml。在鸡尾酒的出版物及实际操作中通常以 ml、oz 为单位。

（二）辅料

辅料又称调和料，是鸡尾酒调缓料和调味、调香、调色料的总称。它们能与基酒充分混合，降低基酒的酒精含量，缓冲基酒强烈的刺激感。辅料与基酒混合后就能发挥一款鸡尾酒的特色，其中调香、调色材料可以使鸡尾酒含有色、香、味等俱佳的艺术化特征，从而使鸡尾酒的世界色彩斑斓、风情万种。

鸡尾酒的辅料主要有以下几种类型。

1．碳酸饮料

碳酸饮料有雪碧、苏打水、汤力水、干姜水、苹果西打、七喜和可乐等。

2．提香增味材料

以各类利口酒为主，如蛋黄白兰地酒、百利甜酒、黑醋栗甜酒、君度利口酒、蓝色橙味利口酒、可可甜酒、咖啡利口酒、千里安诺利口酒、薄荷利口酒、樱桃白兰地酒、金巴利苦酒、杜林标利口酒、红石榴糖浆等。

3．果蔬汁

各种罐装、瓶装和鲜榨的各类果蔬汁，如柳橙汁、凤梨汁、番茄汁、葡萄柚汁、葡萄汁、青柠汁、苹果汁、小红莓果汁、运动饮料、杨桃汁、椰子汁、西柚汁、芒果汁、西瓜汁、菠萝汁和胡萝卜汁等。

4．水

水包括凉开水、矿泉水、蒸馏水和纯净水等。

5．其他调配料

杏仁露、豆蔻粉、芹菜粉、香草片、洋葱粒、橄榄粒、辣椒酱、辣椒油、糖浆、砂糖、鸡蛋、盐、胡椒粉、安哥斯特拉苦精、丁香、肉桂、巧克力粉、鲜奶油、椰奶、鲜奶和蜂蜜等。

（三）装饰物

装饰物、杯饰等是鸡尾酒重要的组成部分。装饰物的巧妙运用，可有画龙点睛一般的效果，使一杯平淡无奇的鸡尾酒立即鲜活生动起来。一杯经过精心装饰的鸡尾酒不仅能捕捉自然生机于杯盏之间，也能成为该款鸡尾酒经典的标志和象征。对于经典鸡尾酒，其装饰物的构成和制作方法是约定俗成的，应保持原貌，不得随意变更，而对于创新鸡尾酒，装饰物的修饰和雕琢则不受限制，调酒师可充分发挥想象力和创造力。对于不需要装饰的鸡尾酒加以装饰，则是画蛇添足，破坏了酒品的意境。

鸡尾酒常用的装饰材料如下。

1．冰块

冰块可以有很多花样。不同的冰模制作不同形状（方冰、棱方冰、圆冰、薄片冰、碎冰和细冰）、颜色和味道的冰块。冰块可以是完整的，也可以打碎或搅碎。还可以把装饰物冻在冰里。

2．霜状饰物

很多不同的材料都可以用来造霜，譬如食盐、香芹盐、糖、咖啡粉、朱古力粉和桂皮粉等。

3．橘类饰物

橘类水果在鸡尾酒装饰中具有很多不同的用途。水果片、螺旋皮、金橘百合花等都可以进行装饰。要选结实，皮薄，完好和最好未经"打蜡"的水果。

4. 杂果饰物

鸡尾酒所用的装饰是用来突出它的外观，而不是掩盖它的真貌。所以要根据季节和酒杯的大小选择适合的水果。较保守的做法是宁愿让人觉得简单一点。

另外，对水果进行简单的切割处理，也是进行装饰的方法，如苹果之类，只要把它切成V字形，就可制成极具吸引力的装饰物；而细小的樱桃番茄，它的皮也可制出美丽精巧的玫瑰花。而染色樱桃、有馅的青橄榄和珍珠洋葱都是调制经典鸡尾酒必不可少的饰物。

5. 花、叶、香草、香料饰物

我们可以用很多不同方式将植物的花和叶制成饮品的装饰物。简单来说，一朵兰花或者玫瑰花的天然美丽已经足够。也可将花瓣放在饮品上面。花草绿叶的装饰会使鸡尾酒充满自然和生机，令人倍感活力。一般来说花草绿叶的选择应清洁卫生、无毒无害，无强烈刺激的香味和刺激味道。

6. 人工装饰物

人工装饰物包括各种颜色、形状的吸管、彩色搅拌棒、象形鸡尾酒签、鸡尾酒小伞、小国旗和人造烟花，杯垫的图案花纹有时也是一种装饰和衬托。

四、鸡尾酒的分类

鸡尾酒是无限数量的调制混合饮料，因此世界上究竟有多少种鸡尾酒的配方和名目无法统计。根据鸡尾酒的酒品风格、特征、饮用方法、调制方法等因素，鸡尾酒被划分成不同的分类体系。

（一）根据鸡尾酒成品的状态分类

1. 调制鸡尾酒

调制鸡尾酒是根据一定的配方，现场调制而成的鸡尾酒。

2. 预调鸡尾酒

预调鸡尾酒是生产商精选一些典型、形状稳定的鸡尾酒配方调制装瓶（罐）而成的酒品，开瓶（罐）后即可饮用。

3. 冲调鸡尾酒（速溶鸡尾酒）

生产商将鸡尾酒的成分浓缩成可溶性的固体粉末，一小袋为一杯的量，在杯中或者摇酒壶中加入冰块、粉末、其他酒或软饮冲调而成的酒品。冲调鸡尾酒以水果风味的热带鸡尾酒居多。

（二）根据鸡尾酒的酒精含量和鸡尾酒分量分类

1. 短饮

短饮意即短时间喝的鸡尾酒。此种酒采用摇动或搅拌以及冰镇的方法制成，使用鸡尾酒杯。一般认为鸡尾酒在调好后10～20分钟饮用为好。大部分酒精度数是30°左右。

相对于长饮类，短饮类鸡尾酒酒精含量高，分量较少，基酒分量比例通常在50%以上，高者可达70%～80%。

2. 长饮

长饮是调制成适于消磨时间悠闲饮用的鸡尾酒。以蒸馏酒、配制酒等为基酒，加上苏打水、果汁等兑和稀释而成。长饮鸡尾酒几乎全都是用平底玻璃酒杯或果汁水酒酒杯这种大容量的杯子。它是加冰的冷饮，也有加开水或热奶趁热喝的热饮，尽管如此，一般认为 30 分钟左右饮用完为好。酒精含量在 10° 左右。

与短饮相比大多酒精浓度低，基酒用量较少，通常为 1oz，软饮料等辅料用量多，所以形成饮品分量大，口味清爽平和，形状稳定的特点。

（三）根据饮用温度分类

1. 冰镇鸡尾酒

冰镇鸡尾酒是加冰调制、饮用的酒品。

2. 常温鸡尾酒

常温鸡尾酒是无须加冰调制，在常温下饮用的酒品。

3. 热饮鸡尾酒

热饮鸡尾酒是调制时按照配方加入热的咖啡、牛奶或者热水等，或酒品采用燃烧、烧煮、温烫等加热升温方法后饮用的酒品。热饮鸡尾酒饮用温度不宜超过 78.3℃，以免酒精挥发。

（四）根据饮用的时间、地点和场合分类

1. 餐前鸡尾酒

餐前鸡尾酒又名餐前开胃鸡尾酒，具有生津开胃、增进食欲之功效。餐前鸡尾酒的风格为含糖量少，味道稍酸、甘冽，如马天尼、曼哈顿、血腥玛丽以及各类酸酒等。

2. 佐餐鸡尾酒

佐餐鸡尾酒的色泽鲜艳、口味干爽、辛辣，具有佐餐功能，注重酒品与菜肴口味的搭配。在西餐中可作为开胃品、汤类菜的替代品，但在正式的餐饮场合，葡萄酒多为佐餐酒。

3. 餐后鸡尾酒

餐后鸡尾酒是餐后饮用的酒品，是佐食甜品、帮助消化的鸡尾酒。餐后鸡尾酒口味甘甜，在调制的过程中惯用各式色彩鲜艳的利口酒，尤其是具有清新口气、增进消化的香草类利口酒和果叶类利口酒。常见的餐后鸡尾酒有彩虹鸡尾酒、B&B、亚历山大、天使之吻等。

4. 全天饮用鸡尾酒

这一类鸡尾酒形式和数量最多，酒品风格各具特点，并不拘泥于固定的形式。

除上述 4 种常见的鸡尾酒类型外，还有清晨鸡尾酒、睡前（午夜）鸡尾酒、俱乐部鸡尾酒和季节（夏季、特带、冬日）鸡尾酒等。

（五）根据鸡尾酒的基酒分类

按照鸡尾酒的基酒分类是一种常见的分类方法，它体现了鸡尾酒酒质的主体风格。它分为以金酒为基酒的鸡尾酒、以威士忌为基酒的鸡尾酒、以白兰地为基酒的鸡尾酒、以伏特加为基酒的鸡尾酒、以朗姆酒为基酒的鸡尾酒、以特吉拉为基酒的鸡尾酒、以中国白酒为基酒

的鸡尾酒、以配制酒为基酒的鸡尾酒、以葡萄酒为基酒的鸡尾酒等。

（六）根据综合因素分类

根据混合饮料的基本成分、调制方法、总体风格及其传统沿革等综合因素，将鸡尾酒进行分类。主要有霸克类（Buck）、考伯乐类（Cobbler）、柯林类（Collin）、奶油类（Cream）、杯饮类（Cup）、冷饮类（Cooler）、克拉斯特类（Crustar）、得其利类（Daiquri）、黛西类（Daisy）、蛋诺类（Egg Nog）、菲克斯类（Fixe）、菲斯类（Fizz）、菲力普类（Flips）、弗来培类（Frappe）、高杯类（Highball）、热托地（Hot Toddy）、热饮类（Hot Drink）、朱力普类（Julep）、马提尼类（Martini）、曼哈顿类（Manhattan）、老式酒类（Old Fashioned）、宾治类（Punch）、彩虹类（Pousse Cafe）、瑞克类（Rickey）、珊格瑞类（Sangaree）、思迈斯类（Smash）、司令类（Sling）、酸酒类（Sour）、双料鸡尾酒类（Two-Liquor Drink）、赞比类（Zombie）、漂漂类（Float）、提神酒类（Pick-Me-Up）、斯威泽类　（Swizzle）、无酒精类、赞明类（Zoom）等。

五、鸡尾酒的命名

鸡尾酒的命名五花八门、千奇百怪。有植物名、动物名、人名，从形容词到动词，从视觉到味觉等。而且，同一种鸡尾酒叫法可能不同；反之，名称相同，配方也可能不同。不管怎样，它的基本划分可分以下几类：以酒的内容命名、以时间命名、以自然景观命名、以颜色命名。另外，上述4类兼而有之的也不乏其例。

（一）根据鸡尾酒的内容命名

以酒的内容命名的鸡尾酒虽说为数不是很多，但却有不少是流行品牌，这些鸡尾酒通常都是由一两种材料调配而成，制作方法相对也比较简单，多数属于长饮类饮料，而且从酒的名称就可以看出酒品所包含的内容。例如比较常见的有朗姆可乐，由朗姆酒兑可乐调制而成，这款酒还有一个特别的名字，叫"自由古巴"（Cuba Liberty）。此外，还有金可乐、威士忌可乐、伏特加可乐等。

（二）根据时间命名

以时间命名的鸡尾酒在众多的鸡尾酒中占有一定数量，这些以时间命名的鸡尾酒有些表示了酒的饮用时机，但更多的则是在某个特定的时间里，创作者因个人情绪，或身边发生的事，或其他因素的影响有感而发，产生了创作灵感，创作出一款鸡尾酒，并以这一特定时间来命名鸡尾酒，以示怀念、追忆。如"忧虑的星期一""六月新娘""夏日风情"等。

（三）根据自然景观命名

所谓以自然景观命名，是指借助于天地间的山川河流、日月星辰、风露雨雪，以及繁华都市，边远乡村抒发创作者的情思。因此，以自然景观命名的鸡尾酒品种较多，且酒品的色彩、口味甚至装饰等都具有明显的地方色彩，比如"雪乡""乡村俱乐部""迈阿密海滩"等。此外还有"红云""夏威夷""蓝色的月亮""永恒的威尼斯"等。

（四）根据鸡尾酒的颜色命名

以颜色命名的鸡尾酒占鸡尾酒的大部分，它们基本上是以"伏特加""金酒""朗姆酒"等无色烈性酒为酒基，加上各种颜色的利口酒调制成形形色色、色彩斑斓的鸡尾酒品。

1. 红色

鸡尾酒中最常见的色彩，它主要来自于调酒配料"红石榴糖浆"。红色能营造出异常热烈的气氛，为各种聚会增添欢乐、增加色彩，以红色著名的鸡尾酒还有"新加坡司令""日出特基拉""迈泰"等。

2. 绿色

绿色主要来自于著名的绿薄荷酒。薄荷酒有绿色、透明色和红色三种，但最常用的是绿薄荷酒，它用薄荷叶酿成，具有明显的清凉、提神作用，著名的绿色鸡尾酒有"蚱蜢""绿魔""青龙"等。

3. 蓝色

这一常用来表示天空、海洋、湖泊的自然色彩，由于著名的蓝橙酒的酿制，便在鸡尾酒中频频出现，如"忧郁的星期一""蓝色夏威夷""蓝天使"等。

4. 黑色

用各种咖啡酒，其中最常用的是一种叫甘露（也称卡鲁瓦）的墨西哥咖啡酒。其色浓黑如墨，味道极甜，带浓厚的咖啡味，专用于调配黑色的鸡尾酒，如"黑色玛丽亚""黑杰克""黑俄罗斯"等。

5. 褐色

可可酒的颜色，由可可豆及香草做成，由于欧美人对巧克力偏爱异常，配酒时常常大量使用。或用透明色淡的，或用褐色的，比如调制"白兰地亚历山大""第五街""天使之吻"等鸡尾酒。

6. 金色

用带茴香及香草味的加里安奴酒，或用蛋黄、橙汁等。常用于"金色凯迪拉克""金色的梦""金青蛙"等的调制。

除上述几大类鸡尾酒的命名方法外，还可以根据创制某种经典鸡尾酒的调酒师的名字或者和鸡尾酒结下不解之缘的历史人物姓名命名；也可以根据地名、公司名命名；此外，根据鸡尾酒的口味命名的，如"白兰地酸"也是比较常见的命名方法；最后还有一种是以人文特征性来命名的，具体有以博物命名的，譬如"青草蜢""雪球""三叶草"等，以人类情感来命名的，如"少女的祈祷""恼人的春心"等，以外来语的谐音命名的，如"琪琪""莎莎"等，还有以典故命名的，如"侧车""血腥玛丽"等。

评估练习

1. 鸡尾酒的概念？
2. 鸡尾酒有怎样的特点？

3. 什么是基酒？

4. 怎样为一杯鸡尾酒起一个恰当的名字？

 课外资料 6-1

经典鸡尾酒酒名的由来

螺丝起子——这杯鸡尾酒的名称由来，是因为在伊朗油田工作的美国人。柳橙汁加入伏特加之后，再使用螺丝起子来搅拌，因而得名，由于口感佳，十几年前别名为"女性杀手"。

血腥玛丽——这杯鸡尾酒拥有"血腥玛丽"这种令人不安的名称，是以十六世纪迫害新教徒英国女王玛莉一世来命名的，虽然鲜红的番茄汁令人联想到血腥，但这种鸡尾酒却广泛地受到人们的喜爱。

龙舌兰日出——正如鸡尾酒的名字一股，它的特色是色泽绝美，有如朝阳映照于酒杯当中。1972 年"滚石合唱团"的团员米克杰格在全美演唱期间，一定要点此酒饮用，因而闻名于世。

新加坡司令——充满异国情调的鸡尾酒！1915 年，正值第一次世界大战期间，由莱佛士大饭店调制出来，为异国情调鸡尾酒的代表，原创的调制法不使用苏打水，甜味浓烈，但这一鸡尾酒口味适中，男女皆宜，普受欢迎。

红粉佳人——在伦敦上演的舞台剧"红粉佳人"非常卖座，这是女主角赫洁尔朵恩小姐捧在手里的鸡尾酒，由于名称富有吸引力，而且色彩漂亮，所以深受女性欢迎。

奥林匹克——这是 1924 年巴黎举行奥林匹克运动会时调制出来的鸡尾酒，据说是丽晶大饭店的首席酒保法兰克·威尔麦克亚调配的，色调柔和、口感轻柔，为许多人所喜爱。

加挂机车——这杯鸡尾酒是根据第一次世界大战中在战场上非常活跃的加挂机车来命名的。关于其诞生各有说法，有人说是巴黎的哈里兹纽约酒吧的第一代老板调制出来的，也有人说一位客人开着加挂机车带来的配方，因此就直接以之命名。

教父——这是模仿电影《教父》而产生的鸡尾酒，使用的阿玛雷托杏果利口酒产自意大利，但在美国却非常受欢迎，这是非常适合作为调制以黑手党电影为主题的鸡尾酒的材料。

地震——不知道是不是因为喝了之后，身体会有摇晃感，所以才取名为"地震"。彼诺药草酒是酒劲强的烈酒，喜爱饮用者与不喜欢此味道的人，好恶的程度非常明显。

玛格莉特——诞生于 1949 年，是美国全美鸡尾酒大赛第一名的作品，以墨西哥特产的龙舌兰为基酒调制出这杯鸡尾酒的简·杜雷萨先生，用他不幸死亡的情人玛格丽特的名字来命名，清淡爽口的酸味，带着悲伤恋情的苦味，这杯鸡尾酒有很多死忠的爱好者。

曼哈顿——这杯鸡尾酒确实是在纽约曼哈顿诞生的，1867 年，在美国总统选举募款酒会上推出这杯鸡尾酒。

咸狗——诞生于英国，第二次世界大战后，美国掀起伏特加热，基酒就改为伏特加，酒杯也由平底无脚酒杯代替，原本采取雪克的方式，也改为直调的方式，用雪花杯型杯，成为别致的鸡尾酒。

（资料来源：单丹婷．12 种鸡尾酒名字的由来[OL]．人人网，http://blog.renren.com/share/258854242/3114660818，2010-8-26.）

第二节　鸡尾酒的调制

教学目标：

1. 掌握鸡尾酒调制的术语和调制技法。

2. 了解花式调酒和鸡尾酒的创作。

一、调制术语

Bogo（买一送一）：Bogo 是一句小标语，它通常应用于一些美国酒吧，意思是：Buy One, Get One，通指买一送一的饮料。

Built In Glass（兑和法）：它是指一种鸡尾酒调制方法，这种鸡尾酒是直接在最后用于出售的玻璃杯中调制出来的。

Crusta（挂霜）：借助糖浆或柠檬果汁用糖或盐装饰的杯口。

Dash（滴注）：几滴饮料。这是人们可以从玻璃瓶中得到的最小的液体数量，是一种酒吧里的计量单位。

Single（单份）：30ml，普通鸡尾酒一份的量。

Double（双份）：60ml，酒量两倍于普通鸡尾酒的量。

Drop（滴）：通俗的计量单位。

Dry（干饮料）：含糖量很低的鸡尾酒或饮料。

Fifo（先进先出法）：这是英文 Fist-In, First-Out 的缩写，它的意思是，最早放在吧台上的酒瓶应该是最先开启使用的。

Flair（花式调酒）：也称作 Flair Burending。它是指一种更专业，更特别的调制鸡尾酒的方法。调酒师以杂耍的动作摆弄玻璃瓶，冰块玻璃杯和其他工具。

Freepouring（任意调配）：任意调配指的是一种调制烈酒的方法，不需要用任何定量器来测量，单凭经验调制出完全符合剂量的烈酒。

Frosting（杯口加霜）：用柠檬片把玻璃杯口沾湿，将杯口轻轻浸入精白糖或细盐中（根据配方而定）。

Gomme Syrup, Sugar Syrup（制作糖浆）：糖粉：100℃开水＝3∶1 形成透明无色糖浆。

(to) Muddle（捣碎、压碎）：用研柞或酒吧勺将一些水果或蔬菜叶碾碎。

(to) Squeeze（挤汁）：在杯子的顶部，把水果片或柠檬片的汁挤出。

(to) Stir（搅拌、调匀）：用酒吧勺搅拌鸡尾酒。

Splash（少许）：相当于英文中的 Dash，即少量汲取不同的饮料。比如说"少许新鲜柠檬汁"。

Twist（拧花）：最初是指被拧成螺旋状的柠檬皮或酸橙皮。后来通指柠檬片或酸橙片。

Zest（柠檬片或酸橙片）：搁在鸡尾酒杯口作为装饰的一小片柠檬，橙子或酸橙。通常要切成极薄的小片。

二、英式调制技术

鸡尾酒调制的方法一般有四种：摇和法、搅和法、兑和法和调和法。

（一）摇和法

摇和法（Shaking）也称摇荡法，摇晃法，它是按调制鸡尾酒的配方要求，依次往调酒壶中放入冰块，调酒辅料和配料，最后放入基酒，通过手的摇动达到充分混合的目的。此种方法主要用来调制配方中含有鸡蛋、糖、果汁、奶油等较难混合的原料时使用。

1. 操作技法

摇和法在操作手法上分为单手摇和双手摇两种。一般使用小号的摇酒壶可以单手摇，大号的摇酒壶用双手摇则更为妥当一些。

摇和法的特点是通过快速、剧烈地摇荡，使酒水能够达到最充分的混合，为了防止调酒器中温度升高，手与调酒器的接触面积必须为最小。

调酒器不能以直线型摇动，而是应划出弧形，充分利用手腕转动使摇和均匀。直线型摇动会使冰块因撞击调酒器底部而变成碎冰，从而使酒液被稀释。

（1）单手摇。以右手食指按压调酒壶盖，中指在壶身右侧按压滤冰器，拇指在壶身左侧，无名指和小拇指在右侧夹住壶身。手心不与壶身接触，以免加速壶内冰块融化的速度。摇和时，注意手臂尽量拉直，以手腕的力量使调酒壶左右摇晃，同时手臂自然上下摆动。

（2）双手摇。对于有鸡蛋和蜂蜜这些较难以单手摇和均匀的鸡尾酒，通常采用双手摇这一操作技法。具体方法：右手拇指按压调酒壶盖，其他手指夹住壶身；左手无名指、小拇指托住壶底，其余手指夹住壶身。壶头朝向调酒师，壶底朝外，并将壶底略向上抬。摇和时可将调酒壶斜对胸前，也可将调酒壶置于身体的左上或右上方肩上，做"弧线活塞式"运动。注意用力均匀有力以便使酒液充分混合冷却。

2. 斟倒酒液

在摇荡过程中，当调酒壶的金属表面出现霜状物时，则证明壶内酒水已经充分混合并且已经达到均匀冷却的目的。此时应右手持壶，左手将壶盖打开，同时右手食指下移按压住滤冰器，将酒壶倾斜把壶内摇荡均匀后的酒液通过滤冰器滤入载杯之中。

（二）搅和法

搅和法是使用电动搅拌机进行酒水混合的一种方法，主要用来混合鸡尾酒配方中含有水果（如香蕉、草莓、苹果、西瓜等）成分或碎冰时使用。这种调酒方法是通过高速马达的快速搅拌作用，达到混合的目的，采用此种调制方法效果非常好，同时亦能极大地提高调制工作的效率和调酒的出品量，因此现在比较流行。

在使用时应注意在投料前将水果去皮切成丁、片、块等易于搅拌的形状，然后再将原料投入搅拌杯中。将原料投放完毕后，将搅拌杯的杯盖盖好（以防止高速搅拌时酒液溅出）。开动电源使其混合搅拌，时间不宜过长，一般控制在 10 秒以内，以防止电机的损坏。待搅拌机马达停止工作，整个搅拌过程结束后，将搅拌杯从搅拌机机座上取下，将搅拌混合好的酒液倒入准备好的载杯中。

（三）兑和法

兑和法即在载杯中直接调制鸡尾酒等混合饮料，又称直调法。调制的鸡尾酒常见的如高杯类饮品、果汁类饮品和热饮。彩虹酒也是采用兑和法调制。其方法是将各种调酒原料按比重（糖度越高，比重就越大）的不同，使用吧匙的匙背依次倒入酒杯中，使酒液在载杯中形成层次。

目前有些调酒师在使用兑和法调制鸡尾酒时，不再使用匙背斟倒酒水，而是采用滴管，这样更能节省时间，提高工作效率。

（四）调和法

调和法又称为搅拌法，是在最小稀释酒水的情况下，迅速将酒水冷却的一种调酒混合方法。

操作时，先将适量的冰块放入调酒杯中，再将酒水依据鸡尾酒配方规定的量，依次倒入调酒杯中。以左手拇指、中指、食指轻握调酒杯的底部，将调酒匙的螺旋部分夹在右手拇指和食指、中指、无名指之间，快速转动调酒匙做顺时针方向运动，搅动十至十五圈后，酒液均匀冷却后停止。

将滤冰器加盖于调酒杯口上，以右手的食指和中指分列于滤冰器把的左右卡压滤冰器，拇指、无名指和小拇指握住调酒杯。倾斜调酒杯将酒液滤入准备好的载杯中。

另外，有些鸡尾酒由于不需要滤冰这一过程，则可在其配方规定的载杯中直接使用调酒匙（或搅拌棒）进行搅和。

搅和时，调酒匙的匙头部分应保持在调酒杯的底部搅动，同时应尽量避免与调酒杯的接触，应只有冰块转动的声音。调酒匙的匙背应向上从调酒杯中取出，以防跟带酒水。搅拌时间不宜太长，以防冰块过分融化影响酒的口味。操作时，动作不宜太大，以防酒液溅出。

三、花式调酒技术

花式调酒最早起源于美国的"friday"，20 世纪 80 年代开始盛行于欧美各国。它是在传统的调酒过程中加入一些音乐、舞蹈、杂技等光怪陆离的特技，为"喝酒"增色不少。花式调酒给酒文化注入了时尚元素，让酒吧的气氛骤然熠熠生辉起来。

（一）花式调酒的技术动作

（1）翻瓶 1～4（翻瓶是花式调酒的基础动作，左右手要熟练掌握）。

（2）手心横向旋转酒瓶。

（3）手心纵向旋转酒瓶（手心横向，纵向旋转酒瓶是锻炼用手腕控制酒瓶时手腕的力度）。

（4）抛掷酒瓶一周半倒酒。

（5）卡酒、回瓶（抛掷酒瓶一周半倒酒、卡酒、回瓶是花式调酒最常用的倒酒技巧，要左、右手都能熟练掌握）。

（6）直立起瓶。

（7）直立起瓶手背立。

（8）一周拖瓶（手背拖瓶锻炼酒瓶立于手背上时手的平衡技巧，要左、右手熟练掌握）。

（9）正面两周翻起瓶。

（10）正面两周倒手（正倒手是花式调酒最常用的倒手技巧）。

（11）抢抓瓶（抢抓瓶要求左、右手熟练掌握）。

（12）手腕翻转瓶。

（13）背后直立起瓶。

（14）背后翻转酒瓶两周起瓶。

（15）反倒手。

（16）抛瓶一周手背立瓶。

（17）背后抛掷酒瓶（背后抛掷酒瓶是花式调酒中非常重要的）。

（18）衔接动作，要熟练掌握。

（19）绕腰部抛掷酒瓶。

（20）绕腰部抛掷酒瓶手背立。

（21）外向反抓。

（22）抛掷酒瓶一只手拍瓶背后接。

（23）头后方接瓶。

（24）滚瓶。

（二）花式调酒的组合练习动作

（1）翻瓶1+2，翻瓶2+3，翻瓶3+4，翻瓶1+2+3+4。

（2）抛掷酒瓶一周半倒酒+卡酒+回瓶。

（3）直立起瓶手背立+拖瓶（60秒）+两周撤瓶。

（4）正面翻转两周起瓶+正面两周倒手+一周半倒酒、卡酒、回瓶+手腕翻转酒瓶+抢抓瓶。

（5）背后直立起瓶+反倒手+翻转酒瓶两周背接。

（6）手抛瓶一周立瓶+两周撤瓶+背后抛掷酒瓶手背立。

（7）抛掷酒瓶外向反抓+腰部抛掷+转身拍瓶背后接。

（8）头后方接瓶+滚瓶+反倒手+外向反抓+腰部抛掷酒瓶+转身拍瓶背后接。

四、鸡尾酒的创作

(一)鸡尾酒的创作要素

1. 鸡尾酒创作的目的

通常，在人们设计鸡尾酒时，一般都包含两种目的：一种是自我感情的宣泄；一种是刺激消费。对待自我感情的宣泄，只要不违背鸡尾酒的调制规律，能借助于各种酒在混合过程中产生前所未有的精神力量，在调好的创新鸡尾酒中，看到自我的存在，得到快感的诱发和移情，就算达到了目的。而刺激消费，是要把这款新设计的鸡尾酒首先看成是商品，那就要求设计者更好地认识与把握消费者的心理要求，进而善于发现人们潜在的需求因素，从而有效地达到促销的目的。

2. 鸡尾酒的创意

创意，是人们根据需要而形成的设计理念。理念，是一款鸡尾酒新型设计的思想内涵和灵魂。能否创新出具有非凡艺术感染力的作品，绝好的鸡尾酒创意是关键。在鸡尾酒创制过程中，创意一定要新颖，思路一定要清晰，要善于思考和挖掘，善于想象，不断形成新的理念。

3. 鸡尾酒创作的个性和特点

鸡尾酒创作要突出个性特点，一杯好鸡尾酒的特点，是由多方面相互联系、相互作用的个性成分所组成的。由于每个人的个性具有无限的丰富性和巨大的差异性，因此在设计新款鸡尾酒时，面对有限的材料，进行不同的分类组合，就能设计出款式不同的鸡尾酒。从设计者的个性考虑，首先应充分发挥其主观能动性，展现其个性所形成的风格，促其标新立异；但又不排除在不断对客观事物认识的过程中，因个性适应而形成的差异化，这又能使之开拓新的设计天地。

4. 创新的联想

联想，是内在凝聚力的爆破、情感的释放，是激发感染力的动力。鸡尾酒之所以能超出酒的自然属性，以其艺术魅力来扩大消费者范围，很重要的原因在于鸡尾酒的联想效果。一款鸡尾酒的设计，要通过色彩、形体、嗅觉、口感为媒介，来表现深藏在设计者内心的各种情感，如果失去联想力，也就丧失了鸡尾酒的价值。饮一杯彩虹鸡尾酒，便会联想到色彩绚丽的舞衣，舞台上旋转的舞步。在设计鸡尾酒时，安排一切契机去增强创造的效果，是绝对不容忽视的。一个美好的幻想、一个美丽的梦，都可以成为创新鸡尾酒的最佳创意。

(二)鸡尾酒的创作技巧

设计创作一款新型鸡尾酒，对有经验的调酒师来说是一件很容易的事情。他可以从多方位、多层次、多侧面去体现创造的需要，反映创造的意念，渲染创造的个性，扩散创造的联想。

1. 时间侧面

时间伴着人生，丰富人生，充实季节，编织年轮。时间与生命紧紧地交织在一起，与人

类生存息息相关。透过这个侧面，任何人都会有所思、有所想，也就为新款鸡尾酒的设计带来取之不尽的素材与灵感。

2. 空间侧面

空间给我们无限的遐想，结构、材料构成空间，色彩体现空间，人的心灵只有在空间中飞翔，才可能真正体会空间中的天、地、日、月、朝、暮、风、云、雨、露，从而设计出体现空间美的鸡尾酒。

3. 博物侧面

世界万物都有其美丽、神奇的方面，对万千事物的各种理解，都可以赋予鸡尾酒设计者以美丽、神奇的联想，从而创造出独具魅力的新款鸡尾酒。

4. 典故侧面

精彩的典故，仅凭片言只语，就能形象地点明历史事件，揭示出耐人寻味的人生哲理。巧妙运用典故，会形成鸡尾酒内涵丰富的意念，在外国也多运用这种手法。

如"自由古巴"这款鸡尾酒，就是源于古巴挣脱西班牙统治，争取独立时的口号——"自由古巴万岁"这样一个典故：美国有一艘名叫"缅因"号的战舰因故沉没，美军便趁此机会登陆古巴，于是美、古战争爆发了。在8月一个炎热的午后，一位美军少尉走进哈瓦那一家由美国人经营的酒店，向服务员点叫罗姆酒。此时，刚好有位同僚在喝可乐，于是少尉灵机一动，将可乐掺在罗姆酒中并举杯说：自由古巴，这样一款新型鸡尾酒就产生了。

另外，在设计鸡尾酒时，设计者还可以从诸如人物、文字、历史、军事、伦理等一系列角度展开联想，创作鸡尾酒。

（三）鸡尾酒的创作方法

鸡尾酒调制的目的就是要混合两种以上的材料，而产生令人愉快的美味，它好比一首曲调，每个音符都有它特殊的性能与地位。

鸡尾酒的创作一般包括立意、选料、制定配方、择杯、调制、装饰这几个步骤。

1. 立意

一款好的鸡尾酒带给人的不仅仅是感官的刺激，更多的是视觉艺术的享受，精神的享受。鸡尾酒这种完美境界的实现归根到底在于酒品创作的立意。

立意，也就是要明确创作思想，这是鸡尾酒创作的第一步。立意，又称为创意，即确立鸡尾酒的创作意图。人们借助自身的奇思妙想创造出了鸡尾酒，并且不断在生活中产生灵感，形成新的构思，创造出一款款新的鸡尾酒品种。

2. 选料

任何一款鸡尾酒，有了好的创意还需通过酒品来进行具体形象的表达。因此，确定了创意后，认真、准确地选择调配材料就显得十分重要。

鸡尾酒是由基酒、辅料和装饰物等部分构成。可以用作基酒的材料很多，如六大基酒和葡萄酒、香槟酒等，中国白酒和日本清酒也越来越多地被用来作基酒调制鸡尾酒。

鸡尾酒调制的辅料品种很多，其选样是围绕着鸡尾酒的创意进行的，无论是酒的颜色，还是口味都要能非常贴切地表达作者的创作思想；否则，就失去了创作的意义。

3. 制定配方

不论创作什么样的鸡尾酒，都必须制定相应标准配方，规定酒品主辅料的构成，描述基本的调制方法和步骤。一旦标准配方形成后，就不再轻易进行变动和更改，这是保证酒品色、香、味等因素达到和符合规定标准和要求的基础。

4. 择杯

鸡尾酒载杯的选择取决于酒量的大小和创作的需要，所谓酒是体、杯是衣，人靠衣装、酒靠杯装，酒杯是酒品色、香、味、形中"形"的重要组成部分。传统的鸡尾酒杯是三角形或倒梯形的高脚杯，是创作鸡尾酒的常见选择。

但为了能更好地表现创作者的创作思想，也可以选择一些与酒品主题相吻合的特型杯。此外，选择杯具时还应考虑载杯的容量、杯具的大小必须符合配方的需要。

5. 调制

创新鸡尾酒在调制过程中，必须注意的两点：一是调制方法的选择；二是根据创作意图进行配方的修改。

调制方法的选择能反映出创作者的创作思路和意图，为了使创作的鸡尾酒与众不同，更具吸引力，很多创作者在选择调酒方法时往往根据酒品或主题的需要，选择两种或两种以上的方法，其目的一是增加制作难度；二是增加调制过程中的表演性。

调制过程实际是把构想转变为成品的过程，此时的调整是微调，即对配方中各种材料的用量适当调整，使酒品的色、香、味等因素更和谐，更协调，更能充分表达创作意图。

6. 装饰

艺术装饰是鸡尾酒调制的最后一道工序，创新鸡尾酒也不例外。装饰有两个目的：一是调味，一是点缀。鸡尾酒的装饰并无固定模式可循，完全取决于创作者的审美眼光，特别是用于点缀的装饰，创作者完全可以根据自己的喜好，结合创作要求任意发挥。

评估练习

1. 鸡尾酒的调制方法有哪些？
2. 英式鸡尾酒和花式鸡尾酒的调制区别在哪些方面？
3. 如何进行自创鸡尾酒的调制？

第三节 经典鸡尾酒配方

教学目标：

1. 熟悉常见鸡尾酒酒谱的内容。
2. 掌握部分经典鸡尾酒酒谱。

近 10 年来，经过国际调酒师协会的努力和各国调酒人士的不断创新和发展，目前见于

各种专业鸡尾酒书籍的配方综合已达 3000 多种，分属 30 多个类别，并且每年还不断涌现出优秀的创新鸡尾酒，一些专业组织和有关商业组织每年还会评出数款当年最流行鸡尾酒。本书作者根据数年来的鸡尾酒流行情况，结合具有代表性的款式，将鸡尾酒分成经典鸡尾酒、常见鸡尾酒两大类，下面逐一向大家详细介绍。

一、经典鸡尾酒酒谱

1. 马天尼

（1）干马天尼。

材料：金酒 1.5oz；干味美思 5 滴。

制法：加冰块搅匀后滤入鸡尾酒杯，用橄榄和柠檬皮装饰。如果将装饰物改成珍珠洋葱。干马天尼就变成吉普森了。

（2）甜马天尼。

材料：金酒 1oz；甜味美思 2/3oz。

制法：加冰块搅匀后滤入鸡尾酒杯，用红樱桃一枚装饰。

（3）中性马天尼。

材料：金酒 1oz；干味美思 1/2oz；甜味美思 1/2oz。

制法：加冰块搅匀后滤入鸡尾酒杯，用樱桃和柠檬皮装饰。中性马天尼又称为完美型马天尼。

2. 曼哈顿

（1）干曼哈顿。

材料：黑麦威士忌 1oz；干味美思 2/3oz；安哥斯特拉苦精 1 滴。

制法：在调酒杯中加入冰块，注入上述酒料，搅匀后滤入鸡尾酒杯，用樱桃装饰。

（2）中性曼哈顿。

材料：黑麦威士忌 1oz；干味美思 1/2oz；甜味美思 1/2oz；安哥斯特拉苦精 1 滴。

制法：在调酒杯中加入冰块，注入上述酒料，搅匀后滤入鸡尾酒杯，用一颗樱桃和一片柠檬片进行装饰。中性曼哈顿又称为完美型曼哈顿。

（3）甜曼哈顿。

材料：黑麦威士忌 1oz；甜味美思 2/3oz；安哥斯特拉苦精 1 滴。

制法：在调酒杯中加入冰块，注入上述酒料，搅匀后滤入鸡尾酒杯，用樱桃装饰。

3. 威士忌酸

材料：威士忌 3/2oz；柠檬汁 1oz；砂糖 1tsp。

制法：将上述材料加冰搅匀后滤入高球杯中，并加满冰苏打水，用一块柠檬皮拧在酒中，再用一片柠檬片和一颗红樱桃装饰。

4. 玛格丽特

材料：特其拉酒 1oz；橙皮香甜酒 1/2oz；柠檬汁 1oz。

制法：先将浅碟香槟杯用精细盐上杯口待用，并将上述材料加冰摇匀后滤入杯中，饰以一片柠檬片即可。

5. 螺丝钻

材料：伏特加 3/2oz；鲜橙汁 4oz。

制法：将碎冰置于阔口矮型杯中，注入橙汁，搅匀，以鲜橙点缀。

6. 白兰地亚历山大

材料：白兰地 1/3oz；棕色可可酒 1/3oz；鲜奶油 1/3oz。

制法：将上述材料加冰块充分摇匀，滤入鸡尾酒杯后用一块柠檬皮拧在酒里，再用一颗樱桃进行装饰并在酒里撒少许豆蔻粉。

7. 百家地

材料：百家地朗姆酒 1/5oz；鲜柠檬汁 1/4oz；石榴糖浆 3/4oz。

制法：将冰块加入调酒壶内，注入酒、石榴糖浆和柠檬汁充分摇匀，滤入鸡尾酒杯，以一颗红樱桃点缀。

8. 吉普森

材料：金酒 1oz；干味美思 2/3oz。

制法：将上述材料加冰摇匀后滤入鸡尾酒杯，然后放入一颗小洋葱。

9. 特基拉日出

材料：特基拉 1oz；橙汁适量；石榴糖浆 1/2oz。

制法：在高脚杯中加适量冰块，量入特基拉酒，兑满橙汁，然后沿吧勺倒入红石榴糖浆，使其沉入杯底，并使其自然升起呈太阳喷薄欲出状。

10. 红粉佳人

材料：金酒 3/2oz；柠檬汁 1/2oz；石榴糖浆 2tsp；蛋白 1 个。

制法：将酒料加冰摇匀至起泡沫，后滤入鸡尾酒杯以红樱桃点缀。

11. 血腥玛丽

材料：伏特加 3/2oz；番茄汁 4oz；辣椒油 1tsp；精盐 1/2tsp；黑胡椒 1tsp。

制法：在老式杯中放入冰块，按顺序在杯中加入伏特加和番茄汁，然后再撒上辣椒油、精盐、黑胡椒等，最后放入一片柠檬片，用芹菜秆匀即可。

12. 边车

材料：白兰地 3/2oz；橙皮甜酒 1/4oz；柠檬汁 1/4oz。

制法：将上述材料摇匀后注入鸡尾酒杯，饰以红樱桃。

13. 金菲士

材料：金酒 2oz；君度酒 2oz；鲜柠檬汁 2/3oz；蛋白 1 个；糖粉 2tsp；苏打水适量。

制法：将碎冰放入调酒壶，注入酒料，摇匀至起泡沫滤入高球杯中，并在杯中注满苏打水。

14. 新加坡司令

材料：金酒 3/2oz；君度酒 1/4oz；石榴糖浆 1oz；柠檬汁 1oz；苦精 2 滴；苏打水适量。

制法：将各种酒料及冰块加入摇酒壶中摇匀后滤入柯林杯内，并加满苏打水，用樱桃和柠檬片装饰。这种鸡尾酒适宜暑热季节饮用。

15. 青草蜢

材料：白可可甜酒 2/3oz；绿薄荷甜酒 2/3oz；鲜奶油（或炼乳）2/3oz。

制法：将上述材料充分摇匀，使利口酒和鲜奶油充分混合，滤入鸡尾酒杯，用一颗樱桃进行装饰。

16. 古典鸡尾酒

材料：威士忌 3/2oz；方糖 1 块；苦精 1 滴；苏打水 2tsp。

制法：在老式杯中放入苦精、方糖、苏打水，将糖搅拌后加入冰块、威士忌，搅凉后拧入一片柠檬皮，并饰以橘皮和樱桃。

17. 自由古巴

材料：深色朗姆 1/2oz；可口可乐 1 瓶。

制法；在高球杯内加满冰块，并放入一片柠檬片，然后加入朗姆酒，用可乐加满酒杯。

18. 黑色俄罗斯

材料：伏特加 3/2oz；咖啡利口酒 3/4oz。

制法：在阔口矮型老式杯中加入冰块，注入酒，轻轻搅匀即可。

二、常见鸡尾酒酒谱

（一）以白兰地酒为基酒配制的短饮鸡尾酒

1. B 和 B

用料：白兰地酒 1oz；香草利口酒 1oz。

制法：先将香草利口酒加入雪利杯或利口酒杯中，然后用吧匙将白兰加在香草利口酒上。

2. 白兰地科拉丝泰

用料：白兰地 1oz；无色柑橘 1/2oz；柠檬汁 1/2oz；无色樱桃酒 2 滴；安哥斯特拉苦精 1 滴；长形柠檬皮 1 块。

制法：鲜柠檬块涂酒杯的边缘，将杯口放在白糖上转动，使经过涂湿的杯边沾上糖霜，形成一个白色的环形，把冰块、白兰地、柑橘酒、柠檬汁、苦酒和樱桃酒放入调酒器，摇匀后过滤，倒入鸡尾酒杯中，再用一长条形柠檬皮，一端在杯边，一端沉在杯内作装饰。

3. 白兰地费克斯

用料：白兰地酒 1oz；樱桃白兰地酒 1/2oz；糖浆 1/2oz；柠檬汁 1/3oz；冰块适量；柠檬皮 1 段。

制法：在古典杯或高球杯中加 8 分满碎冰，将柠檬皮、柠檬汁和白兰地加入，用柠檬和樱桃装饰。

4. 白兰地珊格瑞

用料：白兰地酒 1oz；马德拉 1/5oz；糖粉 3g；苏打水（冷藏）适量；豆蔻粉少许；青柠檬皮 1 条；冰块。

制法：在古典杯中放入冰块加入白兰地酒、马德拉酒，放糖粉搅拌后，加入适量的苏打水至八成满。将柠檬条拧成螺旋状，使它的汁滴入鸡尾酒中，然后将柠檬皮放入冰水中，撒上豆蔻粉，放 1 个吸管和 1 个调酒棒。

5. 圣诞曲

用料：白兰地 3/2oz；甜味美思 1/2oz；冰块；小洋葱 1 个。

制法：将冰块、白兰地、甜味美思放入调酒杯，用吧匙搅拌均匀，过滤后倒进鸡尾酒杯中，将酒签插在小洋葱上，然后将小洋葱放进鸡尾酒中作装饰。

（二）以威士忌酒为基酒配制的短饮鸡尾酒

1. 波士顿飞利浦

用料：威士忌 loz；马德拉 loz；生蛋黄 1 个；糖粉 5 克；冰块；红樱桃 1 个。

制法：将冰块、黑麦威士忌、马德拉、生鸡蛋黄、糖粉放入摇酒器内充分摇匀，过滤后倒入鸡尾酒杯中，将红樱桃卡在杯边上作装饰。

2. 地震

用料：威士忌 1/2oz；干金酒 1/2oz；味美思酒 1/2oz；冰块。

制法：将冰块、威士忌、干金酒、味美思分别倒入调酒器中，摇匀后过滤，再倒入鸡尾酒杯中。

3. 狩猎者

用料：威士忌酒 3/2oz；樱桃白兰地酒 1/2oz；冰块。

制法：将冰块、威士忌酒、樱桃白兰地倒入摇酒器内摇匀后过滤，倒入鸡尾酒杯内。

4. 曼哈顿

用料：裸麦威士忌酒 3/2oz；红味美思酒 1/2oz；苦精 5 滴；冰块；红樱桃 1 个。

制法：把冰块、裸麦威士忌酒、味美思酒、苦精倒入调酒杯中，用吧匙搅拌，过滤后倒入鸡尾酒杯中，红樱桃挂在杯边上或插在酒签上放在酒杯内作装饰。

5. 薄荷朱丽波

用料：波旁威士忌酒 3/2oz；糖粉 5 克；苏打水适量；冰块；薄荷叶几片。

制法：将糖粉放入酒杯中，放少量苏打水将其溶化，放入薄荷叶 3 片，捣烂后加威士忌酒，再用吧匙搅拌，过滤后倒入盛有冰块的古典杯中，将几片薄荷放入酒中作装饰，放入吸管 1 个。

（三）以金酒为基酒配制的短饮鸡尾酒

1. 三叶草俱乐部

用料：干金酒 1oz；干味美思酒 1/2oz；石榴汁 1/3oz；生鸡蛋白 1/2 个；冰块。

制法：将冰块、干金酒、干味美思、石榴汁、柠檬汁、鸡蛋白倒入摇酒器内充分摇匀，过滤后倒入鸡尾酒杯内。

2. 吉普森

用料：金酒 3/2oz；味美思 1/2oz；小洋葱 1 个；冰块。

制法：将冰块、金酒和干味美思酒放进调酒杯中，用吧匙搅拌，过滤后倒入鸡尾酒杯中，将小洋葱插上酒签放入鸡尾酒杯中作装饰。

3. 金戴兹

用料：金酒 3/2oz；鲜柠檬汁 1/2oz；糖粉 5 克；苏打水（冷藏）适量；碎冰块适量；柠檬片 1 片；薄荷叶 1 片。

制法：将冰块、金酒、鲜柠檬汁、糖粉放入摇酒器摇匀，过滤后倒入带有碎冰块的古典杯或海波杯中，加苏打水至八成满，将柠檬片切个小口插在杯边上，薄荷叶放在杯内作装饰。

4. 夏威夷

用料：干金酒 3/2oz；橘子汁 1/2oz；无色古拉索利口酒 1 滴；冰块。

制法：将冰块、干金酒、橘子汁和古拉索利口酒放入摇酒器摇匀，过滤后倒入鸡尾酒杯中。

5. 探戈

用料：干金酒 1/2oz；甜味美思 1/2oz；无色古拉索利口酒 1/3oz；橘子汁 1/3oz；冰块。

制法：将冰块、干金酒、甜味美思、古拉索利口酒、橘子汁放入摇酒器内摇匀，过滤后滤入鸡尾酒杯内。

（四）以朗姆酒为基酒配制的短饮鸡尾酒

1. 百加地

用料：百加地朗姆酒 3/2oz；青柠檬汁 1/2oz；石榴汁 1/5oz；冰块。

制法：将冰块、百加地朗姆酒、柠檬汁、石榴汁放入摇酒器，摇匀后过滤，滤入鸡尾酒杯中。

2. 乡村俱乐部

用料：无色朗姆酒 1oz；干味美思 1oz；无色橙味利口酒 1 滴；冰块。

制法：将冰块、无色朗姆酒、干味美思酒、无色橙味利口酒倒入调酒杯用吧匙搅拌，过滤后倒入鸡尾酒杯中。

3. 香蕉戴可丽

用料：百加得朗姆酒 3/2oz；香蕉甜酒 3/2oz；柠檬汁 1/2oz；香蕉（去皮）半个；冰块。

制法：将冰块、朗姆酒、香蕉甜酒、柠檬汁、香蕉放入电动搅拌机中搅拌成泥状，倒入香槟杯。

4. 救火员酸

用料：朗姆酒 2oz；石榴汁 1/2oz；糖粉 1/2oz；冰块；冷藏汽水（雪碧）适量；红樱桃

1 个；柠檬片 1 片。

做法：将适量的冰块、朗姆酒、红石榴汁、糖粉放入摇酒器摇匀，过滤后倒入海波杯或酸酒杯中，加入冷藏的雪碧汽水至八分满，把红樱桃和柠檬片及吸管装在一起，吸管放入杯内，红樱桃和柠檬片恰好在杯边。

5. 微笑

用料：无色朗姆酒 1oz；甜味美思酒 1oz；糖粉 2 克；柠檬汁 1 滴；冰块。

制法：将冰块、无色朗姆酒、甜味美思、糖粉、柠檬汁放入摇酒器摇匀，过滤后倒入鸡尾酒杯内。

（五）以伏特加酒为基酒配制的短饮鸡尾酒。

1. 黑俄罗斯

用料：伏特加酒 3/2oz；咖啡利口酒 1/2oz；冰块。

制法：将冰块放入古典杯中，倒入伏特加酒和咖啡利口酒，轻轻搅拌即可。

2. 蒙地卡罗

用料：伏特加酒 1/2oz；杏仁甜酒 1/2oz；香蕉甜酒 1/2oz；红樱桃 1 个；冰块。

制法：将冰块放进摇酒器内，放入伏特加酒、香蕉甜酒、杏仁甜酒，摇动过滤倒入鸡尾酒杯内，用 1 个红樱桃卡在杯边作装饰。

3. 月明之夜

用料：伏特加酒 1oz；无色古拉索利口酒 1/2oz；干味美思酒 1/2oz；冰块；吧签串联起柠檬片和樱桃装饰物 1 个。

制法：将冰块放入调酒杯中，倒入伏特加酒、古拉索利口酒和干味美思酒，用吧匙搅拌均匀，滤入鸡尾酒杯中，将装饰物卡在杯边上或放在酒杯内作装饰。

4. 北极

用料：伏特加酒 1oz；白兰地酒 1/2oz；金巴利苦酒 1/2oz；冰块。

制法：将冰块放调酒杯中，倒入伏特加酒、白兰地酒和金巴利苦酒，用吧匙搅拌，过滤后倒入鸡尾酒杯中。

5. 咸狗

用料：伏特加酒 1oz；西柚汁 1oz；菠萝汁 5 滴；冰块；柠檬 1 块；细盐少许。

制法：用柠檬擦湿鸡尾酒杯边，将杯口在细盐上转动，沾上细盐，使酒杯边缘呈现白色环形，将冰块、伏特加酒、西柚汁、菠萝汁放入摇酒器中摇匀，过滤后倒入鸡尾酒杯中。

（六）以特吉拉酒为基酒配制的短饮鸡尾酒

1. 椰子特吉拉

用料：特吉拉酒 3/2oz；无色樱桃酒 1/5oz；椰子汁 1/2oz；柠檬汁 1/2oz；冰块。

制法：将冰块放入摇酒器中，放特吉拉酒、樱桃酒、椰子汁、柠檬汁，摇匀后过滤，倒入大型香槟杯中。

2. 草帽

用料：特吉拉酒 1/2oz；柠檬汁 1/3oz；番茄汁 1oz；冰块。

制法：将冰块、特吉拉酒、柠檬汁、番茄汁放入调酒杯中，用吧匙搅拌均匀，过滤后倒入鸡尾酒杯中。

3. 托匹顿

用料：特吉拉酒 1/2oz；橙味利口酒 1/2oz；茴香利口酒 1/2oz；修道院利口酒 1/2oz；冰块。

制法：将冰块、特吉拉酒、橙味利口酒、茴香利口酒、修道院利口酒放入摇酒器内，摇匀后过滤倒入鸡尾酒杯内。

（七）以利口酒、葡萄酒为基酒配制的短饮鸡尾酒

1. 阿美利加诺

用料：金巴利苦味酒 1oz；甜味美思酒 1oz；苏打水；柠檬皮 1 块；冰块。

制法：将冰块、苦酒、甜味美思酒放入调酒杯中，用吧匙搅拌均匀，过滤后倒入鸡尾酒杯中，将柠檬皮放入鸡尾酒中作装饰。此外，可将该鸡尾酒放入古典杯或海波杯中，加入适量的苏打水。

2. 波特菲丽波

用料：波特酒 3/2oz；生鸡蛋黄 1 个；橙味利口酒 1 滴；糖块 5 克；冰块。

制法：将冰块、波特酒、生鸡蛋黄、橙味利口酒、糖块放入摇酒器内充分摇匀，过滤后倒入葡萄酒杯中。

3. 天使之梦

用料：棕色可可甜酒 3/2oz；浓鲜奶油 1/2oz。

制法：将棕色可可酒倒入较大的利口酒杯中，再将吧匙放进杯中，把鲜奶油轻轻地沿匙柄倒入杯中，使它漂在可可酒上。

4. 竹子

用料：干雪利酒 1oz；干味美思酒 1oz；苦酒 1 滴；冰块；小洋葱。

制法：将冰块、苦味酒、干雪利酒、干味美思酒倒入调酒杯中，扰拌均匀，过滤后倒入鸡尾酒杯中，将小洋葱放入鸡尾酒中作装饰。

5. 莎白丽杯（6 人用）

用料：草药利口酒 3/2oz：莎白丽白葡萄酒（冷藏）1 瓶；冰块；柠檬片；菠萝片 3 片。

制法：把适量冰块放进玻璃水杯中，倒入草药利口酒和白葡萄酒，用吧匙搅拌，放入柠檬片和菠萝片，用白葡萄酒杯盛装。

6. 红葡萄酒杯（10 人用）

用料：红葡萄酒 1 瓶；橙味利口酒 1/5oz；鲜橙汁 200ml；柠檬汁 100ml；菠萝汁 50ml；雪碧汽水 1000ml；冰块适量；鲜橙片适量。

制法：在饮用前半个小时，将以上各种原料放入不锈钢或玻璃容器内，用吧匙轻轻搅拌，然后盛装在红葡萄酒杯或果汁杯中。

7. 咖啡亚历山大

用料：咖啡利口酒 1/2oz；鲜奶油 1/2oz；金酒 1/2oz；冰块；糖粉 3 克；柠檬 1 块。

制法：将柠檬卡在鸡尾酒杯的边缘，沾上糖粉使杯边呈白色环形。将冰块和咖啡利口酒、奶油、金酒放在摇酒器内充分摇匀，过滤后倒入鸡尾酒杯内。

8. 彩虹酒

用料：石榴汁 1/5oz；可可利口酒 1/5oz；薄荷利口酒 1/5oz；无色橙味利口酒 1/5oz；白兰地酒 1/5oz；红樱桃 1 个。

制法：由于酒水密度不同的原因，先将密度大的酒体放在下面，这样轻轻依次倒入各种酒水，可将酒水分出不同的层次。首先，在利口酒杯或彩虹杯中倒入石榴汁。其次，将吧匙前端接触饮用杯内侧，按照顺序，最后，将可可利口酒、薄荷利口酒、无色橙味利口酒、白兰地酒轻轻地沿着吧匙、杯内侧边缘流入杯内。红樱桃挂在杯边上作装饰。也可将杯内上层的白兰地酒用火柴点着，使多色酒表面燃着蓝色的火焰。

（八）以白兰地酒为基酒配制的长饮鸡尾酒

1. 夹层

用料：白兰地酒 3/2oz；深色朗姆酒 1oz；柑橘利口酒 1/2oz；柠檬汁 1/2oz；雪碧汽水（冷藏）适量；红樱桃 1 个；冰块。

制法：将冰块放入摇酒器中，加入白兰地酒、朗姆酒、柑橘利口酒、柠檬汁。摇匀后过滤，倒入高杯（高身平底杯）中，冲入雪碧至八成满，把红樱桃插在杯边上作装饰。

2. 白兰地考布勒

用料：白兰地 1oz；橙味利口酒 1/2oz；樱桃白兰地 1/5oz；鲜柠檬汁 1/5oz；糖粉 5 克；碎冰块适量；菠萝 1 条。

制法：在海波杯中放入适量的碎冰块，再放入白兰地酒、橙味利口酒、樱桃白兰地酒、鲜柠檬汁、糖粉，用吧匙搅拌，在菠萝条切个小口，卡在杯边上作装饰，杯中放 1 个调酒棒。

3. 白兰地蛋诺

用料：白兰地酒 3/2oz；鲜牛奶约 3oz；生鸡蛋黄 1 个；糖粉 5 克；冰块；豆蔻粉少许。

制法：将冰块、白兰地酒、鲜牛奶、生鸡蛋黄、糖粉放入摇酒器内充分摇匀，过滤后放进海波杯中，然后在鸡尾酒上洒上豆蔻粉。

4. 白兰地漂漂

用料：白兰地酒 1oz；冰块 4 块；苏打水（冷藏）适量。

制法：在古典杯中放入冰块，加苏打水至杯容量的七成满，将白兰地酒加在苏打水上，不要搅拌。

5. 马颈

用料：白兰地酒 3/2oz；冰块；姜汁啤酒或姜汁汽水（冷藏）适量；柠檬皮（切成螺旋

状）1个。

制法：将螺旋状的柠檬皮一端挂在海波杯的杯边上，其余部分垂入杯内（挂在杯边上的柠檬皮当马头，杯中的柠檬皮当马身），放冰块，倒入白兰地酒，再将姜汁啤酒加入杯中至八分满。

6. 橙子醒酒

用料：干邑白兰地 1/2oz；红味美思酒 1/2oz；白朗姆酒 1/2oz；鲜橙汁 3oz；冰块适量；鲜橙片 1 片。

制法：将冰块、干邑白兰地酒、红味美思酒、白朗姆酒、鲜橙汁放进摇酒器中摇匀一过滤后倒入带有冰块的海波杯中，将鲜橙片切个小口挂在杯边上，杯中放个调酒棒。

（九）以威士忌酒为基酒配制的长饮鸡尾酒

1. 海底电报

用料：威士忌酒 3/2oz；柠檬汁 1/2oz；姜汁汽水 3oz；糖粉；冰块。

制法：将冰块放进摇酒器内，倒入威士忌酒、柠檬汁、糖粉，摇匀后过滤，倒在装有冰块的海波杯中，冲入姜汁汽水。

2. 加州柠檬水

用料：混合威士忌酒 1oz；石榴糖浆 2 滴；糖粉 10 克；柠檬汁 1oz；雪碧汽水；鲜橙片 1 片；柠檬片 1 片；红樱桃 1 个。

制法：将冰块放入摇酒器内，加入威士忌酒、石榴糖浆、糖粉、柠檬汁、橙汁，摇匀后过滤，倒入海波杯内，冲入雪碧汽水至八成满。将鲜橙片和柠檬片放在酒中，将红樱桃插在杯边上作装饰，在酒杯中放 1 个吸管。

3. 热威士忌托第

用料：威士忌酒 1oz；糖粉 3 克；热开水适量；柠檬皮 1 块；丁香 2 粒。

制法：先将威士忌酒、糖粉放进带柄的金属杯或古典杯中，加热开水后投入柠檬皮和丁香。

4. 牛奶宾治

用料：威士忌酒 1/2oz；糖粉 1/2oz；牛奶（冷藏）3oz；豆蔻粉少许；冰块。

制法：将冰块放入摇酒器中，倒入威士忌酒、糖粉、牛奶，摇匀后倒入海波杯中至八分满，撒上少许豆蔻粉。

（十）以金酒为基酒配制的长饮鸡尾酒

1. 百慕大海波

用料：干金酒 1/2oz；白兰地酒 1/2oz；干味美思 1/2oz；冰块；苏打水（冷藏）3oz；柠檬片 1 片。

制法：将冰块、干金酒、白兰地酒、干味美思酒放入海波杯中，用吧匙轻轻地搅拌，加苏打水至八成满，将柠檬片放在鸡尾酒杯内作装饰。

2. 霸克（伦敦霸克）

用料：干金酒 3/2oz；柠檬汁 1/2oz；冰块 2 块；姜汁汽水（冷藏）3oz。

制法：将冰块、干金酒、柠檬汁放入海波杯中，用吧匙轻轻搅拌，加姜汁汽水至八成满。

3. 金汤力

用料：干金酒 loz；冷汤力水（奎宁水）3oz；柠檬片 1 片；冰块。

制法：将冰块、干金酒放入海波杯中，用吧匙轻轻搅拌，再加入奎宁水，将柠檬片放入鸡尾酒中。

4. 金色费斯

用料：干金酒 3/2oz；柠檬汁 1/2oz；苏打水（冷藏）适量；冰块。

制法：将冰块放进摇酒器中，再倒入干金酒、柠檬汁、生鸡蛋黄，充分摇匀后滤入海波杯内，轻轻地加入苏打水至八成满。

（十一）以朗姆酒为基酒配制的长饮鸡尾酒

1. 自由古巴

用料：深色朗姆酒 3/2oz；柠檬汁 1/2oz；冷藏汽水（可乐）适量；冰块；柠檬片 1 片。

制法：将冰块、深色朗姆酒、柠檬汁、冷藏的汽水依次加入海波杯中，放调酒棒和吸管。柠檬片卡在杯边上作装饰。

2. 开拓者宾治

用料：金黄色朗姆酒 loz；青柠檬汁 loz；糖粉 1/2oz；橘子汁适量；橘子 1 片；红樱桃 1 个；冰块。

制法：将冰块放入摇酒器内，再倒入朗姆酒、青柠檬汁、糖粉，摇匀后过滤，倒入高杯中，加橘子汁至八成满，杯内放 1 片橘子片，将红樱桃插在杯边上作装饰。

3. 朗姆库勒

用料：朗姆酒 3/2oz；柠檬汁 loz；姜汁汽水（冷藏）适量；冰块。

制法：将冰块放入海波杯中，倒入朗姆酒和柠檬汁，然后再加姜汁汽水至八分满，用吧匙搅拌。

4. 朗姆蛋诺

用料：深色朗姆酒 3/2oz；鲜鸡蛋 1 个；糖粉 5 克；牛奶 3oz；豆蔻粉少许；冰块。

制法：将冰块、深色朗姆酒、鲜鸡蛋、糖粉、牛奶放入摇酒器内充分摇匀，过滤后倒入海波杯中，撒上豆蔻粉。

（十二）以伏特加酒为基酒配制的鸡尾酒

1. 莫斯科驴子

用料：伏特加酒 3/2oz；青柠檬汁 1/2oz；熟啤酒或汽水（冷藏）适量；切好的柠檬角 1 个。

制法：将伏特加酒、青柠檬汁、姜汁啤酒或姜汁汽水依次倒入海波杯中，把青柠檬角卡在杯边上作装饰。

2. 伏特加汤克尼

用料：伏特加酒1oz；奎宁水（冷藏）；柠檬片1片；冰块。

制法：将冰块、伏特加酒倒入海波杯内，再倒入奎宁水，将柠檬片放入酒中。

（十三）以特吉拉酒为基酒制作的鸡尾酒

1. 斗牛士

用料：特吉拉酒1oz；菠萝汁3/2oz：柠檬汁1/2oz；冰块；柠檬片1片；切好的菠萝角1个。

制法：将冰块、特吉拉酒、菠萝汁和柠檬汁放入摇酒器内充分摇匀，过滤后倒在装有冰块的海波杯中，柠檬片放在杯中菠萝角插在杯边上作装饰。

2. 戴可尼克

用料：特吉拉酒3/2oz；冷藏奎宁水适量；柠檬片半片；冰块。

制法：将特吉拉酒放进装有冰块的高杯中，加奎宁水至八成满，将半片柠檬片卡在杯边上作装饰。

（十四）以葡萄酒、啤酒和雪利酒为基酒配制的鸡尾酒

1. 波特珊格瑞

用料：糖粉5克；豆蔻粉少许；苏打水（冷藏）适量；波特酒2oz；冰块。

制法：将原料、冰块放入海波杯中，用吧匙轻轻搅拌，待糖粉溶解后。加波特酒和苏打冰，撒少许豆蔻粉。

2. 可可费斯

用料：可可利口酒3/2oz；柠檬汁1/2oz；糖粉5克；苏打水（冷藏）3oz；柠檬角1块；冰块。

制法：将冰块、可可酒、柠檬汁、糖粉放入摇酒器中摇匀，过滤后倒入海波杯中加苏打水至八成满，切柠檬角卡在杯上作装饰。

3. 香槟朱丽波

用料：糖粉5克；薄荷叶2片；香槟酒（冷藏）适量；酒签串联的橙子片和薄荷叶1个。

制法：把糖粉与薄荷叶放入香槟杯中，待薄荷叶捣烂、糖粉溶解后，倒入冷藏的香槟酒，将串联好的橙片和薄荷叶放入杯中或杯边上作装饰。

4. 凯利高球

用料：红葡萄酒2oz；姜汁汽水3oz；冰块。

制法：将冰块放入海波杯内，倒入红葡萄酒和姜汁汽水。

5. 欢乐四季

用料；竹叶青酒1oz；桂花陈酒1/2oz；柠檬汁1/4oz；奎宁水（冷藏）适量；柠檬片1

个；红樱桃 1 个；冰块。

制法：将冰块放入海波杯内，放各种酒、柠檬汁，再加奎宁水，用吧匙轻轻搅拌，杯内放 1 片柠檬和 1 个红樱桃作装饰。

6. 五福临门

用料：五加皮酒 1oz；七喜汽水（冷藏）3oz；柠檬片 1 片；冰块。

制法：将冰块放入海波杯内，放五加皮酒，再倒入汽水，用吧匙轻轻搅拌，在杯上放 1 片柠檬。

 课外资料 6-2

经典鸡尾酒故事

鸡尾酒，提到这个名字就让人浮想联翩。的确，世界上流行的每一款经典鸡尾酒，都历经过时间的考验，都有传奇式的经典故事。当然，她们一般都是原料普通常见，配方通俗易记，为人们广为流传，尽管如此，她们却有着几十年甚至上百年的历史，而且每款经典鸡尾酒都有特别的起源（即当时的创意）。今天我们就给大家介绍 12 款著名鸡尾酒的经典故事。

1. 螺丝起子（Gimlet）

在美国一个矿场里，矿工每天工作下来，喜欢喝酒来减轻自己的疲劳，为了不让老板发现自己偷偷喝酒，就把买来的伏特加加入了橙汁，因为没有搅棒，就用自己的工具螺丝起子来搅拌，因此，螺丝起子由此得名。慢慢习惯下来，矿工就一直这样喝酒。感觉味道还不错，颜色跟橙汁一样，橙汁也带一点点淡淡的苦味，就把伏特加酒的味道给掩盖了。因此，在酒吧也被称为"少女杀手"，虽然口味与颜色都与果汁类似，可是酒精的度数还影响着酒的本质，是男士用的"必杀技"。

2. 特基拉日出（Tequila Sunrise）

以特基拉为基酒的鸡尾酒，最有名的莫过于 Tequila Sunrise。有一位调酒师为寻找创作灵感，独自一人来到了生长着星星点点仙人掌，但又荒凉到极点的墨西哥平原上。一日，当他看到天空正升起鲜红的太阳，一瞬间阳光把墨西哥平原照耀得一片灿烂。调酒师突然灵感爆发，创作了这款特基拉日出鸡尾酒。Tequila Sunrise 中浓烈的龙舌兰香味容易使人想起墨西哥的朝霞。

3. 红粉佳人（Pink Lady）

第二次世界大战时期，美国政府征兵，有一女孩为了不使其他亲人遭受战乱之苦女扮男装入伍从军，参与战争。经过几年时间美国终于胜利，在开庆祝会时，这位女士兵喝了一杯鸡尾酒，脸色绯红。此时，多年的战友才知道她是位女孩。所以，她喝的那杯鸡尾酒就被称为红粉佳人。

4. 玛格丽特（Margarita）

1949 年，美国举行全国鸡尾酒大赛。一位洛杉矶的酒吧调酒师 Jean Durasa 参赛。这款鸡尾酒正是他的冠军之作。之所以命名为 Margarita Cocktail，是想纪念他的已故墨西哥恋人 Margarita。Jean Durasa 就用墨西哥的国酒 tequila 为鸡尾酒的基酒，用柠檬汁的酸味代表心中的酸楚，用盐霜意喻怀念的泪水。如今，Margarita 在世界酒吧流行的同时，也成为 Tequila 的代表鸡尾酒。

5. 马天尼（Martini Cocktail）

说起鸡尾酒，泡吧族都知道马天尼的知名度，调酒师更是把马天尼称为鸡尾酒之王——因为它流传广泛而且简单。马天尼鸡尾酒味道甜美爽滑，并有重重的橄榄风味，是一款广受欢迎的男人酒。据说，英国前首相丘吉尔以爱喝烈性的马天尼鸡尾酒而出名。当马天尼鸡尾酒发明后，他也就迷上了。

6. 血腥玛丽（Bloody Mary）

在 16 世纪中叶，英格兰的女王玛丽一世当政，她为了复兴天主教而迫害一大批新教教徒。其中一位俄罗斯新教教徒死里逃生逃过了一劫，回到了俄罗斯。这位新教教徒为死去的同伴非常伤心和气愤，于是他来到酒吧和调酒师诉说了心情，而此调酒师恰好也是新教教徒，同样的伤心、同样的气愤。于是，他们共同创作了血腥玛丽鸡尾酒，来表示他们对女王玛丽一世的愤恨。

7. 曼哈顿（Manhattan）

英国前首相丘吉尔的母亲 Jeany 是含有四分之一印第安血统的美国人，她还是纽约社交圈的知名人物。在举行宴会时，她经常以美国威士忌为主酒的鸡尾酒来宴请宾客。因为此酒不仅美味而且酒精度大，所以深受大家喜爱，逐渐流行开来。

8. 白兰地亚历山大（Brandy Alexander）

19 世纪中叶，为了祝贺英国国王爱德华七世与皇后亚历山大的婚礼，调酒师以白兰地为基酒特此做出了一款鸡尾酒，又因为皇后名为亚历山大，所以这款鸡尾酒名为白兰地亚历山大。它甜美浓醇，向全世界宣告爱情的甜美与婚姻的幸福。Brandy Alexander 因为混合了白兰地、可可酒和鲜奶油，所以颜色上呈乳白色，口感上甜而不腻，又保留了白兰地的清爽味道，所以备受大家喜爱。

9. 长岛冰茶（Long Island Iced Tea）

1972 年，在美国长岛橡树滩酒吧，有一位男孩看见酒吧中一位女孩，心里特别喜欢，但又不好意思说出口，怕女孩误解。所以，他叫酒吧服务生接连送了几杯不同的酒过去，但都被女孩拒绝了。男孩非常无奈，他把被女孩拒绝的酒都倒在了一起，注满了可乐。然后男孩再次叫侍者将此酒送过去，女孩看见杯子中全是可乐，像一杯茶，又没酒味就收下了，男孩也因此非常高兴。这样一款经典的鸡尾酒就此诞生了。因为在长岛橡树滩酒吧，所以叫长岛冰茶。

10. 新加坡司令（Singapore Sling）

第二次世界大战期间，一位驻新加坡的外籍司令，因为非常想念家中的妻儿，便独自来到了一间酒吧。因为他的思家之情，使得他喝哪款酒都觉得不是滋味，于是，他把他的故事和思家之情讲给了调酒师。于是，调酒师有感而发用了各种水果创作了一款鸡尾酒，送给这位司令，顿时使这位司令有了温暖的感觉。所以叫这款鸡尾酒为新加坡司令。

11. 边车（Side Car）

1933 年，巴黎哈丽兹酒吧的专业调酒师哈丽·马克路波为了纪念在第一次世界大战时活跃在战场上的军用边斗车，为战争的胜利所作出的贡献，创作了一款鸡尾酒。而此款鸡尾酒是辛辣口味，更能体现当时战争的残酷，所以起名为边车。

12. 彩虹鸡尾酒（fRainbow Cocktail）

19 世纪，美国伊利诺伊州的许多女舞蹈家到法国演出，有一位女舞蹈家为了能给法国的观众留下更深的印像，特别编排一支以罕见的舞步和七色舞裙为主的舞蹈。当这位女舞蹈家表演完毕，掌声四起。而此时台下的一名调酒师更是为眼前浮现色彩斑斓的舞衣和浪漫的舞姿而折服。于是得到灵感为这个彩裙舞蹈创作了彩虹鸡尾酒。此酒的七种颜色代表了彩裙的七种颜色，非常的美丽和漂亮。

评估练习

1. 根据自有酒水情况和酒谱，调制一些经典鸡尾酒，分小组讨论口感、味道和外观。

2. 能否根据现有鸡尾酒进行调整改良酒谱，使之更能适合你的味道？请进行尝试，并记下调整的内容和调整的情况，总结原因。

第七章

茶艺演示

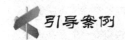

茶艺的内涵

茶艺是茶道这一普遍概念下属的子概念，它是指在茶事活动中的以茶叶为中心的全部操作形式的总称。可以把茶艺概括为茶道的表现方法。

茶艺是包括茶叶品评技法和艺术操作手段的鉴赏以及品茗美好环境的领略等整个品茶过程的美好意境，其过程体现形式和精神的相互统一。

如何来理解茶艺？

第一，它是"茶"和"艺"的有机结合。茶艺是茶人把人们日常饮茶的习惯，根据茶道规则，通过艺术加工，向饮茶人和宾客展现茶的冲、泡、饮的技巧，把日常的饮茶引向艺术化，提升了品饮的境界，赋予茶以更强的灵性和美感。

第二，茶艺是一种生活艺术。茶艺多姿多彩，充满生活情趣，对于丰富生活，提高生活品位，是一种积极的方式。

第三，茶艺是一种舞台艺术。要展现茶艺的魅力，需要借助于人物、道具、舞台、灯光、音响、字画、花草等的密切配合及合理编排，给饮茶人以高尚、美好的享受，给表演带来活力。

第四，茶艺是一种人生艺术。人生如茶，在紧张繁忙之中，泡出一壶好茶，细细品味，通过品茶进入内心的修养过程，感悟苦辣酸甜的人生，使心灵得到净化。

第五，茶艺是一种文化。茶艺在融合汉民族优秀文化的基础上又广泛吸收和借鉴了其他艺术形式，并扩展到文学、艺术等领域，形成了具有浓厚民族特色的汉族茶文化。

第六，茶艺是一门唯美是求的生活艺术。只有分类深入研究，不断发展创新，茶艺才能走下表演舞台，进入千家万户，成为当代民众乐于接受的一种健康、诗意、时尚的生活方式。

茶艺主要包括以下内容。

第一，茶叶的基本知识。学习茶艺，首先要了解和掌握茶叶的分类、主要名茶的品质特点、制作工艺，以及茶叶的鉴别、储藏、选购等内容。这是学习茶艺的基础。

第二，水的基本知识。学习茶艺，必须懂得水，茶性必发于水，无水何以谈茶？现代唯一的为高端茶艺提供运水的组织"茗泉邮驿"正在将忽略了近3个世纪的"运泉"推向世界。

第三，茶艺的技术。它是指茶艺的技巧和工艺，包括茶艺表演的程序、动作要领、讲解的内容，茶叶色、香、味、形的欣赏，茶具的欣赏与收藏等内容。这是茶艺的核心部分。

第四，茶艺的礼仪。它是指服务过程中的礼貌和礼节，包括服务过程中的仪容仪表、迎来送往、互相交流与彼此沟通的要求与技巧等内容。

第五，茶艺的规范。茶艺要真正体现出茶人之间平等互敬的精神，因此对宾客都有规范的要求。作为客人，要以茶人的精神与品质去要求自己，投入地去品赏茶。作为服务者，也要符合待客之道，尤其是茶艺馆，其服务规范是决定服务质量和服务水平的一个重要因素。

第六，悟道。道是指一种修行，一种生活的道路和方向，是人生的哲学，道属于精神的内容。悟道是茶艺的一种最高境界，是通过泡茶与品茶去感悟生活、感悟人生、探寻生命的意义。

（资料来源：阮浩耕. 中国茶艺[M]. 济南：山东科学技术出版社，2005.）

思考题：

1. 什么是茶艺？

2. 茶艺的要素有哪些？

茶艺，简单的理解就是如何泡好一壶茶和如何品好一杯茶的艺术。就形式而言，茶艺包括识茗、择水、选具、冲泡技术，以及与程序、环境的选择创造等一系列内容。

第一节　绿　茶　茶　艺

教学目标：

1. 识别主要绿茶名品。

2. 掌握绿茶冲泡技巧与程序。

3. 会进行典型的绿茶茶艺演示。

一、绿茶识别

绿茶是中国产量最大、产区最广、销量最大的一类茶叶。其品质特征是绿汤绿叶，不发酵。

（一）西湖龙井（见图7-1）

西湖龙井素有"色绿""香郁""味醇""形美"四绝之美誉。

产地：浙江省杭州市环西湖群山之中。

外形：扁平挺直，表面光滑。

汤色：碧绿明亮。

香气：栗香。

滋味：甘醇鲜爽，无味之味乃至味也。

叶底：嫩绿明亮，一芽一叶称"旗枪"。

图 7-1　西湖龙井

（二）洞庭碧螺春

产地：江苏省吴县太湖洞庭山。

外形：纤细卷曲呈螺形，满披茸毛。

汤色：碧绿鲜明，冲泡时"碧玉沉江"，芽叶如雪浪喷珠，春染杯底，绿满晶宫。

香气：浓郁，花果香。

滋味：鲜醇甘厚。

叶底：柔嫩翠绿。

（三）黄山毛峰（见图7-2）

产地：安徽省黄山周围市县。

外形：其上品形似雀舌，芽头匀齐壮实，峰显毫露，色如象牙，鱼叶金黄。

汤色：黄绿明亮清澈。

香气：清香高长。

滋味：鲜浓、醇厚、甘甜。

叶底：嫩黄，肥壮成朵。

（四）太平猴魁（见图7-3）

产地：安徽省黄山市黄山区（原太平县）太平湖畔猴坑一带。此地明代以前就产茶，清始特制"魁尖"，因其品质超群特名"太平猴魁"。

外形：两叶抱芽，平扁挺直，自然舒展，白毫隐伏，有"猴魁两头尖，不散不翘不卷边"之说。细观则叶色苍绿匀润，叶脉绿中隐红（俗称红丝线）。

香气：花香高爽，滋味甘醇。

汤色：清绿。

滋味："头泡香高""二泡味浓""三泡四泡幽香犹存"并有独特的"猴韵"。

叶底：嫩绿匀亮。冲泡时芽叶直立水中，几起几落。

图7-2　黄山毛峰

图7-3　太平猴魁

（五）安吉白茶

产地：浙江安吉。

外形：安吉白茶的嫩芽叶，色泽莹白，制成干茶后色泽黄绿。

汤色：色泽莹白。

香气：高爽。

滋味：甘甜鲜醇。

叶底：柔嫩成朵。

二、绿茶冲泡技巧

（一）水温控制

绿茶冲泡温度不宜过高，根据茶叶的品种和嫩度，一般控制在 85℃左右。特级碧螺春由于芽头特别柔嫩，只能用 80℃的水来冲泡；而等级较低的夏茶则可用 95℃的水冲泡。

（二）投茶比例

茶叶用量，并没有统一标准，视茶具大小、茶叶种类和各人喜好而定。一般来说，冲泡绿茶，茶与水的比例是 1∶50～1∶60。严格的茶叶评审，绿茶是用 150ml 的水冲泡 3g 茶叶。茶叶用量主要影响滋味的浓淡。

（三）投茶方式

冲泡绿茶的投茶法主要有上投法、中投法、下投法之分。考虑一款绿茶适用哪一种投茶方式，主要根据这款绿茶的形状，嫩度，是否披毫，茶皂素含量几点来考虑。此外，投茶不但和茶品、水温有关，还和季节有关。夏宜上投，秋宜中投，早春、深秋、残冬宜下投。夏季宜用上投，因为瀹茶的水温偏低，上投后茶叶缓缓沉入杯底，既可欣赏茶形，又能发茶香味；秋季宜用中投，因为瀹茶的水温稍高，若用上投，一水时固然茶香缭绕，但至二水、三水时茶香便渐消甚至寂灭。至于秋冬之季及早春，则宜下投，沸水冲瀹后一分钟内即可开汤，最能发茶真性。

1. 上投法

先在杯中注入七分满水，然后投入茶叶，这样的投茶方式称为上投。

茶形紧结、细嫩，披毫的绿茶适用于上投法，如碧螺春、高档信阳毛尖、云南玉螺、黄金一号等。

2. 中投法

先在杯中注入少量热水温润茶叶后，再冲水至七分满，这样的投茶方式称为中投。

茶形紧结，如盘花形、扁形，嫩度一芽一叶或一芽两叶的绿茶适用于中投法，如西湖龙井、黄山毛峰、太平猴魁等。

3. 下投法

在杯中放入茶叶后直接注水至七分满，这样的投茶方式称下投。

茶形较松，及嫩度稍低的绿茶，适宜用下投法，如竹叶青、安吉白茶、翠茗、滇绿、太湖翠竹等。

（四）器具选择

冲泡绿茶，用玻璃杯或白瓷盖碗。瓷杯和茶壶，只适于冲泡中低档绿茶。冲泡绿茶最好的茶具是玻璃杯。①玻璃杯敞口大，散热快，不易把绿茶闷得熟汤失味。②玻璃杯透明，有助于观赏绿茶的形态。③玻璃杯轻盈，与绿茶鲜灵的气质相符。此外，古人使用的是盖碗。相比于玻璃杯，盖碗保温性好一些。一般来说，冲泡条索比较紧结的绿茶，如珠茶眉茶可用盖碗。此外，由于好的绿茶不是用沸水冲泡，茶叶多浮在水面，饮茶时易吃进茶叶，如用盖碗，则可用盖子将茶叶拂至一边。并且盖碗比较雅致，手感触觉是玻璃杯无法可比的。总地来说，无论玻璃杯或是盖碗，均宜小不宜大。大则水多，茶叶易老。

（五）冲泡手法（见图 7-4）

1. 斜冲水

用玻璃杯冲泡绿茶，注水时要斜冲，尽量避免直接冲击茶叶；盖碗泡时，可采用定点注水的方式。

2. 及时续水

待杯中茶汤剩余一半时，要及时加水，这样可以让第一、第二泡的茶汤更均匀。

3. 不过三泡

绿茶不耐泡，一般只能冲泡三次。第一次冲泡的时间最好长一点，其中的内含物质会有 60%～80% 析出；经过第二次冲泡，会有 80%～90% 的养分析出；第三次冲泡后，养分物质的浸出率将超过 95%，再冲泡下往，已经没什么养分作用了。口感上也已经没有味道。

图 7-4　绿茶杯泡法

三、绿茶典型茶艺演示

（一）备具

玻璃杯 2 个、茶盘、茶荷、茶巾、茶艺用品组。

（二）流程

第一道：点香——焚香除妄念。

俗话说："泡茶可修身养性，品茶如品味人生。"古今品茶都讲究要平心静气。"焚香除妄念"就是通过点燃这支香，来营造一个祥和肃穆的气氛。

第二道：洗杯——冰心去凡尘。

茶，致清致洁，是天涵地育的灵物，泡茶要求所用的器皿也必须至清至洁。"冰心去凡尘"就是用开水再烫一遍本来就干净的玻璃杯，做到茶杯冰清玉洁，一尘不染。

第三道：凉汤——玉壶养太和。

绿茶属于芽茶类，因为茶叶细嫩，若用滚烫的开水直接冲泡，会破坏茶芽中的维生素并造成熟汤失味。只宜用85℃的开水。"玉壶养太和"是把开水壶中的水预先倒入玻璃壶中养一会儿，使水温降至85℃左右。

第四道：投茶——清宫迎佳人。

苏东坡有诗云："戏作小诗君勿笑，从来佳茗似佳人。""清宫迎佳人"就是用茶匙把茶叶投放到冰清玉洁的玻璃杯中。

第五道：润茶——甘露润莲心。

好的绿茶外观如莲心，乾隆皇帝把茶叶称为"润心莲"。"甘露润莲心"就是在开泡前先向杯中注入少许热水，起到润茶的作用。

第六道：冲水——凤凰三点头。

冲破绿茶时也讲究高冲水，在冲水时水壶有节奏地三起三落，好比是凤凰向客人点头致意。

第七道：奉茶——观音捧玉瓶。

佛教传说中观音菩萨常捧着一个白玉净瓶，净瓶中的甘露可消灾祛病，救苦救难。茶艺小姐把泡好的茶敬奉给客人，我们称为"观音捧玉瓶"，意在祝福好人们一生平安。

第八道：品茶——淡中品至味。

品绿茶要一看、二闻、三品味。绿茶的茶香清幽淡雅，需用心灵去感悟，才能够闻到那春天的气息，以及清醇悠远、难以言传的生命之香。绿茶的茶汤清纯甘鲜，淡而有味，它虽然不像红茶那样浓艳醇厚，也不像乌龙茶那样岩韵醉人，但是只要你用心去品，就一定能从淡淡的绿茶香中品出天地间至清、至醇、至真、至美的韵味来。

 课外资料 7-1

关于明前茶

俗话说："酒是陈的香，茶是新的好。"对于那些喜欢绿茶的茶友来说，喝"明前茶"就是尝鲜儿。但是不是所有的"明前茶"都是最好的呢？

（1）清明前，只有在江南茶区采摘制作的茶叶才叫"明前茶"。

传统观点认为，只要是清明节前采摘加工的茶叶都叫"明前茶"，其实不然。

由于中国有南北气候差异大、产茶区域广的特点，我国的产茶区域分为四个区，即：西南茶区（包括贵州、云南、四川三省以及西藏东南部）、华南茶区（包括广东、广西、福建、台湾、海南等）、江南茶区（包括浙江、湖南、江西等省和皖南、苏南、鄂南等地）、江北茶区（包括河南、陕西、甘肃、山东等省和皖北、苏北、鄂北等地）。其中江南茶区

为中国茶叶主要产区，年产量约占全国总产量的2/3。

西南茶区和华南茶区的大部分区域地处中国南部，开春气温回升早，每年往往是在中国传统春节时就已经开始采茶，待到清明时，采摘茶叶已近两个月；而江北茶区往往是在清明时，大部分产茶区还没有真正开采。在江南茶区，早发品种往往在"惊蛰"和"春分"时开始萌芽，"清明"前就可采茶。由此而知，只有清明以前在江南茶区采摘制作的茶叶才可叫作"明前茶"。

（2）"明前"好茶嫩度好，叶厚，无虫害。

经过一个漫长的冬季，茶树体内的养分得到充分积累，加上春季气温低，茶树生长速度缓慢，因此，发芽数量多、芽密、芽壮、嫩度好、叶张厚。

另外，这一时期的茶叶其内含物丰富，水浸出物含量高，叶绿素含量也高，尤其是叶绿素A含量较高，因此制成的绿茶色泽绿润，冲泡后如朵朵兰花或片片竹叶，视觉观赏效果好。再者，氨基酸的含量相对于雨后茶更高，一些具有清香或熟栗香的挥发性成分含量较高，而具有苦涩味的茶多酚含量相对较低，使得茶叶入口香高而味醇。

春茶期间一般无病虫危害，无须使用农药，茶叶无污染。因此春茶，特别是早期的春茶，往往是一年中绿茶品质最佳的。所以，众多高级名绿茶，如西湖龙井、洞庭碧螺春、黄山毛峰、庐山云雾等，均采于春茶前期。明前采制的茶叶，更是名优茶中的极品。

（3）正确认识"明前茶"和"雨前茶"。

近年来，人们买茶叶时都有一种偏好，那就是买茶叶要买最早、最嫩的，甚至只买那些由单芽制成的茶叶。其实不然，优质茶叶，并非越嫩越好，采摘幼嫩细小的单个茶芽制成的芽茶，外形的确美观，但就内含物的丰富程度而言，是不及一芽一二叶的。以龙井茶为例，其特级茶的原料就是一芽一二叶，从不采摘单芽作为原料。

社会上对"明前茶"的推崇，其抽象概念大于实用价值，审美意义大于饮用价值，喝茶者的虚荣心在其中起了重要的作用。因为"明前茶"的数量少且珍贵。

"雨前茶"虽不及"明前茶"那么细嫩，但由于这时气温高，芽叶生长相对较快，积累的内含物也较丰富，因此"雨前茶"往往滋味鲜浓而耐泡。这一时期采制的茶不早不迟，是为正也，得季节之神髓，时节之精华，故为好茶。

再者，茶树由于受气候、品种以及栽培管理条件的影响，每年茶叶的开采时间是不一致的。大体说来，总是自南向北逐渐推迟，南北开采时间相差3～4个月。另外，即使是同一茶区，甚至同一块茶园，由于海拔高度和水肥管理的差异不同，采摘的时间也可能会相差5～20天。所以说，买茶时不能单凭茶叶采摘的季节来判断茶叶的好坏。气温高的茶园可能在清明前就已经采过2～3次了，但有些海拔较高，茶园靠北的地方，过了清明节，还一次都没有开采过。如果单纯以采摘时间的先后来判断茶叶的好坏，岂不是可笑！

"明前茶"，早且嫩，好看；"雨前茶"，好喝，有味。只是消费者追求的东西不一样罢了。

（资料来源：sohooskyer. 明前茶[OL]. 百度百科，http://baike.baidu.com/view/999728.htm，2015-12-3.）

评估练习

1. 绿茶冲泡三要素是什么？
2. 绿茶茶艺的基本程序有哪些？

第二节　红茶茶艺

教学目标：

1. 识别主要红茶名品。
2. 掌握红茶冲泡技巧与程序。
3. 会操作典型的红茶调饮。

一、红茶识别

红茶是世界范围内产量与销量最大的茶叶。其品质特征是红汤红叶，全发酵。

（一）正山小种（见图7-5）

正山小种被称为世界红茶鼻祖，享誉世界。

产地：武夷山市星村镇桐木关。

外形：条索肥实，紧结匀整，色泽乌润。

汤色：橙红清明。

香气：高长，带松烟香。

滋味：醇厚，带有桂圆汤味。

叶底：匀整柔嫩。

正山小种红茶中有一个分支——金骏眉。金骏眉与正山小种的差异体现在如下几点。

图7-5　正山小种

1. 选料

正山小种摘取一芽三叶，金骏眉则完全选用芽头，2500g 左右的茶芽（即 50000 粒左右茶芽）才能制成 500g 左右的成品。

2. 工艺

金骏眉基本沿袭了正山小种传统的制造工艺。在萎调时，鲜叶原料由鲜绿色变为暗绿色，就视为萎调适度。而发酵过程要恰到好处，若发酵不足，则容易产生苦涩感，发酵时间过长，则与普通正山小种红茶无异，不会产生金骏眉所特有的品质。金骏眉只在萎调时有小部分的烟熏过程，而传统的正山小种则要在萎调和烘焙的过程中经过松柴烟熏。

3. 口感

金骏眉比正山小种更绵甜，沁人心脾，金骏眉也十分耐泡，连续冲泡 12 次后口感仍然饱满而甘甜，但是制作成本过高，2011 年出厂价就要在五六千元以上，一般的茶友很难喝得上。年产量也不高，大概在 1000kg。

金骏眉红茶的最大特点是，形状细长如眉，间杂金色毫尖；香气幽雅多变，既有传统的果香，又有显著的花香，还有蜜香、花香等韵味。汤色较淡，金黄透亮；滋味特别甘鲜圆润，回味悠久。因为制作工艺麻烦，算是顶级中的顶级。

（二）祁门红茶（见图 7-6）

产地：安徽省祁门县。

外形：条索细整，嫩毫显露，长短整齐，色泽润。

汤色：红艳明亮。

香气：高醇，鲜嫩含有独特的"祁红"风格。

滋味：醇厚。

叶底：嫩度明显、整齐、色鲜艳。

图 7-6　祁门红茶

（三）云南滇红

以大叶种红碎茶拼配形成，定型产品有叶茶、碎茶、片茶、末茶 4 类 11 个花色。

产地：云南省的临沧、保山、凤庆、西双版纳、德宏。

外形：肥硕紧实，色泽乌润，金毫显露，其毫色可分淡黄、菊黄、金黄等类。

汤色：红亮。

香气：薯香。

滋味：浓醇、甘甜。

叶底：嫩匀。

（四）红碎茶

红碎茶是国际茶叶市场的大宗产品，目前占世界茶叶总出口量的 80% 左右，有百余年的产制历史，印度是红碎茶生产和出口最多的国家。而在我国发展，则是近 30 年的事。

鉴别红茶优劣的两个重要感官指针是"金圈"和"冷后浑"。茶汤贴茶碗一圈金黄发光，称"金圈"。"金圈"越厚，颜色越金黄，红茶的品质就越好。所谓"冷后浑"是指红茶经热水冲泡后茶汤清澈，待冷却后出现浑浊现象。"冷后浑"是茶汤内物质丰富的标志。

二、红茶冲泡技巧

（一）水温控制

红茶冲泡水温一般控制在 90～95℃。但特级金骏眉只能用 80℃ 水温冲泡。

（二）投茶比例

冲泡红茶，茶与水的比例，大致是 1∶50～1∶60。

（三）器具选择

1. 紫砂壶

众多茶友认为泡红茶首选为紫砂壶，因为紫砂壶透气性能好，用紫砂壶泡茶不易使茶叶变味。紫砂壶能吸收茶汁，壶内壁不刷，沏茶而绝无异味。紫砂壶经长期使用，壶壁积聚"茶锈"，以致空壶注入沸水，也会茶香氤氲，这与紫砂壶胎质具有一定的气孔率有关。

2. 玻璃冲泡器

很多茶叶店里面，一般使用玻璃冲泡器来冲泡红茶，特别是高档的红茶，容易看到红茶茶汤的色泽，使用玻璃茶壶，使红茶的美感尽现，见图7-7。

3. 瓷壶

白瓷、青花瓷、汝瓷等瓷壶也是冲泡红茶的上选茶具，特别在西方下午茶中被广泛运用。一是因为其容量较大，二是白瓷能使红茶的汤色清晰可赏，见图7-8。

图7-7 红茶冲泡器具

图7-8 冲茶的瓷壶

三、红茶饮用方法

(一)清饮法

在红茶中不加任何其他物品，保持红茶的真香和本味的饮法称为清饮法。

按茶汤的加工方法可分为冲泡法和煮饮法。其中以冲泡法为好，既方便又卫生。冲泡时可用杯，亦可用壶，投茶量因人而异。

清饮时，静品默赏红茶的真香和本味，味浓水香，最容易体会到黄庭坚品茶时感受到"恰似灯下故，万里归来对影，口不能言，心下快活自省"的绝妙境界。

用盖碗冲泡红茶清饮的具体操作方法：根据盖碗容量投入适量茶叶，注入开水（冲泡后的茶汤要求汤色红艳为宜，水温以70～80℃为宜，头几次冲泡使用刚烧开的沸水可能出现酸味），冲泡时间一般为头两泡出水时间为5秒，三泡后出水时间可视泡数增加以及口味而适当延长。不宜浸泡过久，合适的浸泡时间不仅茶汤滋味宜人，还可增加耐泡次数。

(二)调饮法

红茶中加入辅料，以佐汤味的饮法称为调饮法。调饮红茶可用的辅料极为丰富，如牛奶、糖、柠檬汁、蜂蜜甚至香槟酒进行调配。调出的饮品多姿多彩，风味各异，深受现代各层次消费者的青睐。

红茶调饮时可选用瓷壶一把（咖啡器具也可）、高壁玻璃杯数个，高柄汤匙与高壁玻璃杯同量，过滤网一把。冰红茶具体操作方法：先在瓷壶中把红茶冲泡开，然后往高壁玻璃杯中投入方状冰块，投放冰块时要将冰块不规则的投入，投放的冰块量要求与高壁玻璃杯口齐平。再根据客人的口感投入适量的糖浆或柠檬汁，不加入糖浆也可。待茶冲泡5分钟后，将过滤网置于茶杯上方，然后快速的将茶水注入茶杯中（此时注入茶水一定要急冲入杯中，否则在茶杯上方会出现白色泡沫会影响冰红茶的美观），最后根据环境允许可在杯口做装饰。

 课外资料 7-2

英式下午茶

下午茶最初只是英国贵族在家中用高级、优雅的茶具来享用的茶，后来渐渐地演变成招待友人欢聚的社交茶会，进而衍生出各种礼节，但现在形式已简化许多。虽然下午茶现在已经简单化，但是茶叶的选择、喝茶的器皿、丰盛的茶点，成为吃茶的三大传统流传下来。

中国和英国都是世界上以饮茶而闻名的国家，但在喝什么茶及怎么喝上，二者却有着很大的区别。英式下午茶以红茶为主，种类繁多，一般可分为大吉岭与伯爵茶、锡兰茶等几种。一般都是直接冲泡茶叶，再用茶漏过滤掉茶渣才能倒入杯中饮用，并且只喝第一泡。若喝奶茶，则是先加牛奶再加茶。现冲的红茶加上牛奶调出暖暖的温度。小啜一口，许久之后还能在齿缝里回味淡淡的浓香。

1. 伯爵茶

伯爵茶，是一种混有从佛手柑和其他橘类水果表皮萃取出的油脂香味的茶。伯爵茶是红茶迷皆知的调味茶代表性茶品，具有香味十足的佛手柑的优雅香气，令人印象深刻。适合直接饮用及冲泡奶茶。据说伯爵茶的制法是维多利亚时期，英国的一位外交大臣葛雷伯爵在出使中国期间，到中国内陆游历访问时，所学会的一种古老的红茶混合制法。回到英国后他将制法传授给开红茶店的杰克森，再经杰克森的改良，而形成今日的伯爵茶。这种制法所调配出的混合茶，以中国红茶为基础，加上佛手柑熏制而成。不过现今各品牌的调制成分不尽相同，有的还加入印度茶或锡兰茶为底调制成，故茶色及口味不一。伯爵茶具有独特的风味，香味浓郁迷人，添加牛奶后口感更为香美，深受欧洲上流社会的欢迎。

2. 大吉岭茶

大吉岭红茶出产于印度孟加拉邦北部喜马拉雅山麓的大吉岭高原。当地年均温度15℃，白天日照充足，但日夜温差大，谷地里常年弥漫云雾，孕育出独特的茶香，是世界三大高香茶之一。汤色红润明亮，优质的大吉岭红茶在白瓷杯或玻璃杯中显露出金色的黄晕，是上等好茶的标志。据说英国人为了盗走茶种，不惜隐姓埋名，给中国一位茶商当养子，花了一辈子时间，终于盗走祁红茶种，种植于印度大吉岭。最初的茶只是王室的享受，后来传到贵族阶层。下午茶盛行时，贵妇们为了预防茶叶被偷，使用特制的锁，锁上茶柜，直到下午茶时间，才吩咐女佣拿钥匙开柜取茶。

3. 锡兰红茶

锡兰红茶又称为"西冷红茶",源于锡兰的英文Ceylen的音译。此茶出产于斯里兰卡,是一种统称,主要品种有乌沃茶、汀布拉茶和努沃勒埃利耶茶。锡兰红茶一般根据口味可以分为:原味红茶和调味红茶(加味红茶)。锡兰的高地茶通常制成碎茶,呈赤褐色。乌沃茶汤色橙红明亮,上品的汤面环有金黄色的光圈,犹如加冕一般,其风味具刺激性,透出如薄荷、铃兰的芳香,滋味醇厚,较苦涩,但回味甘甜。汀布拉茶的汤色鲜红,滋味爽口柔和,带花香,涩味较少。努沃勒埃利耶茶无论色、香、味都较前二者淡,汤色橙黄,香味清芬,口感接近绿茶。可与烟熏味咸食、辛辣味、奶酪、甜品、巧克力等任何食物相配,可谓百搭。

究竟英式下午茶都有什么食物呢?

贵族式传统的英国维多利亚式下午茶点,用的都是三层点心瓷盘。最下面一层可以放一些有夹心的味道比较重的咸点心,如三明治、牛角面包等;第二层放的是咸甜结合的点心,一般没有夹心,如英式松饼和培根卷等;第三层则放蛋糕及水果塔,以及几种小甜品。茶点顺序要遵循由淡到重、由咸到甜的法则,最下层的三明治和牛角面包是解饿的,就像正餐中的主菜;而最上层的水果塔是一种甜度很高的糕点,就像正餐中的甜食。

一套完备的传统英式下午茶,需要很多不同的器皿和用具。从陶瓷茶壶、杯具组、糖罐、奶盅、七英寸个人点心盘、点心架点心盘、放茶渣的小碗,到茶壶加热器、茶叶滤匙及放过滤器的小碟子、茶匙、奶油刀、蛋糕叉都极为讲究。

(资料来源:Veigh.英式茶点器的三大传统节选整理[OL].风尚网,http://www.stylemode.com/life/food/2015-11-26/4521.html,2015-11-26.)

评估练习

1. 红茶冲泡三要素是什么?
2. 红茶茶艺的基本程序有哪些?
3. 红茶有哪些饮用方式?

第三节 花 茶 茶 艺

教学目标:

1. 识别主要花茶品类。
2. 掌握花茶冲泡技巧与程序。
3. 会进行典型的花茶茶艺演示。

一、花茶识别

花茶是中国独特的茶叶品类,由茶叶素坯与香花共同窨制而成,既有花香又有茶味,是诗一样的茶。

（一）茉莉花茶

茉莉花茶因产地不同，其制作工艺与品质也不尽相同，各具特色，其中最为著名的产地有福建福州、福建闽侯、福建福鼎、浙江金华、江苏苏州、四川雅安、安徽歙县、黄山、广西横县等。

茉莉花茶鲜灵持久，泡饮鲜醇爽口，汤色黄绿明亮，叶底匀嫩晶绿，经久耐泡。根据不同的茶坯可制成不同的品种。例如，用龙井茶做茶坯的成茉莉龙井（图7-9）；用黄山毛峰则做成毛峰茉莉。再如，根据形状的不同，如珍珠状的"茉莉龙珠"、针状的"茉莉银针"等。

（二）桂花乌龙

桂花乌龙是"铁观音"故乡福建安溪传统的出口产品，主销我国港澳地区、东南亚和西欧。桂花乌龙主要以当年或隔年的夏、秋茶为原料配制而成。

桂花乌龙条索粗壮重实，色泽褐润，香气高雅隽永，滋味醇厚回甘，汤色橙黄。

（三）工艺花茶

工艺花茶为精选上等福建白毫银针茶为原料与脱水鲜花（千日红、黄菊、茉莉花、百合花、金盏花、康乃馨等）经独特的手工艺与现代技术相结合精制而成，见图7-10。汤色浅绿微黄，清澈明亮，滋味鲜浓醇厚，回味甘甜。叶底嫩绿。有提神醒脑、清热解毒、清肝明目、清心润肺的功效，又有一定的欣赏性。工艺茶品种：茉莉雪莲、富贵并蒂莲、丹桂飘香、仙女散花、添福添寿、爱之心等30多个品种。所有品种均选用高山银针与天然鲜花，经特殊工艺制成各种造型。

图 7-9　茉莉龙井

图 7-10　工艺花茶

二、花茶冲泡技巧

（一）水温控制

花茶的冲泡水温由茶叶素坯决定。如果是绿茶茶坯制的茉莉花茶一般用85～90℃的水，如果是红茶茶坯制的玫瑰红茶则用95℃水温，而桂花乌龙则要用100℃的沸水冲泡。

（二）投茶比例

冲泡花茶，茶与水的比例，大致是 1∶50～1∶60。

（三）器具选择

1. 盖碗

花茶的品鉴重点是香气，因此要选择带盖子能比较好保留香气的茶具，同时茉莉花茶也不宜闷泡，敞口大的茶具会更适合，盖碗不仅符合要求，而且作为极具中国风的茶具与茉莉花茶相配非常相得益彰。

2. 玻璃茶具

如果是工艺花茶或是针形、芽形的花茶，可用玻璃杯或玻璃壶冲泡，以便清晰地观赏到漂亮的茶叶舒展绽放的姿态。

（四）茉莉花茶品饮方法

1. 目品

品饮茉莉花茶，首先是看干茶。一般上等茉莉花茶所选用毛茶嫩度较好，以嫩芽者为佳。条形长而饱满、白毫多、无叶者上，次之为一芽一叶、二叶或嫩芽多，芽毫显露。越是往下，芽越少，叶居多，以此类推。低档茶叶则以叶为主，几乎无嫩芽或根本无芽。

2. 鼻品

茉莉花茶品鉴重点是茉莉花香。好的花茶，其茶叶之中散发出的香气应浓而不冲、香而持久，清香扑鼻，闻之无丝毫异味。

3. 口品

品鉴茶必须开汤，观其汤色，闻其香气、品其滋味方能知其品质。香气浓郁、口感柔和、不苦不涩、没有异味为最佳。

三、花茶典型茶艺演示

（一）备具

茶盘、盖碗 2 盏、茶荷、茶巾、茶艺用品组。

（二）流程

第一道：烫杯——春江水暖。

"竹外桃花三两枝，春江水暖鸭先知"是苏东坡的一句名诗，借助苏东坡的这句诗描述烫杯，看一看在茶盘中经过开水烫洗之后，冒着热气的、洁白如玉的茶杯，像不像一只只在春江中游泳的小鸭子！

第二道：赏茶——花叶扶持。

赏茶也称为"目品"。目品是花茶三品（目品、鼻品、口品）中的头一品，目的即观察鉴赏花茶茶坯的品种、工艺、细嫩程度及保管质量。如特级茉莉花茶，茶坯多为优质绿茶，色绿质嫩，在茶中还混有少量的茉莉花干花，干的色泽应白净明亮，故称为"锦上添花"。在用肉眼观察了茶坯之后，还要干闻花茶的香气。通过上述鉴赏，好的花茶确实是"香花绿叶相扶持"，极富诗意，令人心醉。

第三道：投茶——落英缤纷。

"落英缤纷"是晋代文学家陶渊明先生在《桃花源记》一文中描述的美景。当我们用茶匙把花茶从茶荷中拨进洁白如玉的茶杯时，干花和茶叶飘然而下，恰似落英缤纷。

第四道：润茶——茉莉初绽。

冲泡特级茉莉花时，要用 90℃的开水。先在杯中注入少量的热水温润茶花，此时茶叶慢慢柔软绽放，芳香四溢。

第五道：冲水——春潮带雨。

冲泡特极茉莉花时，热水从壶中直泄而下，注入杯中，杯中的花茶随水浪上下翻滚，恰似"春潮带雨晚来急"。

第六道：闷茶——三才化育。

"三才化育甘露美"。冲泡花茶选用"三才杯"，茶杯的盖代表天，杯托代表地，茶杯代表人。人们认为茶是"天涵之，地载之，人育之"的灵物。

第七道：敬茶——敬奉香茗。

"一盏香茗奉知己。"敬茶时应双手捧杯，举杯齐眉，注目嘉宾并行点头礼，然后从右到左，依次一杯一杯地把沏好的茶敬奉给客人，最后一杯留给自己。

第八道：闻香——香浮清趣。

闻香也称为"鼻品"，这是三品花茶中的第二品。品花茶讲究"未尝甘露味，先闻圣妙香"。闻香时三才杯的天、地、人不可分离，应用左手端起杯托，右手轻轻地将杯盖揭开一条缝，从缝隙中去闻香。闻香时主要看三项指标：一闻香气的鲜灵度，二闻香气的浓郁度，三闻香气的纯度。闻优质花茶的茶香，是一种精神享受，一定会感悟到在天、地、人之间，有一股新鲜、浓郁、纯正、清和的花香沁入心脾，使人陶醉。

第九道：品茶——天地人合。

品茶是指三品花茶的最后一品：口品。在品茶时用左手托杯，右手将杯盖的前沿下压，后沿翘起，然后从开缝中品茶，品茶时应小口喝入茶汤。

第十道：回味——茶中悟道。

"茶味人生细品悟"。人们认为一杯茶中有人生百味，无论茶是苦涩、甘鲜还是平和、醇厚，从一杯茶中人们都会有良好的感悟和联想，所以品茶重在回味。

评估练习

1. 花茶冲泡三要素是什么？

2. 茉莉花茶品饮的方法是怎样的？

3. 花茶茶艺演示由哪些基本程序组成？

第四节　普洱茶茶艺

教学目标：

1. 识别主要普洱茶名品。

2. 掌握普洱茶冲泡技巧与程序。

3. 会进行典型的普洱茶茶艺演示。

一、普洱茶识别

云南普洱茶选用云南大叶种晒青毛茶经过后发酵特殊工艺精制而成，具有强烈的地域性特点和工艺性特点。

（一）普洱分类

普洱的分类方式很多，最主要的分类方式是按照制作工艺分类，可分为生普和熟普。

1. 生普

普洱生茶采摘后以自然方式发酵，茶性较刺激，放多年后茶性会转温和，好的老普洱通常是此种制法。生普的品质特征为：外形色泽墨绿、香气清纯持久、滋味浓厚回甘、汤色绿黄清亮、叶底肥厚黄绿。

2. 熟普

普洱熟茶是毛茶经过人工渥堆，科学地施以人工发酵法使茶的内含物质加速转化，茶性趋于温和。熟茶工艺创始于 1973 年。熟普的品质特征：外形色泽红褐，内质汤色红浓明亮，香气独特陈香，滋味醇厚回甘，叶底红褐。

（二）普洱茶形状

1. 紧压茶

紧压茶有云南沱茶（似碗形）、云南七子饼茶（似圆月）、普洱茶砖（长方形）等，见图 7-11。

图 7-11　普洱生饼和普洱熟沱

饼茶：扁平盘状，其中七子饼每块净重357g（七两左右），每七个为一筒，七七四十九，寓意多子多孙，故名七子饼。

沱茶：形状跟饭碗一般大小，每个净重100g或250g，现在还有迷你小沱茶，每个净重2～5g。

砖茶：长方形或正方形，250g或1000g，制成这种形状主要是为了便于运送。

金瓜贡茶：压制成大小不等的半瓜形，从100g到数百千克均有。

千两茶：压制成大小不等的紧压条型，每条茶条重量都比较重，最小的条茶都有50kg左右，故名千两茶。

2. 散茶

普洱散茶以嫩度划分等级，有级外、十级到一级、特级，嫩度越来越高，嫩度越高，品质越好。衡量嫩度的高低主要看四点：一看芽头多少，芽头多、毫显的嫩度高；二看条索紧结、厚实程度，紧结、厚实的嫩度高；三看色泽光润程度，色泽光滑、润泽的嫩度高；四看净度，匀净、梗少无杂质者为好。

（三）普洱术语

1. 山头茶

山头茶是近年来在普洱茶圈中出现的一个热门词汇。它和茶品牌不同，是以某个特定山头或村寨命名，所以也叫村寨茶，如老班章、冰岛、昔归、易武等山头或村寨。起初，"山头茶"泛指资深普洱茶爱好者对某个山头或村寨出品的茶的独特口感、滋味的推崇，但渐渐也变成了一个炒作概念，和古树茶等说法相交叉。

提起普洱茶，人们就会想到六大茶山。云南普洱茶六大古茶山，位于西双版纳傣族自治州内，依次是易武、倚邦、攸乐（基诺）、莽枝、蛮砖和革登。古代六大茶山是普洱茶的原产地，这是让普洱茶一度辉煌，是岁岁上贡清王朝的御用贡茶。如今随着山头茶的兴起，六大茶山重回大众视线，名扬四海。

2. 台地茶

普洱茶中的台地茶泛指最近几年或几十年由政府推广种植的茶树，多密植于较低矮平缓的茶园，茶树较矮，种植密度高，相对茶叶的产量也高。台地茶因为集中种植，可节省人工，相对较好管理，如修剪、施肥、喷药等在台地茶管理过程中很常见。

3. 古树茶、大树茶、小树茶

关于古树茶的认定，在普洱茶圈仍有一定的争议。有人认为，严格意义上的古茶树应该是300年以上的乔木型大叶茶树，但普遍认为树龄在百年以上的茶树的茶叶都可称作"古树茶"，八九十年的称为"老树茶"。这些古茶树多生长在人迹罕至的深山老林中，不一定都是野生，也可能是古时人工栽培的茶树。这些古茶树病虫害少，不需喷药防治，也不进行修剪、施肥等管理措施，因此产量低，不易采摘，但茶叶内含物丰富，所以当下很受茶友们喜爱。

大树茶（乔木茶）指树龄超过30年或者50年、未足100年，未密集矮化种植的野生茶或栽培茶。小树茶（生态茶）指未密植矮化种植的栽培型或野生型茶树，每平方米密度小于

1 棵，很多地方都标以生态茶概念，种植年限有些定为 30 年以下，有些定为 50 年以下，以上标准在当地也很混乱。在普洱茶知名的山头或村寨中，当地茶农一般根据茶树的大小，也就是树的高低和主干的粗细来分为大树和小树。通常大树树龄长，鲜叶价格高；小树低矮，树龄较短，鲜叶价格自然相对便宜。当地茶农没有人说什么古树茶，古树茶是茶友自己的说法。大树茶和小树茶都属于山头茶，但不属于台地茶。

二、普洱茶冲泡技巧

（一）水温控制

冲泡普洱茶水温要高，一般用 95～100℃的沸水冲泡。水温对香气和滋味都有很大的影响。低温香气不易充分展现，滋味亦欠醇和。原料细嫩、陈期较短的生茶水温可稍低（95℃左右）；原料成熟度较高、陈期较长的老茶和熟茶水温要高，不但要用 100℃的二沸之水冲泡，还要在壶外浇淋开水，以提高壶温，逼发茶香。

（二）投茶比例

普洱茶的茶水比例一般为 1∶30，依个人口味可适量增减。普洱熟茶茶性较温和，投茶量可稍大，普洱生茶茶性较烈，投茶量可少一些。

（三）器具选择

冲泡普洱茶常用的器皿是紫砂壶和瓷盖碗，也可选择瓷壶、土陶壶具。一般来说，熟普注重汤感，用紫砂可以为之加分；而生普更多采用盖碗冲泡，更有利于茶香气与个性的发挥与品赏。公道杯宜选玻璃杯，玻璃制品透明，可直视杯中汤色，起到观赏汤色的作用。比如普洱熟茶茶汤色红浓明亮，盛在玻璃公道杯中，如红酒一般晶莹剔透，极具观赏性。品茗杯可选择玻璃、瓷质或内壁纯白的紫砂杯。

（四）冲泡手法

1. 先润后泡

为了使普洱茶的香味更加纯正，在冲泡时先进行润茶。即第一次冲下去的沸水，立即倒出。倒出水后可以闻其叶底的香气，如果香气不够纯正，可再重复温茶一次，待叶底香气达到纯正后再正式冲泡。润茶可进行 1～2 次，速度要快，要控制在 2～5 秒内，以免影响茶汤汤色和滋味，润茶的轻重要根据茶叶品质决定，一般香气纯正、无陈杂味的润茶可轻，香气不纯正、陈杂味重者润茶要重。普洱茶的润茶水应直接倒掉，不要再用来温洗品茗杯，可用润茶的水浇淋茶桌上的陶制雅玩（也称茶宠）。

2. 浸泡时间

浸泡时间在 5～40 秒。视茶叶的情况而不同，一般散茶可以稍短些，紧压茶（茶饼、茶砖、陀茶）可以稍长些；投茶量多可以稍短些，投茶量少可以稍长些；刚开始泡可以稍短些，泡久了可以稍长些。

三、普洱茶典型茶艺演示

（一）盖碗冲泡流程（见图 7-12）

1. 必备器皿

茶海、盖碗、公杯、品杯、滤网、随手泡。

图 7-12　普洱茶盖碗冲泡流程

2. 适宜茶品

各种普洱茶适用面较广，试茶、品茶都可以采用盖碗冲泡。

3. 适用场合

适合各种场合。

4. 操作流程

（1）温杯。用开水把准备好的干净的器皿再冲淋一次，一方面是为了卫生，同时也是给盖碗、公杯、品杯加温。

（2）投茶。把要冲泡的普洱茶投入盖碗中。投茶量或者说茶与水的比例关系对整泡茶的影响很大，100ml 左右的盖碗我们推荐投茶 5g 左右为宜。"观音怕淡、普洱怕浓"。不要以乌龙的投茶量来泡普洱，会过于浓，因为普洱茶产区的海拔更高，内含物更丰富。

（3）润茶。注入开水到投入茶叶的盖碗中，洗茶一到两次，让茶叶充分的苏醒、伸展开来。不建议饮用润茶的茶汤，温一下杯倒掉或者直接倒掉。请注意注水的速度和角度。注水的速度会影响到水的温度，注水快则温度高，注水慢、水流细则水温相对要低一些，要针对所泡茶叶特性的不同来做出适当调整。注水的角度会影响到水对茶叶的冲击和茶叶的翻滚，毫较多的茶和熟茶不能过于冲击和翻滚，否则茶汤会浑浊不透亮。

（4）泡茶。泡茶时要注意出汤的时机，出汤过快则茶汤寡薄，出汤过慢则会太浓。

（5）分杯。把通过滤网过滤后的茶汤分杯到品杯当中，注意品杯不要倒太满。七分为宜。

（6）品茶。三口为品，意思就是要小口慢慢喝。烫的话薄薄地吸品杯最表面的一层茶汤。

5. 注意事项

盖碗冲泡是适用面最广、最常用的一种冲泡方式，使用盖碗冲泡法可以在冲泡的过程中不断调整出汤时间，以使茶汤达到最理想状态。

6. 难点解析

盖碗冲泡对于新手的难点在于怕"烫"。因此首先要采取正确的抓握姿势；其次盖碗冲

泡中接触到的最高温度也不至于把人烫伤，所以不要轻易撒手。

（二）小壶冲泡

1. 必备器皿

茶海、小壶、公杯、品杯、滤网、随手泡。

2. 适宜茶品

各种茶品都可以用小壶冲泡，但较新的生茶一般不采用此法，其他的茶都可以用小壶冲泡。

3. 适用场合

适合各种场合。

4. 操作流程

参看盖碗冲泡，基本一致。

5. 注意事项

小壶冲泡法一般选用 150ml 左右容量的壶，材质以紫砂最佳，一般选择壶身低矮、出水好的壶。 小壶冲泡与盖碗冲泡最大的不同在出水这个环节上，小壶的出水会有时间的后延，所以操作中要留出余量，把最佳时机控制在出水一半时，这样茶汤才会刚好合适。此外小壶冲泡还可以用随手泡中开水冲淋壶身加温，对需要高温的茶品来说可以泡出更好的效果。

6. 难点解析

掌握正确的抓握壶的方式，找不烫手的地方抓，但要注意不要堵了壶的出气口，还要适当保护壶盖不滑落。

（三）小壶闷泡

1. 必备器皿

茶海、小壶、大公杯、品杯、滤网、随手泡。

2. 适宜茶品

细嫩芽茶，比如熟茶里的金芽、茶皇、宫廷散茶，或者是生茶里的全芽茶。

3. 适用场合

茶店、茶艺馆、居家。

4. 操作流程

参看盖碗冲泡法。但泡的时间比盖碗冲泡要长，一般每次闷 1 分钟以上。不一样的地方在于小壶闷泡一般要把多次泡出的茶汤集中到一个公杯中，然后再分杯品饮。

5. 注意事项

小壶闷泡的主要目的在于惜茶，节约用茶，把芽茶中的有效物质充分沥泡出来。投茶量不要大，根据壶的大小，3g 左右足矣。茶汤的浓度整体控制，头几泡会偏浓，和后几泡中和后再品饮。

6. 难点解析

小壶闷泡，强调的是"精致"二字。所以器皿、茶品的选择上要有更高的要求，选择不当就会把"精致"变"小气"，气氛全无。泡茶前一定要对所选茶品的茶性有充分的了解，例如茶品的浸出的快慢、耐泡度等。力求在闷泡过程中精确把握。闷的时间长短要根据茶的特点来准确把握。

（四）大壶闷泡

1. 必备器皿

茶海、大壶、大公杯、品杯、滤网、随手泡。

2. 适宜茶品

粗老熟茶、老生茶、老熟茶。

3. 适用场合

一般的场合都比较适宜；但不适合茶店试茶、茶艺表演等场合。

4. 操作流程

选用 350ml 以上的大壶，投茶 5～7g，然后同盖碗冲泡。

5. 注意事项

不要因为壶大就多投茶，千万不可根据小壶冲泡的比例来投茶。闷的时间要把握好。一方面要充分了解茶性，用时间来控制茶汤浓度，另外还要兼顾场合的需要，品茶的人多，就可以略微多投一点茶，出汤快一点，人少则反之。还可以根据实际的需要来确定出汤的比例，比如出七留三，也可一次出尽，这一点上的操作有别于其他几种泡法。大壶闷泡的目的有两个，一是为了节约茶，这一点与小壶闷泡是相同的，异曲同工；二是为了使茶叶得到充分的舒展和浸泡，把茶的最好的状态体现出来。闷泡最能体现普洱茶的特色，《红楼梦》中就写道："闷一壶普洱茶吃了去!"一个"闷"字，用得极精到!

6. 难点解析

大壶闷泡，讲的是粗中见细，大巧若拙，是上述几种泡法中动作次数最少的，这也对茶师提出了更高要求，动作越简单，调整的机会越少。

（五）铁壶煮泡

1. 必备器皿

铁壶（内附虑斗）、大公杯、品杯、滤网、电磁炉或煤气灶等可以给铁壶加热的设备。

2. 适宜茶品

级别较粗老的熟茶或老茶。

3. 适用场合

居家、茶店、茶艺馆。

4. 操作流程

铁壶煮茶可以有三种不同的流程：先泡后煮，热水煮，冷水煮。投茶量依次递减，600ml

的壶投茶 5～7g 即可。

5. 注意事项

煮茶可以使茶内的可溶性物质充分溶解到茶汤中，操作中要注意两点，一是加水不要太满，沸腾后会有大量的泡沫溢出；二是要注意防止烫伤，操作过程中要多加小心。

6. 难点解析

先泡后煮可略微多投一点茶，一般用于人多的场合。冷水煮茶更能够把茶内的物质充分溶解，投茶量要适当减少。

（六）飘逸杯冲泡

1. 必备器皿

飘逸杯、随手泡。

2. 适宜茶品

各种普洱茶，生熟咸宜，但不推荐老茶等高档普洱茶用此法冲泡。

3. 适用场合

居家、办公室。

4. 操作流程

把茶叶投入滤斗中，润茶后同盖碗的操作。飘逸杯的杯体在一个人用时也可直接做品杯，见图 7-13。

图 7-13　普洱熟茶飘逸杯泡法

5. 注意事项

有条件的情况下最好不要用饮水机代替随手泡。飘逸杯取代不了壶或盖碗，真正的好茶我们还是不建议用飘逸杯来沏泡。

另外，当冲泡极品老普洱时，可以用盖碗润茶，然后把润好的茶转投到小壶中，用小壶沏泡品饮，待茶泡淡后投叶底到铁壶中，再煮一两次。这是一套最隆重的泡茶程序，盖碗洗茶的目的是不想让杂味吸附到壶中，小壶沏淡后用铁壶把茶底中有效物质煮出来。

评估练习

1. 普洱冲泡的方法有哪些？
2. 普洱茶品饮的方法是怎样的？

第五节　乌龙茶茶艺

教学目标：

1. 识别主要乌龙茶名品。
2. 掌握乌龙茶冲泡技巧与程序。
3. 会进行典型的功夫茶艺演示。

一、乌龙茶识别

乌龙茶，又称青茶，属半发酵茶，有"绿叶红镶边"的特征。按照地域分为：闽北乌龙、闽南乌龙、广东乌龙和台湾乌龙。

（一）闽北乌龙——武夷岩茶

武夷岩茶，见图 7-14，产于福建闽北"秀甲东南"的武夷山一带，茶树生长在岩缝之中。武夷岩茶具有绿茶之清香，红茶之甘醇，是中国乌龙茶中之极品，具有"岩骨花香"的特征。因产茶地点不同，又分有正岩茶、半岩茶、洲茶。正岩茶指武夷岩中心地带所产的茶叶，其品质高、味醇厚，岩韵特显。半岩茶指武夷山边缘地带所产的茶叶，其岩韵略逊于正岩茶。洲茶泛指靠武夷岩两岸所产的茶叶，品质又低一筹。

图 7-14　武夷岩茶

武夷岩茶主要品种有武夷水仙、武夷奇种、武夷肉桂、大红袍等，其中大红袍、白鸡冠、铁罗汉、水金龟被称为武夷"四大名枞"，其他品种还有瓜子金、金钥匙、半天腰等。

武夷岩茶，外形弯条型，色泽乌褐或带墨绿，或带沙绿，或带青褐，或带宝绿色。条索紧结、细紧或壮结，汤色橙黄至金黄、清澈明亮。香气带花、果香型，瑞则浓长、清则幽远，或似水蜜桃香、兰花香、桂花香、乳香等。滋味醇厚滑润甘爽，带特有的"岩韵"。叶底软亮、呈绿叶红镶边，或叶缘红点泛现。

（二）闽南乌龙——安溪铁观音

闽南乌龙茶，见图 7-15，主产于福建南部安溪、永春、南安、同安等地。茶鲜叶先经晒青、晾青、做青、杀青、揉捻、毛火，包揉，再干燥制成成品。其主要品类有铁观音、黄金桂、闽南水仙、永春佛手，以及闽南色种。其中以铁观音最为著名。

铁观音品质特征：茶条卷曲，肥壮圆结，沉重匀整，色泽砂绿，整体形状似蜻蜓头、螺旋体、青蛙腿。冲泡后汤色金黄浓艳似琥珀，有天然馥郁的兰花香或生花生仁味、椰香等各种清香味，滋味醇厚甘鲜，俗称有"音韵"。叶底枝身圆，梗皮红亮，叶柄宽肥厚（棕叶蒂），叶片肥厚软亮，叶面呈波状，称"绸缎面"。

图 7-15 安溪铁观音

（三）广东乌龙——凤凰单枞

凤凰单枞茶，有 900 多年的生产历史，源远流长，声誉远播。凤凰单枞主产地潮州是我国三大乌龙茶产区之一。潮州凤凰山系是国家级茶树良种"凤凰水仙种"的原产地，数代茶农从凤凰水仙品种中分离筛选出来的众多品质优异的单株，即"凤凰单丛"。它是我国茶树品种中自然花香最清高、花香类型最多样、滋味醇厚甘爽、韵味特殊的珍稀的高香型名茶品种资源。凤凰单枞其外形条索粗壮，匀整挺直，色泽黄褐，油润有光，并有朱砂红点；冲泡清香持久，有独特的天然兰花香，滋味浓醇鲜爽，润喉回甘；汤色清澈黄亮，叶底边缘朱红，叶腹黄亮，具有独特的山韵品格；另有一些特殊山场及树种的茶青，经碳火慢焙一段时间后，口感及香气便更加独特，"山韵"较轻火茶更为深厚，耐泡度亦更高。

（四）台湾乌龙

台湾乌龙茶源于福建，但是福建乌龙茶的制茶工艺传到台湾后有所改变，依据发酵程度和工艺流程的区别可分为：轻发酵的文山型包种茶、冻顶型包种茶和重发酵的台湾乌龙茶。台湾乌龙是乌龙发酵程度最重的一种，也最相似红茶的一种。

台湾乌龙茶的白毫较多，呈铜褐色，汤色橙红，滋味醇和，尤以馥郁的清香冠台湾各种茶类之上。台湾乌龙茶的夏茶因为晴天多，品质最好，汤色艳丽，香烈味浓，形状整齐，白毫多。台湾包种茶在乌龙茶中别具一格，比较接近绿茶，外观形状粗壮，无白毫，色泽青绿；干茶具有明显花香，冲泡后汤色呈金黄色，味带甜，香气清柔；具有"香、浓、醇、韵、美"五大特点。

优质台湾乌龙茶芽肥绚丽。汤色呈琥珀般的橙红色，叶底淡褐有红边，叶基部呈淡绿色，叶片完整，芽叶连枝。台湾乌龙茶在国际市场上被誉为香槟乌龙或"东方美人"，以赞其殊香美色，在茶汤中加上一滴白兰地酒，风味更佳。

二、乌龙茶冲泡技巧

（一）水温控制

乌龙茶中含有丰富的芳香类物质，只有在高温下才能完全挥发。因此，冲泡乌龙茶必须要用 100℃ 的沸水。

（二）投茶比例

乌龙茶的投茶量较其他茶类大。一般来说，茶叶要占冲泡器的 1/3，茶与水的比例，大致是 1∶25。严格的茶叶评审，乌龙茶是用 150ml 的水冲泡 6g 茶叶。

（三）浸泡时间

冲泡的时间与次数的变化有所不同。闽南和台湾的乌龙茶冲泡时，浸泡时间第一泡一般是 30～45 秒，之后每次冲泡时间往后增加数 10 秒即可；闽北和潮州的乌龙茶开汤时间则要快得多，第一泡 10～15 秒就可以了。

（四）器具选择

冲泡乌龙茶，择器很讲究。要想领略乌龙茶的真香和妙韵，必须要有考究而配套的茶具。待客时冲泡器皿最好选用宜兴紫砂壶或小盖碗（三才杯）。杯具最好用极精巧的白瓷小杯（又称若琛杯）或用闻香杯和品茗杯组成对杯。选壶时要因人数多少来选择。

（五）冲泡手法

1. 先润后泡

乌龙茶冲泡前需要采取高冲的手法用沸水对茶叶快速醒润，这一泡的茶汤不喝，直接倒进茶海或茶盘。

2. 旋冲旋啜

乌龙茶应"旋冲旋啜"，即要边冲泡，边品饮。浸泡的时间过长（俗称座杯），茶必熟汤失味且苦涩。出汤太快则色浅味薄没有韵。冲泡乌龙茶应视其品种、室温、客人口感以及选用的壶具来掌握出汤时间。对于初次接触的乌龙茶，温润泡后的第一泡可先浸泡 15 秒钟左右，然后视其茶汤的浓淡，再确定时间长短。当确定了出汤的最佳时间后，从第四泡开始，每一次冲泡均应比前一泡延时 10 秒左右。好的乌龙茶"七泡有余香，九泡不失茶真味"。

三、乌龙茶典型茶艺演示

（一）备具

紫砂壶或盖碗、公道杯、闻香品茗杯组、茶盘、茶荷、茶巾、茶艺用品组。

（二）流程

第一道：行礼——恭请上座。

施茶礼请客人入座。焚香静气，营造肃穆祥和气氛。

第二道：煮水——活煮甘泉。

泡茶以山水为上，用活火煮至初沸。

第三道：赏茶——叶嘉酬宾。

叶嘉是茶叶的代称，这是请客人观赏茶叶，并向客人介绍此茶叶的外形、色泽、香气特点。

第四道：温器——沐淋瓯杯。

"沐淋瓯杯"也称"热壶烫杯"。先洗壶或盖瓯，再洗公道杯和茶杯，这不但是保持器皿有一定的温度，又讲究卫生。

第五道：投茶——乌龙入宫。

把乌龙茶拨入紫砂壶或盖碗内。

第六道：冲水——高山流水。

提起水壶，对准瓯杯，先低后高冲入，使茶叶随着水流旋转而充分舒展。

第七道：抹沫——春风拂面。

左手提起壶盖或瓯盖，轻轻地在面上绕一圈把浮起的茶沫刮去，然后右手提起水壶把瓯盖冲净，这叫"春风拂面"。

第八道：泡茶——重焕仙颜。

用低斟的手法冲泡已经苏醒的茶叶，让茶充分泡开。盖上盖后，用开水浇淋壶体，洗净壶表，同时达到内外加温的目的。

第九道：滤茶——乌龙入海。

把紫砂壶或盖碗中的茶汤倒入公道杯（茶海）中。

第十道：分茶——祥龙行雨。

将公道杯中的茶汤快速巡回均匀地分到闻香杯中至七分满。

第十一道：扣杯——龙凤呈祥。

将品茗杯倒扣到闻香杯上。

第十二道：翻杯——鲤鱼翻身。

将品茗杯及闻香杯倒置，使闻香杯中的茶汤倒入品茗杯中，放在茶托上。

第十三道：敬茶——敬奉香茗。

双手拿起茶托，奉给客人，向客人行注目礼及伸掌礼。

第十四道：赏色——斗转星移。

轻轻提起闻香杯绕品茗杯一圈后移开，观赏茶汤的颜色及光泽。

第十五道：闻香——空谷幽兰。

示意用双手搓闻闻香杯，热闻杯底茶香。

第十六道：品茶——三龙护鼎。

示意用拇指和食指扶杯，中指托杯底拿品茗杯，开始细品茶味。

第十七道：斟茶——再斟流霞。

继续冲泡，为客人添茶续水。

第十八道：谢茶——收具谢茶。

宾主起立，共干杯中茶，相互祝福、道别。

 课外资料 7-3

工 夫 茶

　　工夫茶起源于宋代，在广东的潮州府（今广东省潮州地区，含汕头市经济特区、潮州市、揭阳市等）一带最为盛行，乃唐、宋以来品茶艺术的承袭和深入发展。苏辙有诗曰："闽中茶品天下高，倾身事茶不知劳。"

　　工夫茶分福建、潮州、台湾三个派系，福建喝铁观音比较多，潮州喝单枞茶比较多，台湾则喝冻顶乌龙比较多。但是从冲泡方法上来说，三者是共通共融的。传达的都是纯、雅、礼、和的茶道精神理念。纯，茶性之纯正，茶主之纯心，化茶友之净纯，乃为茶道之本。雅，沏茶之细致，身韵之优美，茶局之典雅，展茶艺之流程。礼，感恩于自然，敬重于茶农，诚待于茶客，为茶主之茶德。和，是人、茶与自然的和谐，清心和睦，属于心灵之爱，为茶艺之"道"也！

　　欲饮工夫茶，须先有一套合格的茶具。茶壶（潮州人称"冲罐"）是陶制的，以紫砂为最优。壶为扁圆鼓形，长嘴长柄，很为古雅，有两杯、三杯、四杯壶之分。将壶倒置桌上，其口、嘴、柄均匀着地，中心成直线的，为茶壶之优者。优者若置水中，平稳不沉。精巧别致、洁白如玉的小茶杯，直径不过5厘米，高2厘米，分寒暑两款。寒杯口微收，取其保温，暑杯口略翻飞，易散热。盛放杯、壶的茶盘名曰"茶船"，凹盖有漏孔，可蓄废茶水约半升。整套茶具本身就是一种工艺品。

　　传统的潮州工夫茶一般只有三个杯子，不管多少客人都只用三个杯子。第一杯茶一定先给左手第一位客人，无论其身份尊卑，无论其年龄大小，也无分性别。每喝完一杯茶要用滚烫的茶水洗一次杯子，然后再把带有热度的杯子给下一个用。这种习俗据说是人们为了表示团结、友爱和互相谦让的美好品德。

　　品茶，要先闻香味，然后看茶汤的颜色，最后才是品味道，一杯茶要刚好分为三口品完。香味从舌尖逐渐向喉咙扩散，最后一饮而尽，可谓畅快淋漓。这就是工夫茶的三个境界——"芳香溢齿颊，甘泽润喉咙，神明凌霄汉。"

　　（资料来源：佚名.工夫茶[OL].百度百科，http://baike.baidu.com/subview/21064/19026341.htm，2016-1-8.）

评估练习

1. 乌龙茶冲泡的技巧是什么？

2. 乌龙茶茶品饮的方法是怎样的？

3. 乌龙茶艺演示由哪些基本程序组成？

第八章

咖啡调制

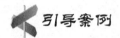

爱尔兰咖啡的故事

爱尔兰咖啡承载着这样一则罗曼蒂克的故事：一个爱尔兰都柏林机场的酒保邂逅了一名长发飘飘、气质高雅的空姐，她那独特的神韵犹如爱尔兰威士忌般浓烈，久久地萦绕在他的心头。倾慕已久的他十分渴望能亲自为她调制一杯爱尔兰鸡尾酒，可惜，她只爱咖啡不爱酒……然而由衷的思念让他顿生灵感，经过无数次的试验及失败，他终于把爱尔兰威士忌和咖啡巧妙地结合在一起，调制出香醇浓烈的爱尔兰咖啡。

酒保发明爱尔兰咖啡，到女孩点爱尔兰咖啡，整整一年的时间。当他第一次为她煮爱尔兰咖啡时，因为激动而流下眼泪。为了怕被她看到，他用手指将眼泪擦去，然后偷偷用眼泪在爱尔兰咖啡杯口画了一圈。所以第一口爱尔兰咖啡的味道，总是带着思念被压抑许久后所发酵的味道。而她也成了第一位点爱尔兰咖啡的客人。

这一年内都没人点爱尔兰咖啡因为只有她才点得到。

那位空姐非常喜欢爱尔兰咖啡，此后只要一停留在都柏林机场，便会点一杯爱尔兰咖啡。久而久之，他们两人变得很熟识，空姐会跟他说世界各国的趣事，酒保则教她煮爱尔兰咖啡。直到有一天，她决定不再当空姐，跟他说Farewell，他们的故事才结束。

Farewell，不会再见的再见，跟 Good bye 不太一样。他最后一次为她煮爱尔兰咖啡时，就是问了她这么一句：

Want some tear drops?

因为他还是希望她能体会思念发酵的味道。

她回到旧金山的家后，有一天突然想喝爱尔兰咖啡，找遍所有咖啡馆都没发现。后来她才知道爱尔兰咖啡是酒保专为她而创造的，不过却始终不明白为何酒保会问她：

Want some tear drops?

没多久，她开了咖啡店，也卖起了爱尔兰咖啡。渐渐地，爱尔兰咖啡便开始在旧金山流行起来。这是为何爱尔兰咖啡最早出现在爱尔兰的都柏林，却盛行于旧金山的原因。

空姐走后，酒保也开始让客人点爱尔兰咖啡，所以在都柏林机场喝到爱尔兰咖啡的人，会认为爱尔兰咖啡是鸡尾酒。而在旧金山咖啡馆喝到它的人，当然会觉得爱尔兰咖啡是咖啡。

因此爱尔兰咖啡既是鸡尾酒，又是咖啡，其本身就是一种美丽的错误。

爱尔兰咖啡的独特地方在于物理现象和食品的完美结合，饮者可以从中品味到爱情的原味：甜、酸、苦。爱尔兰咖啡，思念某人。

——香醇浓烈的爱尔兰咖啡，适合思念心情的咖啡。

（资料来源：lolita café.豆瓣网，爱尔兰咖啡的由来[OL].http://www.douban.com/note/88541162，2010-9-1.）

思考题：

1. 你认为爱尔兰咖啡是咖啡还是酒？为什么？

2. 一款饮品的流行，是故事重要还是酒水本身重要？

咖啡是一种人见人爱的饮品，已经在酒吧里慢慢普及开来。这个有着魔鬼外貌和天使香气的饮品让很多人为之着迷。不过，很多人都不会品茗咖啡，仅仅是追随潮流。让我们跟着咖啡的香气，开始一段学习之旅。

第一节　咖啡壶的使用

教学目标：

1. 掌握常见咖啡壶的冲泡方法。

2. 了解不同咖啡壶的使用技巧。

一、虹吸壶

虹吸壶（Syphon）俗称塞风壶或虹吸式，是简单又好用的咖啡冲煮方法，也是坊间咖啡馆最普及的咖啡煮法之一。

（一）虹吸壶的历史

1840 年，英国人拿比亚以化学实验用的试管做蓝本，创造出第一只真空式咖啡壶。两年后，法国巴香夫人将这只造型有点阳春的壶加以改良，大家熟悉的上下对流式虹吸壶从此诞生。一直到 20 世纪中期，它分别被带到丹麦和日本，才开始被人们广泛接受。

日本人喜欢虹吸壶技术，他们一板一眼地认真推敲咖啡粉粗细、水和时间牵一发而动全身的复杂关系，发展出中规中矩的咖啡道。唯美主义的丹麦人却重功能设计，20 世纪 50 年代中期从法国进口虹吸壶的彼德·波顿，因为觉得法国制造的壶又贵又不好用，于是跟建筑设计师 Kaas Klaeson 合作，研制了第一只 Bodum 造型虹吸壶，并以 Santos 的名字问市。在台湾的咖啡发展历史中，虹吸式咖啡壶扮演着举足轻重的角色。

（二）虹吸壶的使用方法

虹吸式咖啡壶的使用需要较高的技术，以及较烦琐的程序，所能煮出咖啡的那份香醇是一般以机器冲泡的研磨咖啡不能比拟的。

1. 准备用品

虹吸壶一组（上座盖、上座、滤器、下座、把手、酒精灯）、工业酒精（或迷你瓦斯炉）、打火机、搅拌用竹匙、拧干的湿抹布，见图 8-1。

零件简述如下。

下座：为圆形玻璃球，上面有刻度，写着几杯的注水量。可以参考这个刻度注水。一般塞风是以煮的分量来分的，例如一杯或两杯等。日制的会有编号，例如 Hario 的 Tca-2 或

图 8-1　虹吸壶

Tca-3，数字代表的就是 2 人份或 3 人份，英文字母是型号，按个人需要挑选。

上座：为简状的玻璃器具，在煮咖啡的过程中水会经由它突出的玻璃管进入上壶。

滤器：圆形的铁环外面包着一块滤布，下面有一条带着铁钩的弹簧，连接着铁链。在煮咖啡时滤布放在上壶中，利用弹簧让滤器紧勾在上壶中。

把手：塞风外面的架子，有咖啡色或黑色的握把。

酒精灯：加热下壶用的器具。

搅拌棒：通常是竹片，可用于压粉和搅拌。

湿布：最后用来包下壶，让咖啡在最适当的萃取时间过滤出来。还有帮助最后拔掉上壶，因为上壶会有点烫。

2. 虹吸壶操作步骤

（1）装水，然后勾好滤芯。

（2）点火，斜插上壶，等待冒大泡。

（3）扶正上壶，插进下壶。看到下壶的水开始往上爬，就可以开始磨豆子了。两杯水量使用三匙咖啡（约 24 克）约中度研磨刻度。

（4）让下壶的水完全上升至上壶。

（5）倒入咖啡粉，压粉。第一次压粉后，计时 30 秒，这是焖蒸。

（6）再次搅拌，然后熄火。第二次搅拌，计时 10 秒。

（7）完成。

3. 虹吸壶的清洗方法

用虹吸壶做完咖啡后，需及时清理，特别是滤布，需妥善保存。具体方法如下。

（1）用手握于上座玻璃管，左手手掌轻往瓶口处轻拍三下。

（2）在玻璃周围再轻拍三下，使其让咖啡粉末松散。

（3）将咖啡粉倒掉后，再用清水冲洗上杯内缘，轻转一圈冲洗。

（4）用清水直冲过滤器，把渣滓清除。

（5）把过滤器弹簧钩拨去，用清水彻底洗净。

（6）用双手合拾，挤压、转圈，拧干即可（不用时请将过滤器/布冰置于水内，以免氧化）。

（7）用洗杯刷沾上清洁剂，刷洗上座，冲洗时小心敲破瓶口，避免玻璃管撞击水槽或杯子等。

4. 虹吸壶使用的注意事项

（1）下瓶要擦干，不能有水滴，否则会破裂。

（2）拔上座要朝右斜回正、上拔，切勿拔破裂。

（3）中间过滤网下面弹簧要拉紧，挂钩要勾住，要拨到正中央。

（4）插上座要向下插紧。

（5）水质：纯水、净水、磁化水，勿用矿泉水、自来水，可用蒸馏水、离子水、软水。

（6）温度：80～90℃。

（7）时间：全部 50～60 秒（勿超过时间太久），特别咖啡可煮 1 分钟。

（8）咖啡豆要新鲜，勿受潮湿，最好以现磨现煮，最香、好喝。

（9）注意风向，勿直吹火源。

（10）注意火源大小，小火最好。

（11）煮过的咖啡粉先拍打松散，倒掉，再用清水冲洗。

（12）磨豆段数 2～3 段（酸性豆粗磨，苦味豆细磨），新机段数应高，旧机低。

（13）要温杯，用温杯水槽，开小火保温到 80～85℃。

（14）过滤网要泡在清水中备用，定期清洗并更换滤布，或将过滤器放在罐中放入冰箱冷藏。

（15）下座内的水最好用开水，节省煮沸时间。

（16）木棒拨动或搅拌只要插下 2/3 处，勿刮到底下过滤网。

二、比利时皇家咖啡壶

1. 比利时皇家咖啡壶的由来

比利时皇家咖啡壶，又名维也纳皇家咖啡壶或平衡式塞风壶（Balancing Siphon）。

时至今日，关于比利时壶的由来，众说纷纭，唯一能肯定的是比利时壶诞生于 1840 年，是由英国海军技师 Robert Napier 所发明。最初仅供比利时皇家专用，19 世纪末成为欧洲皇家贵族宴会专用的顶级咖啡壶。它不仅拥有美轮美奂的咖啡萃取过程，其本身也是一件精美绝伦的艺术品。它集使用性、观赏性和收藏性于一身，是任何咖啡壶都无法比拟的。

关于比利时壶的演进大致为：19 世纪 40 年代，经法国跟奥地利人之手使之更趋于完善。在之后的将近 50 年内，它成为巴黎跟维也纳城的中产阶级桌上常见的装饰品之一。135 年之后，1985 年才由 Royal Coffeemaker 于安特卫普开始专业地生产。

2. 比利时皇家咖啡壶的使用

兼有虹吸式咖啡壶和摩卡壶特色的比利时壶，工作过程充满跷跷板式趣味。从外表来看，它就像一个对称天平，右边是水壶和酒精灯，左边是盛着咖啡粉的玻璃咖啡壶。两端靠着一根弯如拐杖的细管连接，见图 8-2。

操作步骤如下。

（1）先从附件内取出一块过滤布，放置开水中煮 10～15 分钟后用清水洗净，再包在过滤喷头上。

（2）准备工业用酒精，打开酒精灯注入酒精七分满，并调整灯芯至低挡（小火为佳）。

（3）调整好虹吸传热管，过滤喷头尽量移至玻璃杯正中央，同时另一边须将耐热硅胶紧压在盛水器上，使其密封且两边须平衡。

（4）拧开注水口，注入开水约八分满（380ml），然后拧紧注水口。

（5）依个人喜好，将 40g 的纯味现磨咖啡或专用咖啡放入玻璃杯中即可。

（6）将重力锤往下压，再将酒精灯打开，卡住盛水器后点燃酒精灯即可。

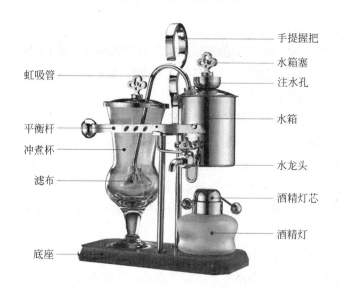

图 8-2　比利时皇家咖啡壶

（7）依个人饮用喜好及习惯而定（煮第一次为美式咖啡，如偏好浓郁咖啡，按以上方法将重力锤向下多压一段时间，延长焖蒸冲煮的时间）。

（8）等咖啡回流至盛水器时（可以看到咖啡婉转迂回的瞬间），稍微转开注水口让空气对流后即可打开水龙头，便可享受香醇的私藏咖啡。

三、摩卡咖啡壶

1. 摩卡咖啡壶介绍

摩卡咖啡壶是一种制作意式浓缩咖啡的简易工具，它利用加压的热水快速通过咖啡粉萃取咖啡液。最早的摩卡咖啡壶是意大利人 Alfonso Bialetti 在 1933 年制造的，他的公司 Bialetti 一直生产这种咖啡壶而闻名世界。

摩卡咖啡壶在欧洲使用比较普遍。在伦敦的科学博物馆中，可以看到陈列的早期摩卡壶。

最初的摩卡壶是用铝制作的，把手使用塑料。摩卡壶加热过程中会产生压力，所以摩卡壶会有 1～2 个安全阀。单安全阀的位置在下座的中上部，双安全阀的另一个安全阀在上座中央导管的顶部。

2. 摩卡壶的组成　（见图 8-3）

下座：是放水的地方，上面附有泄压阀。

图 8-3　摩卡咖啡壶

粉槽：架在下座上，放咖啡粉的地方。九分满处有一条线，粉量到此线即可。

上座：是咖啡最后煮出来的地方，掀开盖子看其中的金属管。聚压式的壶在金属管上附有聚压阀。

湿布：建议多准备一条湿布，协助操作。

3. 摩卡壶的操作步骤

（1）向下座中注入滤过的软水，不要淹没安全阀，否则加热后热水会带着水蒸气喷出，造成不必要的危险。

（2）向粉槽中填满咖啡粉，咖啡粉的多少可以随个人喜好而定。因为每个摩卡壶的粉槽及下座大小均不同，需要试几次，才能找出适合自己口味的咖啡粉分量。咖啡粉比虹吸壶的细但比电动意大利壶的粗。

（3）清除粉槽边缘的咖啡粉，否则会影响上座底部的白色橡胶垫圈的使用寿命。

（4）将滤纸放在粉槽上，滤纸的大小不能大于咖啡粉的表面，否则会造成太大的压力，蒸汽会外溢。

（5）将粉槽放入下座中。

（6）把上座拧紧，固定到粉槽上。

（7）将摩卡壶放在加热器上加热。加热速度要快。在加热过程中，会听到快速的"嘶嘶"声，一旦声音转为"啵啵"声，可能表示下座中的水分已经全部变成了咖啡。可以凭经验听，也可以直接打开上盖看。如看见蒸汽孔已经停止冒蒸汽，表示萃取过程已经完成。

四、法式压滤壶

1. 法压壶的历史和发展

法式压滤壶（French Press）简称法压壶，于1850年前后发源于法国的一种由耐热玻璃瓶身（或者是透明塑料）和带压杆的金属滤网组成的简单冲泡器具。起初多被用作冲泡红茶之用，因此也有人称为冲茶器。1852年3月，一位马力金工匠和一位商人共同得到了一份名为"活塞过滤咖啡装置"的专利。不过，直到19世纪20年代后期，一家米兰公司注册了法压壶的修改版本专利后，法压壶才渐渐被人们熟知。

2. 法压壶的操作步骤

准备物品：法压壶（见图8-4），深度烘焙咖啡豆，咖啡杯，搅拌匙。

（1）将法压壶的滤芯压杆取出。

（2）放入两匙（约15g）新鲜烘焙的中度研磨咖啡粉。

（3）慢慢加入少量开水（88℃）将咖啡粉全部打湿，然后焖蒸30秒。

（4）再次注水，不要加太满，约至手把下0.5厘米，注意让所有咖啡粉都浸泡到热水。

（5）注入热水后1分钟，咖啡开始明显分层，此时先用搅拌棒做第一次搅拌，然后静置，并开始计时1分钟。

（6）之后用搅拌棒轻柔搅拌10秒。

（7）搅拌后表面会出现棕色的细致泡沫。

图 8-4　法压壶

（8）轻轻盖好上盖（压杆勿下压）继续静置，再计时 1 分钟。

（9）之后一手压住上盖，另一手缓慢、稳定地压下压杆。

（10）将咖啡倒出即完成制作。

3.　使用法压壶的注意事项

（1）咖啡豆需要中粗度研磨。一套好的法压壶，滤网是至关重要的。

（2）水的温度以 85～90℃最为适宜，水与粉的比例为 15：1。浅烘的咖啡豆可以适当调高水温，深烘的则可适当降低。

（3）按压的过程要缓慢，一压到底，请勿反复按压。

（4）在同一条件下，一般来说萃取时间越久，口感会越浓郁，然而也容易出现苦味、涩味、杂味。

五、手冲咖啡壶

1.　手冲咖啡壶的由来

手冲咖啡是当今精品咖啡时代最流行的咖啡冲泡方式，不论是其制作方式还是咖啡风味都是值得深入研究和探讨的学问。手冲咖啡壶见图 8-5。

手冲咖啡壶是由德国一位家庭妇女本茨·梅丽塔在 100 多年前发明的。她改写了德国和世界饮用咖啡的历史。在这项发明前，人们都使用布料袋过滤咖啡渣。但布料滤袋在清洗和卫生都比较麻烦，残留在布袋缝隙的咖啡渣还容易破坏咖啡原本醇正的口味。1908 年 6 月 20 日，梅丽塔在皇家专利局注册了她的这项发明：一个拱形底部穿有一个出水孔的铜质咖啡滤杯，这就是世界

图 8-5　手冲咖啡壶

上第一个滤泡式咖啡杯。

手冲咖啡随着精品咖啡文化的崛起而重受欢迎，尤其是以日本、韩国、中国台湾等地。日本人从 19 世纪 50 年代开始，对手冲咖啡几乎到了痴迷的境地，各种材质的滤泡式、滴滤式的咖啡滤杯、器具层出不穷，建立了一整套手冲式滤泡咖啡的理论和操作技术，让更多的人们的喜爱上手冲咖啡。

2．手冲壶的操作步骤

（1）拿出一张扇形滤纸，将最厚的一边折起，压平，然后放在滤杯中。

（2）称取咖啡豆 20 克。

（3）磨豆机磨咖啡豆。

（4）将热水均匀地冲在滤纸上，使滤纸全部湿润，紧紧贴附在滤杯上，然后倒掉分享壶内的热水。

（5）将磨好的咖啡粉倒入滤杯中，轻轻拍平。

（6）均匀注水于咖啡粉上，水量约咖啡粉克数的 1.5 倍。焖蒸没有固定时间，一般是 30 秒左右。当所有咖啡粉都吸水后膨胀停止，焖蒸过程就停止。

（7）从中点开始注水，然后顺着一个方向画同心圆直至外围，但不要冲到滤纸上，再画同心圆直至中心如此反复就可以，水流要保持稳定。

（8）萃取结束，得到咖啡液约 240ml，结束注水，拿掉滤杯。

3．手冲壶使用注意事项

最好能够用温度计测量水温使水温精确，手冲的水温区间比较大，83～95℃均可，但是不同水温出现的口感肯定也是差别很大的，不同的豆子、不同的烘焙度需要的水温都是不同的。

手冲式咖啡成功与否重点在于"蒸"，萃取的重点在于"平均"。

六、意式半自动咖啡机

意式半自动咖啡机因为起源于意大利而得名，工作原理是采用高压蒸汽和水的混合物快速穿过咖啡层，瞬间萃取出咖啡，这样出来的咖啡温度很高，咖啡因等杂质的含量很低，并且口感浓郁。

1．制作一杯标准意式浓缩咖啡（Espresso）的四个决定因素

粉量上就要掌握一杯咖啡的量在 6.5～10 克，两杯在 17～18 克就可以了。粉压好后，后续步骤还是很重要的，从 Espresso 机方面来讲，要想制作出一杯标准的 Espresso，需要知道以下四个方面。

（1）气压。9 个大气压上下即可。如果用比其还高的气压，就容易产生咖啡豆的焦烟味，或其他的杂味；如果用比其还低的气压，香味就会变淡。

（2）水温。90℃上下即可。但要根据咖啡豆的烘焙程度调整，如果使用的是深烘豆，水温就要稍微低些。

（3）抽出量。20～30ml 即可。单分意式浓缩咖啡的抽出量，一般以略少于 30ml 为准。

（4）抽出时间。20～30 秒即可。Espresso 的抽出时间为 20～30 秒，黄金时间是 24 秒。抽出时间和 Espresso 的风味有极大的关系，若抽出时间过长，味道就会变淡、走味、混杂涩味等。相反，若抽出时间过短，咖啡豆的精华成分就无法完全释放出，不够香醇美味。

在 Espresso 抽出之前、之中、之后的一些细微的方面都可以决定和检验这杯咖啡的成功与否。

2. 意式半自动咖啡机的使用步骤

（1）在过滤把手装到 Espresso 机上之前，先按下开关两三秒，流出热水温热冲煮头。

（2）装上过滤把手后，一定要旋紧。

（3）出杯之前，一定要温杯，这也是做任何咖啡的必备步骤。

（4）抽出过程为 20～30 秒，抽出 20～30ml 咖啡液为最理想的状态。

（5）抽出过程也是两个出口的咖啡液流速、粗细等都保持一致，才是最好的，若一个慢一个快，则可能填压过程的力度不均匀。

（6）抽出后，可以观察一下咖啡粉的状态：最理想的情况是，咖啡粉完全吸收了水分，毫无结块，用手指触摸也不会沾到任何水分。如果指尖可以沾到水，咖啡粉呈湿淋淋的状态，就不好了。此外，若是将咖啡粉倒掉时，仍保持填塞在过滤把手内的形状整个掉落下来，也是最佳状态。若是松散地散落下来，同样不过关。

Espresso 的那层 Cream 要占到整个咖啡液的 2/3 是最理想的状态，Cream 若是很厚，加了砂糖是不会马上沉下去的。好的 Cream 对于拉花是很重要的前提条件。

七、越南咖啡壶

1. 越南咖啡壶介绍

越南曾经沦为法国的殖民地，越南壶是法式滴漏壶的一种，流传至越南后深受欢迎。越南在 1860 年前后就开始了种植咖啡，独特的历史形成了越南咖啡独特的风味以及内涵，越南咖啡壶在这其中扮演了重要的角色，也是越南咖啡最重要的咖啡器具。

越南咖啡壶体积小，便于携带，一般由不锈钢制成，见图 8-6。它的使用非常简单。在越南街头巷尾、家家户户都可以看到寻常的越南人用越南咖啡壶慢慢地滴滤咖啡。

图 8-6　越南咖啡壶

2. 越南咖啡壶的使用

（1）所需材料：越南本地咖啡、炼乳、咖啡匙。

（2）越南咖啡壶操作步骤如下。

① 将越南滴滴壶拆解开，把里面的筛网取出。

② 在咖啡杯中倒入炼奶备用。

③ 将咖啡粉加入滴滴壶中并压紧，一人份为 10～15g。

④ 滴滴壶放到咖啡杯上，倒入 95℃ 的水，注意筛网旋的松紧会影响到萃取速度和咖啡浓淡，注水后适当调整。

⑤ 3 分钟后，待咖啡全部滴入下方的咖啡杯中，萃取完成了。

越南壶和普通的滴滤器最大的区别就是越南壶是平底的，且在咖啡粉上还有一个金属压板，可以通过壶内的一根金属柱旋转紧压在咖啡粉上。越南壶最大的缺点就是滤板底部孔较大，直接滤过的咖啡会有较多的渣滓，口感上比较浑浊。为了避免这个问题，可加一张摩卡壶滤纸垫在滤板上面。

评估练习

1. 选择你最熟练或最喜欢的咖啡壶，说明理由。
2. 熟练掌握书中介绍的所有咖啡壶。

第二节　花式咖啡的调制

教学目标：

1. 了解咖啡调制需要的配料。
2. 了解各种花式咖啡的配比。
3. 掌握常见花式咖啡的制作。

一、调制咖啡的原料

（一）咖啡豆

世界上最昂贵的咖啡每公斤价值 1000 欧元，它的口感是无法从廉价的咖啡中能享受到的。但上等咖啡每杯只需要 6～7g，即世界上最昂贵的咖啡也只需六七欧元的成本——这是大多数爱喝咖啡的人可以承受的。

咖啡的品质在很大程度上取决于咖啡豆的品种（阿拉比卡或罗布斯塔）以及其原产国。阿拉比卡咖啡豆占据全球 70% 的产量，具有出色的品质、口感和香味；而罗布斯塔咖啡豆则被广泛用于混合咖啡和速溶咖啡。东非、中美洲和印度尼西亚等地盛产世界上最好的咖啡。

咖啡豆越新鲜越好，在冲泡之前新磨的咖啡口感最佳。真空包装的咖啡或许具有同等的新鲜度，不过一旦开封，咖啡便会因为接触光线和空气而逐渐失去其香气。

理想的情况是每周购买一次咖啡豆，然后将其存放于一个密闭容器内，并放置于阴凉处。

需要时仅研磨所需分量以供立即使用。

（二）水

水，大致可以分为软水与硬水。由于咖啡中 98% 的成分为水，所以自来水的品质优劣对于咖啡的口味具有非常重要的影响。咖啡的口感取决于冲泡的方法、咖啡的品质以及水的品质。只有高品质的水才能真正冲泡出咖啡的纯正风味。

各地饮用水中所含的水垢成分差别很大。咖啡与水垢含量较高的硬水无法进行很好的融合，因为水垢会阻止咖啡在冲泡过程中产生纯正的香味。所以有条件的要使用软水冲泡，或使用软化水的过滤器。

（三）糖

方糖、砂糖、细粒冰糖、黑砂糖、咖啡糖等各种不同成分的甜味，构筑成更丰富的咖啡味觉之旅。每个人都可以循着钟爱的咖啡风格，找到适合自己的甜度。咖啡加糖的目的是要缓和苦味，而且根据糖的分量多寡，会创造出完全不同的味道。

（四）奶

选择不同的牛奶制品，能够赋予咖啡另一番风味，享受不同的口感。

1. 鲜奶油

鲜奶油又称生奶油。这是从新鲜牛奶中，分离出脂肪的高浓度奶油，用途很广，像制作牛油、冰激凌、蛋糕，或冲泡咖啡时都用得到。鲜奶油的脂肪含量最高为 40%～50%，最低也有 25%～35%，冲泡咖啡通常是使用含脂肪量 25%～35%的鲜奶油。

2. 发泡式奶油

生奶油经搅拌发泡后就变成泡沫奶油，这种奶油最适合搭配有苦味的浓咖啡。

3. 炼乳

把牛奶浓缩 1～2.5 倍，就成为无糖炼乳。一般商店出售的罐装炼乳，是经加热杀菌过的，但开罐后容易腐坏，不能长期保存。冲泡咖啡时，生奶油会在咖啡上浮一层油脂，而炼乳却会沉淀到咖啡中。

4. 牛奶和奶精

牛奶适用于调和浓缩咖啡或作为花式咖啡的变化，奶精则方便使用且容易保存。但不论使用何种制品皆可依个人的喜好调出一杯美味的咖啡。

（五）其他的香料

咖啡依各地民情与喜好不同，故有许多不同的饮用方式，同时为了增进咖啡的美味，而使用各式各样的添加物。

1. 香料

以肉桂（分成粉状或棒状）、可可、豆蔻、薄荷、丁香等，其中肉桂、可可常用于卡布奇诺。

2. 水果

柳橙、柠檬、菠萝、香蕉等，用于花式咖啡的调味及装饰，丰富了咖啡的另类享受。

3. 酒类

白兰地、威士忌、兰姆酒、薄荷利口酒等，是调配花式咖啡的魔术师。

二、单品咖啡的特点和口感

单品咖啡就是用原产地出产的咖啡豆制作的咖啡，一般不加奶或糖的纯正咖啡。比如著名的蓝山咖啡、巴西咖啡、意大利咖啡、哥伦比亚咖啡等都是以咖啡豆的出产地命名的单品。

意大利咖啡整体口感比较浓烈，适合那些追求强烈味觉感受的人。巴西、蓝山和哥伦比亚都是比较柔和的咖啡，蓝山咖啡香醇甘滑、带微酸，为咖啡之极品；巴西咖啡微香微苦，为中性咖啡；哥伦比亚咖啡柔软甘醇、芳香十足，如皇后般高雅。

摩卡咖啡和炭烧咖啡虽然也是单品，但是它们的命名就比较特别。摩卡是也门的一个港口，在这个港口出产的咖啡都叫摩卡，但这些咖啡可能来自不同的产地，因此每一批的摩卡豆的味道都不尽相同。而炭烧咖啡是因为日本人最早用木炭烘焙咖啡豆而得名，喝起来确实也有一种炭烧的味道，不会很浓，但是口味纯正，这可能和日本人饮食习惯比较清淡有关。曼特宁咖啡是由产于印度尼西亚的咖啡豆做成的，比较苦，但是特别喜欢它的人会沉迷于它的苦后回甘。

1. 巴西咖啡

巴西咖啡种类繁多，多数的咖啡带有适度的酸性特征，其甘、苦、醇三味属中性，浓度适中，口味滑爽而特殊，是最好的调配用豆，被誉为咖啡之中坚，单品饮用风味亦佳。

2. 哥伦比亚咖啡

哥伦比亚咖啡产于哥伦比亚。烘焙后的咖啡豆，会释放出甘甜的香味，具有酸中带甘、苦味中平的良性特性，因为浓度合宜的缘故，常被应用于高级的混合咖啡中。

3. 摩卡咖啡

摩卡咖啡产于也门。豆小而香浓，其酸醇味强，甘味适中，风味特殊。经水洗处理后的咖啡豆是颇负盛名的优质咖啡，普通皆单品饮用。

4. 曼特宁咖啡

曼特宁咖啡产于印度尼西亚苏门答腊，被称为颗粒最饱满的咖啡豆，带有极重的浓香味，辛辣的苦味，同时又具有糖浆味，酸味不突出，但有种浓郁的醇度，是德国人喜爱的品种，咖啡爱好者大都单品饮用。它也是调配混合咖啡不可或缺的品种。

5. 爪哇咖啡

印度尼西亚的爪哇在咖啡史上占有极其重要的地位。目前，也是世界上罗布斯塔咖啡的主要生产国，而其少量的阿拉比卡咖啡具有上乘的品质。爪哇生产精致的芳香型咖啡，酸度相对较低，口感细腻，均衡度好。

6. 哥斯达黎加咖啡

优质的哥斯达黎加咖啡被称为"特硬豆"，它可以在海拔 1500 米以上生长。其颗粒度很好，光滑整齐，档次高，风味极佳。当地人均咖啡的消费量是意大利或美国的两倍。

7. 肯尼亚咖啡

肯尼亚咖啡包含人们从一杯好咖啡中得到的每一种感觉。它具有美妙绝伦、令人满意的芳香，均衡可口的酸度，均匀的颗粒和极佳的水果味，是业内人士普遍喜好的品种之一。

8. 古巴咖啡

古巴咖啡颗粒适中，酸味较低，风味特殊，富有醉人的烟草味。

三、经典花式咖啡的介绍和制作

1. 卡布奇诺（Gappuccino/Cappuccino）

20 世纪初期，意大利人阿奇布夏发明蒸汽压力咖啡机的同时，也发展出了卡布奇诺咖啡。卡布奇诺是一种以同量的意大利特浓咖啡和蒸汽泡沫牛奶相混合的意大利咖啡，因其咖啡的颜色就像卡布奇诺教会的修士在深褐色的外衣上覆上一条头巾一样而得名。

传统的卡布奇诺咖啡是 1/3 浓缩咖啡，1/3 蒸汽牛奶和 1/3 泡沫牛奶。

卡布奇诺的制作：在意大利特浓咖啡的基础上，加一层厚厚的起沫的牛奶，就成了卡布奇诺。特浓咖啡的质量在牛奶和泡沫下不太会看出来，但它仍然是决定卡布奇诺口味的重要因素。还可随个人喜好，洒上少许切成细丁的肉桂粉或巧克力粉。

2. 拿铁咖啡（Caffe Latte）

拿铁是最为中国人熟悉的意式咖啡品种，它是在沉厚浓郁的 Espresso 中加进 1：2：1 甚至更多牛奶的花式咖啡。有了牛奶的温润调味，让原本甘苦的咖啡变得柔滑香甜，就连不习惯喝咖啡的人也难以抗拒这种美味。

意式拿铁咖啡做法简单，就是在刚刚做好的意大利浓缩咖啡中倒入接近沸腾的牛奶。倒入的牛奶依自己的口味调整。如果在热牛奶上再加些打成泡沫的冷牛奶，就成了一杯"美式拿铁咖啡"。星巴克的美式拿铁就是用这种方法制成的，底部是意大利浓缩咖啡，中间是加热到 65～75℃的牛奶，最后是一层不超过半厘米的冷的牛奶泡沫。如果不放热牛奶，而直接在意大利浓缩咖啡上装饰两大勺牛奶泡沫，就成了被意大利人叫作 Espresso Macchiato 的"玛奇雅朵咖啡"。

3. 欧蕾咖啡（Café Au Lait）

法国人是欧蕾咖啡最热情的拥护者，比较所有的咖啡杯，可能法国人用来盛欧蕾咖啡的杯子是最大号的。

欧蕾咖啡的做法也很简单，就是把一杯意大利浓缩咖啡和一大杯热的牛奶同时倒入一个大杯子，最后在液体表面放两勺打成泡沫的奶油。

欧蕾咖啡可以被看成是欧式的拿铁咖啡，与美式拿铁和意式拿铁都不太相同。欧蕾咖啡区别于美式拿铁和意式拿铁最大的特点就是它要求牛奶和浓缩咖啡一同注入杯中。

拿铁和欧蕾的区别：拿铁是意式的牛奶咖啡，以机器蒸汽的方式来蒸热牛奶；欧蕾则是法式咖啡，用火将牛奶煮热，口感都是一样的温润滑美。

4. 维也纳咖啡（Viennese）

维也纳咖啡是奥地利最著名的咖啡，是一个名叫爱因·舒伯纳的马车夫发明的，也许是由于这个原因，如今人们偶尔也会称维也纳咖啡为"单头马车"。

维也纳咖啡有浓浓的鲜奶油和巧克力，在鲜奶油上，洒落五色缤纷七彩米，扮相非常漂亮。她是慵懒的周末或是闲适的午后最好的伴侣，但是，由于含有太多糖分和脂肪，维也纳咖啡并不适合于减肥者。

5. 皇家咖啡

皇家咖啡是由法兰西帝国的皇帝拿破仑发明的。他不喜欢奶味，喜欢白兰地，故以 Royal 为名。皇家咖啡的制作技巧：将皇家汤匙（汤匙两端皆有精美花样的边或以稍浅的汤匙替代）横放在杯上，上放方糖，汤匙上倒入白兰地并点火，以白兰地淋湿方糖后，点火，火熄灭后与咖啡搅拌均匀即可饮用。

 评估练习

1. 熟悉并掌握常见咖啡的调制方法和配比。
2. 分小组制作花式咖啡，品尝并记录味道。

第九章

室内空间设计

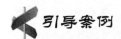
引导案例

中国著名连锁酒吧——苏荷酒吧

苏荷酒吧，是中国具有原创和个性的连锁酒吧企业集团。独特舒适的空间设计，极具魅力的音乐，亲切真诚的服务，构筑了苏荷独有的模式。10 年间，"苏荷模式"已经成为风行全国的酒吧商业模式，更带动了中国酒吧行业的革新与发展。苏荷用纯粹的"美好夜生活体验"引领行业风向，用音乐和热情，感动每一个城市的夜晚。经过 12 年发展，苏荷已经进入快速发展阶段，目前在全国已拥有近百家分店，形成了覆盖华南、华中、西南、华东、东北、华北、西北的战略布局，并积极向海外地区拓展。

苏荷酒吧的室内设计以大量工业元素为特点，创新运用钢铁、齿轮、玻璃、原木等设计元素，融合后工业时代的时尚轻松感和建筑艺术，营造出艺术与自由、华丽和颓废的醇和新感受，开创国内酒吧设计风格之先河，引起国内酒吧蜂起模仿，革新一个时代的夜生活体验。

2003 年，第一家苏荷在南宁开业，引爆当地酒吧市场，其所代表的颓废与华丽、张扬与艺术的全新健康酒吧模式，开启酒吧行业全新时代。

2004 年，苏荷挺进长沙，创立苏荷空间构造系统，成长为市场主流，开创"以音乐为核心，注重空间体验及极致服务"的"苏荷模式"，引发业界争相模仿。

2005 年，苏荷进驻武汉，江滩迪吧一夜溃堤，苏荷持续火爆，引领市场生机盎然。苏荷经营模式和经营理念得到政府和业界广泛认可，形成有口碑的"苏荷标准"。

2006 年，广州苏荷在中国酒吧行业内创生 VJ 概念；同年，正本清源，斥资百万打击"仿冒苏荷"。品牌战略日渐成形，苏荷凭借创新模式发展为中国高品质酒吧的创领者。

2007 年，苏荷成都店、深圳店同时开启，引爆双城娱乐风潮，苏荷成为业界"神话"，将总部迁入广州，昂首迈步一线城市，实现华丽战略转身，朝大型加盟连锁企业发展。

2008 年 1 月，贵阳苏荷开幕，4 月，昆明苏荷开幕，苏荷成为西南地区最具影响力的酒吧品牌，并成为中国顶级酒吧的代表符号。

2009 年，首家加盟店郴州苏荷诞生，苏荷足迹延伸至中国大江南北，开启酒吧连锁产业链，同时与金牌大风、EQ 唱片、光线传媒等音乐实体强强联合，创建具有影响力的音乐团队。

2010 年，苏荷版图持续扩张，海口、大连、西安、济南直营店火爆成功，株洲、衡阳、绵阳、淡水等苏荷加盟店相继绽放，奠定苏荷中国酒吧第一连锁品牌的地位。

2011 年，苏荷开始集团化经营，合纵文化集团精彩亮相，旗下各个品牌各具风格。给城市带来"美好夜生活体验"的苏荷；引领国际潮流风尚的本色；首创 K 吧模式，颠覆行业格局的 LIVEKBAR；代表 KTV 派对时代诞生的"台北纯 K"；合纵文化集团正式进军多元化文化娱乐产业。

　　2012 年，娱乐王国苏荷全国分店超过 90 家，员工共有 11275 人，覆盖全国近 60 个城市。同年，六大子公司成立，开启"行业第一的夜生活娱乐集团"稳固经营的序幕。

　　2013 年，合纵文化集团树立起开基创立以来的十周年里程碑，旗下苏荷酒吧大力发展加盟事业，全国分店已达 102 个城市，基本做到一线城市一城一店，二、三线城市选择进入，并已确定七十多个市/区为重点发展对象。本色酒吧进入全国五个一线城市，同时有几个城市正在筹备。旗下 LIVEKBAR 即将规模化运营，迅速在华南、西南、中南、华北 20 个经济发达城市和地区拉开精彩帷幕。

　　思考题：

　　1. 苏荷酒店成功的重要原因是什么？

　　2. 你所在的城市有没有苏荷酒吧？请做个调查给我们介绍一下。

之前已经探讨过酒吧受欢迎的原因，而苏荷酒吧除了有好的服务之外，它的装潢设计也是颇费心思的。好的设计也是吸引顾客的一个好办法。

第一节　酒吧的设计

教学目标：

1. 了解酒吧空间设计原则和设计布局的基本方法。

2. 了解酒吧经营氛围的营造知识，增强酒吧经营的艺术鉴赏能力。

一、酒吧的设计理念

在经济日益繁荣的今天，都市生活节奏越来越快，生活在都市的人们压力较大，渴望心灵得到放松，渴望紧张、焦躁的情绪能够在一个合适的场所得到释放和缓解，同时寻求一种共鸣，达到心灵之间的沟通与理解。于是，酒吧应运而生，它为浮躁、烦闷的现代生活开启了一扇窗户，为人们提供了一个暂时"放松与自由"的休憩空间。

酒吧从一个侧面代表着一个城市的文化和特点，设计酒吧，首先要了解当地酒吧文化。每间酒吧都有自己独特的风格，酒吧的设计风格应个性鲜明，风格独特。"多元化"是现代酒吧个性风格的新走向，或张扬或古朴，或压抑或奔放。设计酒吧营造气氛也很重要，灯光始终是调节气氛的关键，而音乐是制造氛围的另一个重要元素，同时音乐最能表现出酒吧的个性。另外，酒吧空间设计应生动、丰富，给人以轻松雅致的感觉。

二、酒吧的市场定位

酒吧的市场定位源自酒吧的市场调研，而市场定位将影响到酒吧未来的经营。酒吧市场定位的重点是消费者定位和产品定位，这将关系到酒吧的装修风格、用料、酒水单的制定、餐牌的制定、员工的培训、进货、经营策略等。

(一)市场定位与装修风格、用料的关系

酒吧的装修风格、用料与它的市场定位关系十分密切。例如，当你的酒吧市场定位是走大众化路线时，如果你的装修十分精致而且高档，那么一定会给你日后的经营带来不少的"后遗症"和麻烦，其原因有以下几点。

(1) 客人会认为你的酒吧装修这样高档，一定是高消费，因而不敢光顾。

(2) 有消费能力的客人来消费，会觉得你的产品比较大众化，而不会再来。

(3) 你将会为你的高档装修而花比别人多的保养费用，导致你不得不提高出品的销售价格，从而影响你达到自己的营销目的。

(4) 你和你的员工会因为害怕客人损坏精致而高档的装修设备，而向客人发出多种建议，希望客人能配合你保护好装修，从而令客人觉得你的酒吧服务水准不够而流失。

 课外资料 9-1

酒吧的市场定位要清晰

某酒吧选址在一间学校的对面，周围不远处有几栋写字楼，酒吧的定位是那一带的白领一族。但经营者由于是新入行，对自己没有信心，怕没有客人光顾，所以装修按白领一族品位要求，价格则定低一些，目的只有一个，就是尽可能吸引更多的客源。结果大部分是学生消费，白领一族到来后见全是学生来消费，心中已把这个酒吧定位为学生消费场所，来了一次就不再来了。他开始还十分高兴地见到场面十分热闹，暗自觉得自己市场定位定得好，但经过一两个月后，问题出来了，他发觉这个酒吧和他当初想象的完全不一样，到酒吧消费的全是学生，白领一族全不见踪影。月底统计，虽然生意场面气氛好，但总的来说是亏本经营。而且由于是学生消费，场地的装修损耗特别快，很快就需要翻新了，于是他提高定价，希望把这个酒吧重新定位为白领一族的酒吧。结果学生又因消费不起而离去，白领一族也因为凭借以往的观念认为这家酒吧是学生消费场所而没有来，一时之间，酒吧的生意比以前更差了。

就地利做学生的生意，会因为装修太高档、保养费用太高而不能维持；要抢回白领一族的客源，则需要重新包装和做大量的宣传才能有效果。出现此种问题只能说是酒吧以前的市场定位不清晰，现在要重新定位，只能二选其一。

(资料来源：匡家庆. 调酒与酒吧管理[M]. 北京：中国旅游出版社，2012.)

由此可见，酒吧选好定位与各方面配合很重要，选好定位以后，一切就有中心思想做指导，做什么事情都有一个明确的目标，实现目标的希望也就非常之大了。

(二)市场定位与制定产品的关系

市场定位与酒吧经营产品的选择有着密切的关系。因为酒吧的定位不但关系到酒吧经营产品的选择，而且关系到产品的正确定价，特别是关系到酒水单、餐牌等直接经营用品的制定和选择。

1. 消费者定位影响到酒吧产品价格的制定

酒吧消费对象确定后，酒吧的酒水单、餐牌的价格自然要根据他们的消费能力去制定，如果你的酒水单、餐牌的价格是以四、五星级饭店为参考的，见图 9-1。那么酒吧消费者的市场定位一定是以这一层次的客人为主要对象，因为其他人一定消费不起，即使来消费也只是慕名而来，一次两次不足以支持酒吧的有效经营；如果酒水单、餐牌的价格是以大众化消费为主，做生意的客人同样不会到酒吧谈生意和消费，因为这有可能会影响他谈生意的成败。

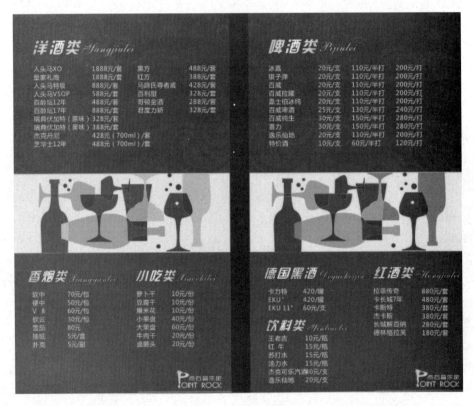

图 9-1　某酒吧的酒单

2. 酒吧市场定位关系到酒水、食品的品种选择

酒吧酒水单、餐牌的制定同样需要根据酒吧的市场定位决定选择哪些品种，因为这涉及酒水、食品的进货、服务用具、餐具的选择。

如果酒吧的市场定位是大众化的，而在酒水单中写了多种进口名酒，如白兰地、XO 等，那么酒吧一定需要有这些酒的存货，这些货品长期得不到消费，就会造成酒吧资金积压。相反，如果酒吧不备货，真有客人点用时，酒吧无法提供给客人，这同样会让人觉得酒吧的服务不够，印象大打折扣。

3. 市场定位会影响酒吧服务用品的选择和采购成本

酒水单、餐牌的制作成本，包括用什么材料、设计什么样式、规格如何等，酒吧开业后这些用品的使用折旧、内页的设计调整等，都关系到制作和印刷费用，一旦市场定位不准确，就会造成这些成本和费用的增加，造成经营的压力。此外，服务用具用品档次的选择，关系到酒吧的服务品位，这些都取决于酒吧最初的市场定位。

（三）市场定位与员工培训的关系

员工培训关系到酒吧服务的水平和标准，不同档次、不同类型的酒吧对员工服务技能和技巧的要求也不一样，越是高档的酒吧，对员工的知识、技能、态度等的要求越高，因此，市场定位也会影响到员工的培训质量。

做好员工培训，一方面是为了提供服务质量，提升服务品质，提高顾客满意度；另一方面，也有利于通过员工的服务，提升酒吧的经营业绩。任何一个经营者都无法否认培训给酒吧带来的巨大益处。酒吧员工培训关键要抓好以下几个方面的内容。

1. 服务规范的培训

在这方面可以说是越高档的酒吧，培训就越严格，要求就越高，但学的东西就越多。因为到高档场所消费的客人都有一个共同点，就是希望得到最优质的服务。

2. 酒水知识的培训

越高档的酒吧对员工酒水知识的培训越重视，因为高档的酒吧所存的酒水品种多，需要提供的侍酒服务多，要求高。如果员工不能很好地掌握相关酒水知识，就很难满足高层次酒水服务的需求。例如，一般的酒吧可能只提供一些汽水、啤酒类的容易服务的品种，中档酒吧就需要员工懂得调配一些简单鸡尾酒，最高档的酒吧可能更需要服务员具有丰富的葡萄酒的知识。

3. 财会知识的培训

酒吧经营还需要服务人员掌握基本的财会知识，以确保酒吧正常的收益。如前台工作的酒吧服务员和调酒师，应该掌握酒吧各类产品的盘点工作，清晰填写好领货单、调拨单等。服务员还应该学会填写出品单，并掌握诸如信用卡、挂账、现金等结账方式。

此外，员工还应该掌握相关的食品卫生知识、消防安全知识等。

（四）市场定位与经营策略的关系

酒吧所有经营策略的制定都是围绕市场定位展开的，因为不同的市场定位需要有不同的经营策略去配合才能达到目的。例如，麦当劳快餐店的市场定位是针对儿童和少年，所以它的一切宣传都以这个层面的人群为主要目标，所有产品的包装设计都以其定位为核心，包括餐厅的装修设计在内。

如果酒吧没有明确的市场定位，那么所有酒水单、餐牌的设计就无所适从，所有服务用品用具的选择、服务规范和标准的制定也就失去了方向，酒吧的经营就可能陷入混乱，任何经营策略都可能无法挽回因此带来的损失。

由此可见，市场定位的准确与否，将直接影响到酒吧各项经营策略的制定，以及各项经营战术的实施。

课外资料 9-2

酒吧开业前的定位分析

1. 市场定位分析

酒吧市场定位分析应该从所在地的经济情况开始，其目的是了解该地区的经济发展情况和消费水准，从而来确定开设何种类型、何种档次的酒吧。通常情况下，酒吧经营对所在区域的经济情况及消费水平有着较高的要求。具体而言，可从以下几个方面进行市场定位分析。

（1）调查当地的经济是否繁荣稳定，要衡量这个问题，可从该地区的区域面积、交通情况、商业街道数量、居民人数、大型商业设施数量、公司企业等办公单位的数量等细节上去分析。

（2）对所在地区进行人口统计分析，具体可以从家庭数、青年人数、成年人数、老年人数及其所占的比例来进行分析。

（3）分析当地居民的收入来源以及收入状况，并要去考察其收入的可支配内容和比例。

（4）调查当地的政府、民间和团体的情况，以及这些情况是否有利于开展酒吧经营。

2. 顾客定位分析

进行酒吧市场定位及经营目标的确定，需要对消费者进行调查，这样才能够使酒吧的定位更符合目标消费人群的需求。顾客调查分析可从以下几个方面展开。

（1）顾客喜欢什么类型的酒吧?喜欢什么样的酒吧氛围和服务类型?

（2）顾客希望的酒吧营业时间，这一因素将会影响到酒吧的营业时间以及吧台准备工作的开展情况。

（3）潜在顾客的月平均收入情况，每人每次前往酒吧可以承受怎样的消费标准?

（4）对于一些常见的酒水，顾客希望的价位情况如何?这将关系到酒吧产品及服务的价格定位情况。

（5）顾客希望菜单上包含哪些酒水?他们喜欢怎样的点餐方式?

（6）顾客对酒吧的服务标准有什么要求?

（7）潜在顾客偏好什么风格的装潢及流行色?

（8）顾客的年龄层次、职业、生活形态、情趣情况如何?

（9）女性顾客和男性顾客对酒水品种的要求各有什么偏好?

（10）日平均光顾的顾客数量?

3. 酒吧经营定位

在经过上述分析之后，酒吧经营者应该初步去确定酒吧的经营定位，酒吧的经营定位主要反映以下几个要素。

（1）酒吧的类型及档次。

（2）提供的产品及服务的价格。

（3）酒吧应设置的座位数量。

（4）每日、每周、每月的期望平均座位周转率。

（5）日平均光顾的客人数。

（6）顾客每次每人的平均期望消费额。

（7）酒吧期望的日均营业收入。

（8）应配备的服务人员数量。

（资料来源：艾酒吧. 酒吧市场定位. 百度文库，http://wenku.baidu.com/link?url= r4U4vTpd5 KLk19hx9ZuIhZ5cGUaJjsFJbss7bj8V7y3vzMlwukhSzpJlgXQiYWLY9U7b-xKzBtYbbUdGsKpWo WQTL0G_jHrsfMp-bhWtYIq，2013-7-19.）

三、酒吧的设计内容

设计酒吧就是在设计环境、氛围和情调。所有的设计思路和设计目的都要围绕如何营造令人舒适、满意的酒吧气氛，展示酒吧主人独特的风格与魅力，传播什么样的主题文化等。设计酒吧还要考虑经营流程，从迎客、落单、厨房出货、服务员送出、再回收杯碟等都需要了解清楚，因为设计也是要帮助这个流程畅通。

（一）酒吧选址

酒吧选址包括主要影响因素和次要影响因素两个方面。主要影响因素包括当地城市的经济发展水平、城市的市政规划、酒吧附近的交通状况、公共服务设施等；次要影响因素包括酒吧的规模和外观、同行业竞争态势、酒吧可见度、能源供应情况及酒吧周围流动人口情况等。

（二）酒吧的区域设计

一般酒吧面积不外乎 50～500 平方米。不同面积大小的酒吧所要进行设计的区域都相同，主要有六个区域：门厅设计、内部空间设计、吧台区域设计、餐桌区设计、后勤区与卫生间的设计。

1. 门厅

酒吧门厅设计门面是第一印象，消费者会不会进来主要看门面。酒吧是什么风格和主题可以从门面上一目了然。设计的关键是引起消费者的关注，创造一个引人注目的亮点，见图 9-2。因此，在酒吧气氛设计中，门厅是一个重要而相对特殊的部分。

2. 内部空间设计

酒吧内部空间设计是酒吧设计的最根本内容。结构和材料构成空间，采光和照明展示空间，装饰为空间增色。在经营中，以空间容纳人，以空间的布置感染人，这也是作为既要满足人的物质要求，又要满足人的精神诉求和建筑本质特性所在。

3. 吧台区域设计

吧台区域设计可以说是酒吧空间的中心，选料上乘、工艺精湛，在高度、质量、豪华程度上都是所置空间的焦点，吧台用料可以有大理石、花岗岩、木质等，并与不锈钢、钛金等材料协调构成，因其空间大小的性质不同，形成风格各异的吧台风貌。

图 9-2　某酒吧门厅设计

从造型看有一字形、半圆形、方形等，吧台的形状视空间的性质而定，视建筑的性格而定。酒吧吧台的设计方式是多种多样的，但主要有以下三种类型，见图 9-3。

图 9-3　酒吧吧台设计

直线封闭型是最常见的一种酒吧吧台形式，这种吧台为长条形设计，两端分别与墙壁相连。采用这种类型吧台的优势在于服务员能够更好地控制酒吧。直线型吧台的长度没有统一的标准，具体应根据酒吧的大小及客流量来定。通常情况下，在一间业务较为繁忙的酒吧中，一个服务人员能够有效控制的吧台长度为 3 米。

环形吧台的中间一般都设有一个"中岛"，以供陈设酒类饮品和储存物品之用。这种造型的优势在于能够向顾客充分展示酒类品种，也能为顾客提供较大的选择空间。但它同时也增加了服务难度，需要相应增加服务人员，以便能够有效照看到各个区域。

马蹄形吧台，也称为 U 形吧台，这种吧台可以深入室内，通常要安排三名服务人员，此外，可以在马蹄形吧台的中间设置一个岛形储藏室，用来存放相关用品和冰箱。

吧台高度一般在 1.25 米，并配以相应高度的凳椅，凳椅的高度通常在 0.9～0.95 米。吧台面的宽度通常在 0.75 米，厚度在 4～5 厘米，吧台外沿一般要以厚实的皮塑料进行包裹。吧台下面是服务人员的操作台，操作台的高度应在 0.85～0.9 米，宽度应在 0.65 米，不宜太高或太低，否则将不利于服务人员的操作。

操作台下面通常应放置有下列设备：三格洗涤槽(有初洗、刷洗、消毒的功能)、水池、自动洗杯机、酒瓶架、饮料或啤酒配出器等。

前吧和后吧间的服务距离不宜太小，但也不可过大，以可以同时让两个人通过的距离为宜。冷藏柜在安装时应适当向后收缩，其收缩程度以在开门时不影响服务员的走动为宜。过道的地面应铺设塑料隔删或条形木板架，局部可以铺设橡胶垫，以起到防水防滑的作用，而且这些材料也可减少服务员长时间站立所产生的疲劳。

后吧分为上、下两个部分来设计。上部可以不安排实际用处，而只是作为进行装饰和自由设计的场所；下部可以设计成柜子，在顾客视线看不到的地方可以放置杯子和酒瓶等。下部柜宽最好在 0.5 米，这样就能储藏较多的物品，以满足实际要求。

酒吧的吧台是其区别于其他休闲场所的一个重要环节，它令人感到亲切和温馨，潜意识里传达着平等的观念。与吧台配套的椅子大多采用高脚凳，尤以可以旋转的椅子为多，它给人以全方位的自由，让人情绪放松。吧凳面与吧台面应保持在 0.25 米左右的落差。当吧台面较高时，吧凳面也应相应提高一些。凳与吧台下端落脚处，应设有支撑脚部的支杆物，如钢管、不锈钢管或台阶凳。较高的吧凳应该带有靠背，那样坐起来会感觉更舒服些。

4. 餐桌区设计

通常酒吧会设计很多不同的角落，让客人每次来都坐在不同的地方，感觉会完全不一样。大部分酒吧设计都是灵活弹性的桌椅，无论两个人来，或十个人来可随意拼拆餐桌，见图 9-4。

图 9-4　某酒吧餐桌区设计

5. 后勤区设计

后勤区主要是厨房、员工服务柜台、收银台、办公室。强调动线流畅，方便实用。这里主要是厨房的设计。

酒吧的厨房设计与一般餐厅的厨房设计有所不同，通常的酒吧以提供酒类饮料为主。加上简单的点心熟食，因此厨房的面积占 10% 即可。也有一些小酒吧，不单独设立厨房，工作场所都在吧台内解决。由于能直接接触到顾客的视线，必须注意工作的场所要十分整洁，并使操作比较隐蔽。在满足功能要求的前提下，空间布置要尽可能紧凑。在布置厨房设施时要注意使操作人员工作时面对顾客，以给顾客造成亲切的视觉和心理效果。

6. 卫生间设计

酒吧卫生间的设计也很重要，它与酒吧的主体和风格要一致，通过卫生间表现出酒吧的个性，见图 9-5。有时，卫生间的设计也可以成为酒吧设计的一个亮点，作为酒吧主题与个性的延展。如果酒吧开在商场里或者是酒店大堂里，一般是没有卫生间的。按规范来讲，酒吧的卫生间是根据座椅来设计卫生间的容量，所以在设计时要符合有关条例。

图 9-5　某酒吧卫生间设计

（三）酒吧的氛围设计

酒吧的氛围就是指酒吧的环境带给顾客的某种强烈感觉的精神表现和景象。酒吧的氛围应包括四大部分：一是酒吧结构设计与装饰；二是酒吧的色彩和灯光；三是酒吧的音乐；四是酒吧的服务活动。酒吧氛围的营造是酒吧吸引目标客人的有效手段。酒吧氛围设计既要考虑消费者的共性，又要考虑目标客人的个性，要针对目标市场特点来进行氛围设计。

1. 色彩

运用色彩创造酒吧室内气氛，首先应知道各种色彩使人们产生的感觉和联想。例如，在阴面酒吧的房间采用暖色调，可增添亲切、温暖的感觉，在阳面的房间或炎热地区，则往往采用冷色以降低室温感。在酒吧的门厅、电梯等逗留时间短暂的场所，适当使用高明度、高彩色度，可获得光彩夺目、热烈兴奋的气氛。一般情况下，从天棚、墙面到地面，色彩往往是从上到下由明亮渐趋暗重，以丰富色彩层次，扩展视觉空间，加强空间稳定感觉。酒吧采用何种色调，还应根据所需要表现的气氛来决定。

酒吧在色彩设计时应利用调配法，使之互补，以发挥共利，清除共弊，使酒吧既高雅，又享有情趣。因此，酒吧选配色彩时，就应注意选配好墙面、地面、天花板、家具以及窗帘几大要素的色彩组合，尽可能做到色调和谐。

在酒吧经营过程中，还应注意所经营产品及其装饰和容器的色彩，因为色彩也能对味觉产生影响。柠檬黄能使人产生酸酸的感觉，粉红色使人产生甜甜的感觉，深绿色或蓝色使人产生清凉感，益于冷饮的销售。

2. 灯光设计

光线是酒吧气氛设计应考虑的最关键因素之一，因为光线系统能够决定酒吧的格调。灯光使酒吧室内的空间环境结合起来，可以创造出各种不同风格的酒吧情调，取得良好的装饰效果。

酒吧使用的光线的种类很多，如烛光、白炽光、荧光以及彩光等，不同的光线有不同的作用。彩光是光线设计时应该考虑的另一因素，彩色的光线会影响人的面部和衣着及室内布置的效果。

在利用光进行氛围设计时，也可用直接光和间接光来营造不同的气氛，适应不同的需求。直接光较生硬，但可产生明显的光影明暗对比，创造出某种富有想象力的环境气氛；间接光光线柔和恬静，使人感到轻松自如，神经松弛。可将二者结合起来，以期达到更完美的效果。

此外，不管光线的种类如何，光线的强度对顾客的消费时间是有影响的。过亮的光线会缩短顾客的逗留。在具体设计酒吧气氛时，高雅型酒吧应以淡雅色彩为主，灯光柔和，灯光的变动较少而且较慢，给人以清淡、稳重的感觉；刺激型酒吧应以亮色为主，灯光及色彩的对比度大，灯光强烈，灯光变动大且节奏快；温情型酒吧应以暖色为主，灯光柔和，每个桌台备有烛光，灯光变动多但节奏要慢。

3. 音乐

音乐在酒吧气氛设计诸因素中是至关重要的，可以说它是居于一种中心地位，也可以说是酒吧的灵魂。由于酒吧是个封闭的空间，如果将这种音色俱佳的作品在这里展示，就可以在感觉上打破其封闭性，让人感到精神上的解放，使人浮想联翩，并享受其中。不同类型的酒吧，对音乐的选择不一样，营造的氛围亦不同。

酒吧在进行具体音乐设计时，应针对其目标客人及经营的特殊性营造出相应的音乐气氛。高雅型酒吧应以古典乐曲为主，尤以钢琴或小提琴为主的小乐队演奏，音量应适中；刺激型酒吧的音乐则以快节奏音乐如摇滚乐、爵士乐为主，音量大；温情型酒吧应以流行乐、轻音乐为主，音量要小。

4. 装饰与陈设

酒吧气氛的营造，室内装饰和陈设是一个重要的方面，通过装饰和陈设的艺术手段来创造合理、完美的室内环境，以满足顾客的物质和精神生活需要。装饰与陈设是实现酒吧气氛艺术构思的有力手段，不同的酒吧空间，应具有不同的气氛和艺术感染力的构思目标。

酒吧室内装饰与陈设可分为两种类型，一种是生活功能所必需的日常用品设计和装饰，如家具、窗帘、灯具等；另一种是用来满足精神方面需求的单纯起装饰作用的艺术品，如壁画、盆景、工艺美术品等的装饰布置。具体来讲，酒吧室内装饰与陈设应着重考虑如下几个方面。

（1）装饰材料。酒吧装饰材料种类繁多，玻璃、大理石、釉面砖、铝合金、壁纸、壁毡、木板等都是室内装饰材料的大类，且其档次、价格也不尽相同，这就要求经营者与设计人员一起根据自己的经营特色和能力进行选择。酒吧室内装饰材料的选择应用，应结合酒吧室内空间的不同功能和性质，以创造出适合酒吧客人的生理、心理状态的装饰形象。

（2）家具。家具是酒吧不可缺少的实用物，在酒吧的室内装饰陈设中，其地位比较重要。酒吧的家具要美观、高雅、舒适，一般要配备桌椅，还要便于合并，方便团体客人使用，酒吧的桌面应能防酒精、防烫并阻燃。酒吧中的家具要做到少而精，注意其数量、质量和大小规格。另外，酒吧家具要便于移动且坚固、耐用、耐磨。

（3）地毯。地毯在揭示空间以及创造象征性空间方面颇有成效。公共场所常用条形地毯做导向，既解决了人的流向问题，又提高了酒吧的档次。地毯还可以降低噪声、吸附污物、吸光等优点，是其他任何地面装饰材料无法比拟的。地毯的铺设，一般有满铺和局部铺设两种形式，满铺的规格较高。对酒吧来说，高档而无舞池的酒吧要求满铺，而低档及有舞池的酒吧只要求局部铺设。

（4）窗帘。对于刺激型全封闭的酒吧而言，无窗户自然也就无窗帘。但对有窗户的酒吧来说，窗帘是室内必备的装饰物。窗帘的基本功能有遮挡光线、调节温度、隔热等实用性，还可以丰富室内空间气氛，使窗外景物朦胧隐约，使室内明暗对比减弱，气氛柔和等作用。窗帘的种类、色彩、图案和悬挂方式多种多样，应根据酒吧的具体特点、设计和选择最佳的窗帘。

（5）装饰小品。对于不同类型的酒吧，应有其特定的装饰小品及服务风格。具体地说，高雅型酒吧应有艺术真品，甚至名人字画，并有鲜花出售，设备、器皿贵重；在服务方面，应配以穿着讲究的男性侍者。刺激型酒吧应饰以粗线条画面，或时髦的人体画、明星画，同时配有鲜花或塑料、布制鲜花；在服务方面，应配以穿着时髦的女性侍者，并有伴歌、伴舞服务。温情型酒吧其布置及展示的图案应以心形、圆形，及其类似形状的图案为主；在服务方面，应配以穿着年轻、勤快的女性侍者。

四、酒吧酒单设计

（一）酒单设计的原则

酒单设计是酒吧管理人员、调酒师及艺术家对酒单的形状、颜色、字体等内容进行设计的过程。酒单有吸引力、美观并体现酒吧或餐厅的形象，不但会便于客人选择酒水，也会提高酒水的销售量。一个设计优秀的酒单必须注意酒品的排列顺序、酒单的尺寸、酒单的色彩、字体的选择、酒单的外观及照片的应用等。

(二) 酒单设计的内容

1. 酒单的色彩

色彩对于酒单有着多种作用, 使用色彩可使酒单更动人、更有趣味。制作彩色酒品照片, 会使酒吧经营的酒品更具吸引力。

色彩用以设计, 究竟以几色为宜, 这要视成本和经营者所希望产生的效果如何而定。如果酒单的折页、类别标题、酒品实例照用上了许多鲜艳色, 便体现了娱乐型酒吧的特点; 采用柔和清淡的色彩, 如淡棕色、浅黄色、象牙色、灰色或蓝色加黑色和金色, 尽量少用鲜艳色, 酒单就会显得典雅, 这是一些高档酒吧的典型用色。酒单设计中如使用两色, 最简便的方法是将类别标题印成彩色, 如红色、蓝色、棕色、绿色或金色, 具体菜肴名称用黑色印刷。

各种彩色纸几乎是应有尽有。如果酒单上文字多, 为增加酒单的易读性, 色纸的底色就不宜太深。为酒单增添色彩, 还有一个简单且便宜的办法, 就是采用宽色带, 不论是纵向粘在封面上还是横向包在封面上, 都能增加酒单的色彩。但要注意, 运用色彩于酒单上一般的原则是只能让少量文字印成彩色, 因为让大量的文字印成彩色, 读起来既不容易又伤眼睛。

2. 酒单用纸

选择哪种纸张印刷酒单也很值得下功夫, 以便使酒单更精美耐用。一般来说, 酒单的印刷从耐久性和美观性考虑应使用重磅的涂膜纸。这种纸通常就是封面纸或板纸, 经过特殊处理。由于涂膜, 它耐水耐污, 使用时间也较长。

选择恰当的酒单用纸, 其复杂程度并不亚于选择恰当的碟盘。这里涉及纸张的物理性能和美学问题, 如纸张的强度, 折叠后形状的稳定性, 不透光度, 油墨吸收性, 光洁度和白皙度等。此外, 纸张还存在着质地差异, 有表面粗糙的, 也有表面十分细洁光滑的。由于酒单总是拿在手里读, 所以纸张的质地或 "手感" 也是一个需要研究的重要问题。

纸色有纯白、柔和素淡、浓艳重彩之分, 通过采用不同色纸, 便会给酒单增添不同色彩。此外, 纸可以用不同种方法折叠成不同的形状, 除了可切割成最常见的正方形或长方形外, 还可以制作成各种特殊的形状。

3. 酒单的尺寸

酒单的尺寸和大小是酒单设计的重要内容之一, 酒单的尺寸太大, 客人拿着不方便; 尺寸太小, 又会造成文字太小或文字过密, 妨碍客人的阅读而影响酒水的推销。通过实践, 比较理想的酒单尺寸约为 20 厘米×12 厘米。

4. 酒品的排列

许多酒单酒品的排列方法都是根据客人眼光集中点的推销效应, 将重点推销的酒水排列在酒单的第一页或最后一页以增加客人的注意力。但是, 许多餐厅酒吧经营者认为, 按照人们的用餐习惯和顺序排列, 酒水产品更有推销力度。

5. 酒单的字体

酒单的字体应方便客人阅读，并给客人留下深刻印象。酒单上各类品种一般用中英文对照，以阿拉伯数字排列编号和标明价格。字体要印刷端正，使客人在酒吧的光线下容易看清。各类品种的标题字体应与其他字体有所区别，一般为大写英文字母，而且采用较深色或彩色字体，既美观又突出。所用外文都要根据标准词典的拼写法统一规范，慎用草体字。

6. 酒单的页数

酒单一般是 4～8 页。许多酒单只有 4 页内容，外部则以朴素而典雅的封皮装饰。一些酒单只是一张结实的纸张，被折成三折，共为 6 页，其中外部 3 页是各种鸡尾酒的介绍并带有彩色图片，内部 3 页是各种酒品的目录和价格。有些酒单共 9 页，其中 8 页印制各种酒品目录。

7. 酒单的更换

酒单的品名、数量、价格等需要更换时，严禁随意涂去原来的项目或价格换成新的项目或价格。如随意涂改，一方面会破坏酒单的整体美，另一方面会给客人造成错觉，认为酒吧在经营管理上不稳定及太随意，从而影响酒吧的信誉。所以，如需更换，宁可更换整体酒单或重新制作，对某类可能会更换的项目采用活页。

8. 酒单的广告和推销效果

酒单不仅是酒吧与客人间进行沟通的工具，还应具有宣传广告效果，满意的客人不仅是酒吧的服务对象，也是义务推销员。有的酒吧在其酒单扉页上除印制精美的色彩及图案外，还配以词语优美的小诗或特殊的祝福语，给人以文化享受；同时加深了酒吧的经营立意，拉近了与客人的距离。

同时，酒单上也应印有本酒吧的简况、地址、电话号码、服务内容、营业时间、业务联系人等，以增加客人对本酒吧的了解，起到广告宣传作用，并便利信息传递，广泛招徕更多的客人。

五、主题酒吧设计

(一)主题酒吧的概念

主题酒吧是指以酒吧所在地最有影响力的地域特征、文化特质为素材，设计、建造、装饰、生产和提供服务的酒吧，其最大特点是赋予酒吧某种主题，并围绕这种主题建设具有全方位差异性的酒吧氛围和经营体系，从而营造出一种无法模仿和复制的独特魅力与个性特征，实现提升酒吧产品质量和品位的目的。

(二)酒吧主题的设计

主题酒吧的出现，标志着酒吧设计理念的一个飞跃、一次跨越，也意味着对传统的、千篇一律的酒吧外观和装潢风格的一次颠覆、一种创新。但是在主题酒吧不断涌现、令世人眼花缭乱之际，我们更需要有一个冷静的、科学的认识和判断。

毋庸讳言，投资主题酒吧的根本目的就是赢利，其极力营造文化氛围的目的在于形成差异化特色来吸引客源，为了创造更高的利润。那么，怎样才能打造一家成功的主题酒吧呢？

1. 确立适合的主题文化是关键

主题酒吧必须通过特色文化来凸显、支撑市场，文化主题一定要有差异性，切忌重复和随大流。因此，寻找特色文化、挖掘特色文化、设计特色文化、制作主题产品和服务，是酒吧管理者最重要、最具体、最花心思和精力的大事。

在确立主题之前，不能忽视所选择的文化主题是否与当地的环境相协调。在一些形象突出，历史文化底蕴丰厚的城市，过于异类的主题对城市形象造成冲击，在形象推广中产生互相抵消的效果。然而在那些文化单薄，经济发达的城市，或者文化比较多元化的城市，主题的选择有着很大空间，而且对于创造城市文化和树立城市形象发挥着重要的作用。同样，过于专业、狭窄和离消费大众较远，带有猎奇色彩的文化，都是不宜拿来做主题的。

2. 重视主题化的功能需求

酒吧的功能性需求，是人们的基本需求，消费是理性的；感觉上的满足才是高层次的需求，因而，消费往往又是感性的、随性的。社会的发展与进步，制造出了越来越多为感觉而埋单的消费者，从时下奢侈品消费的兴盛、手机与汽车的频繁更换等迹象，也可以透视这种消费变化的趋势。

为功能性酒吧附加一个主题，制造出一个概念，首先在宣传营销上会有别于一般的酒吧，为酒吧的发展提供了基础。但一个成功的主题酒吧不仅仅是创造出一个概念那么简单，要使主题名副其实，乃至让主题串联一个产业，形成超附加值，则要深入研究酒吧的区位及其文化底蕴、市场需求、酒吧投资、企业文化等因素，使酒吧的主题融入区域文化环境中，融入酒吧投资企业文化中及感官体验中。

3. 强化主题酒吧的市场营销策略

主题酒吧有效地解决了酒吧同质化竞争的问题，不同的主题酒吧有其不同的内涵，能迎合、满足不同需求的客源群。主题酒吧的市场营销目的就在于推出和强化主题品牌及其内涵概念，见图 9-6。

图 9-6 某主题酒吧

主题酒吧应集中力量发挥本酒吧各种资源的综合优势，积极主动地宣传本酒吧的独特文化氛围，获得特定客户群的认知感，使其他酒吧难以抄袭和模仿，从而使本酒吧的文化主题具有较长时期的稳定性，并逐步形成品牌。

当然，这里所说的特定客户群，不是绝对排斥其他客源，而是在以主题吸引主要客源的同时，适当拓展若干个其他的细分市场。

4. 酒吧设计注重诠释主题元素

主题酒吧的设计，关键是主题的确定。在主题确定后，再确定建筑形态，是城堡形、碉楼形，还是帆船形、塔形等。然后就是内部装饰的确定，主要在细节上见真功，如吧台、舞台、酒具、音乐、装修，乃至卫生间等细节都注重主题元素的融入。

一个成功主题的确定，应满足以下四个基本条件：一是适应市场需求；二是根植于本土文化；三是融合企业文化；四是串联相关产业。

此外，一个成功的主题不应该是单一的主题，应该在总体主题的引领下，形成针对细分市场需求的一个系列的子主题，使酒吧的客户群不因主题而被拒之门外。

评估练习

1. 酒吧如何进行准确的市场定位？
2. 酒吧从哪几个方面进行设计？
3. 从哪些方面来打造一家成功的酒吧？

第二节　茶室设计

教学目标：

1. 了解茶馆设计原则和设计布局的基本方法。
2. 了解茶馆从哪几个方面进行茶馆主体设计。

茶室或茶馆的建筑和装饰可根据周围环境，由建筑设计师和茶艺师共同讨论，可有各具风格的特色。但从茶馆功能要求而言，其建筑应包括主体建筑和附属设施两部分。主体建筑包括茶室、茶水房和茶点房。附属设施为小型仓库、管理人员及服务人员工作室（包括更衣室、化妆间）、卫生间等。

一、茶室的主体设计

主体建筑设计视茶室的大小而异，一般有如下设计方案。

1. 大型茶室

品茶室可由大厅和小室构成。茶艺馆在大厅中必须设置茶艺表演台，小室中不设表演台，而采用桌上服务表演。视房屋的结构，可分设散座、厅座、卡座及房座（包厢），或选设其中一两种，合理布局。

散座：在大堂内摆放圆桌或方桌，每张桌视其大小配 4~8 把椅子。桌子之间的间距为两张椅子的侧面宽度加上通道 60 厘米的宽度，使客人进出自由，无拥挤不堪的感觉。

厅座：在一间厅内摆放数张桌子，距离同上。厅四壁饰以书画条幅，四角放置鲜花或绿色植物，并赋予厅名。最好能布置出各个厅室的自我风格，配以相应的饮茶风俗，令人有身临其境之感。

卡座：类似西式的咖啡座。每个卡座设一张小型长方桌，两边各设长形高背椅，以椅背作为座与座之间的间隔。每一卡座可坐四人，两两相对，品茶聊天。墙面以壁灯、壁挂等作为装饰。

房座：用多种材料将较大的窖隔成一间间较小的房间。房内只设 1~2 套桌椅，四壁装饰精美，又相对封闭，可供洽谈生意或亲友相聚。一般需预先订座，由专职的服务人员帮助布置和服务，房门可悬挂提示牌，以免他人打扰。

茶水房：应分隔为内外两间，外间为供应间，墙上开一大窗，面对茶室，置放茶叶柜、消毒柜、冰箱等。里间安装煮水器（如小型锅炉、电热开水箱、电茶壶）、热水瓶柜、水槽、自来水龙头、净水器、贮水缸、洗涤工作台、晾具架及晾具盘。

茶点房：亦分隔成内外两间，外间为供应间，面向品茶室，放置干燥型及冷藏保鲜型两种食品柜和茶点盘、碗、筷、匙等用具柜。里间为特色茶点制作场所或热点制作处。如不供应此类茶点，可以简略，只需设水槽、自来水龙头、洗涤工作台、晾具架及晾具盘即可。

2．小型茶室

可在一室中混设散座、卡座和茶艺表演台，注意适度、合理利用空间，不能毫无章法，乱摆一气，讲究错落有致，各有其长。

开水房及茶点房在品茶室中设柜台替之，保持清洁整齐即可。

二、茶室的布置

茶馆的布置是业主文化修养的综合反映。为能充分显示茶馆陶冶情操、令人修身养性的作用，在茶馆布置上需下一番功夫，使之既合理实用，又有不同的审美情趣。纵观现代茶馆的布置，一般有以下几种类型供选择。

1．中国古典式茶室

中国古典式茶室家具均选用明式桌椅，材料为红木、花梨等高木料，镶嵌大理石、螺钿者更佳（资金有限者可用仿红木）。壁架可以采用角空心雕刻或立体浮雕。用中国书画为壁饰，并辅以插花、盆景等各种摆设，见图 9-7。

2．中国乡土式茶室

这一款茶室的布置着重在渲染山野之趣，所以室内家具多用木、竹、藤制成，式样简朴而不粗俗，不施漆或只施予清漆。壁上一般不用多余饰物，为衬托气氛，墙上可以挂一些蓑衣、渔具或玉米棒、红干辣椒串、宝葫芦等点缀，让人仿佛置身于山间野外、渔村水乡。另外，我国是个多民族国家，各少数民族有着自己独特的民族文化与饮食习惯，饮茶也有自己

图 9-7　古典式茶馆

的特色。可以借鉴其风俗习惯，运用到茶馆布置上，让客人们在品茶之余，享受强烈的民族风情，见图 9-8。

图 9-8　中国乡土式茶馆

3. 异国茶室

异国茶室的布置是仿国外茶室的装饰，营造一份异国情调。欧式茶室以卡座（见图 9-9）设置居多，是最普遍的一种。另外，广泛流行于都市中的音乐茶座，大体也属于此种。和式茶室是指日本的茶室布置，即室内铺榻榻米，客人脱鞋入内，席地而坐，整体布置极其简洁明快，或是一画，或插一花，见图 9-10。

图 9-9　欧式卡座茶室

图 9-10　日式和室茶室

评估练习

1. 茶馆主要有几种不同类型的设计？

2. 中国古典式茶馆和中国乡土式茶馆的设计区别是什么？

3. 分小组设计一个特点鲜明的茶室，并进行合适的市场定位。

第三节　咖啡馆设计

教学目标：

1. 了解咖啡馆的设计内容。
2. 了解咖啡馆空间设计的要素。

一、咖啡馆的选址

咖啡馆的选址很重要，几乎可以决定商家的生存。关于位置的选取主要取决于以下几个要素：空间；楼层；其他综合因素。除了空间和楼层外，还有一些其他因素也会影响未来店中的经营好坏，如是否位于死角处、拐角处，是否有立柱等。

在开店之前，最好做一些"最佳店址选择"工作，其中一项最重要的工作就是测算分析有效人流量。专业的选址公司的做法是派员工拿着秒表到目标场所测算流量并进行目标询问，这对普通投资者而言虽然有一定操作难度，但在选址附近做大致的人流量考察和必要的针对性询问还是必需的。

二、咖啡馆的店面设计

良好的店面设计，不仅美化了咖啡馆，更重要的是给消费者留下美好印象，起到招徕顾客、扩大销售的目的。进行店铺设计的前提条件是掌握时代潮流。在店铺外观、店头、店内，利用色、形、声等技巧加以表现。个性越突出，越易引人注目。

1. 店门设计

显而易见，店门的作用是诱导人们的视线，并产生兴趣，激发想进去看一看的参与意识。怎么进去，从哪进去，就需要正确的导入，告诉顾客，使顾客一目了然，见图9-11。

图 9-11　某咖啡馆店门

在咖啡馆店面设计中，顾客进出门的设计是重要一环。将店门安放在店中央，还是左边或右边，这要根据具体客流量情况而定：一般大型咖啡馆大门可以安置在中央，小型咖啡馆的进出部位安置在中央是不妥当的，因为店堂狭小，直接影响了店内实际使用面积和顾客的自由流通。小咖啡馆的进出门，不是设在左侧就是右侧，这样比较合理。

2. 招牌设计

店面上部可设置一个条形商店招牌，醒目地显示店名。在繁华的商业区里，消费者往往首先浏览的是大大小小、各式各样的商店招牌，寻找实现自己消费目标或值得逛游的商业服务场所。因此，具有高度概括力和强烈吸引力的咖啡馆招牌，对顾客的视觉刺激和心理的影响是很重要的，见图 9-12。

图 9-12　某咖啡馆招牌

咖啡馆招牌设计，除了注意在形式、用料、构图、造型、色彩等方面给消费者以良好的心理感受外，还应在命名方面多下功夫，力求言简意赅、清新不俗、易读、易记、富有美感，使之具有较强的吸引力，促进消费者的思维活动，达到理想的心理要求。

三、咖啡馆空间设计

咖啡馆最具体的综合表现就是整个的营业空间，至于如何使整个咖啡馆空间能够具有活力而显其特性，则有赖于空间的设计和布局。咖啡馆的空间设计牵涉灯光、色彩及声乐等方面。将这些方面和装饰有机地结合，能够对顾客心理产生各种影响，进而赢得顾客的心理共鸣。

1. 咖啡馆灯光效果

一般商店的霓虹灯是用光效果最佳的代表。咖啡馆的光当然不仅限于霓虹灯，灯光的用途首先是引导顾客进入，在适宜的光亮下品尝咖啡。因此，灯光的总亮度要低于周围，以显示咖啡馆的特性，使咖啡馆形成优雅的休闲环境，这样，才能使顾客循灯光进入温馨的咖啡馆。如果光线过于暗淡，会使咖啡馆显出一种沉闷的感觉，不利于顾客品尝咖啡。其次，光线用来吸引顾客对咖啡的注意力。因此，灯暗的吧台，咖啡可能显得古老而又神秘的吸引力。

2. 色彩和声音的设计

色彩原本就具有振奋、安抚人心的作用，咖啡馆可以利用色彩的原理，来制造吸引顾客的效果。例如，有一些和周围环境成对比的色彩，或是较温馨、柔和的颜色，便可以让顾客产生好奇心，甚至因此而刺激顾客在咖啡馆流连忘返。色彩使用得当，可以突出气氛。例如，在暗淡颜色的背景上配以明快的色调，可以使人更加注意到陈列的咖啡；还可以在中间色调的背景上摆放冷色或暖色的饮料，也会起到良好的衬托效果。如果采用彩色灯光照射，灯光色彩与咖啡本身色彩有良好的搭配，可以充分显示咖啡的特点，并吸引顾客注意，见图 9-13。

图 9-13　某咖啡馆

3．咖啡馆气氛的营造

消费者品尝咖啡之际，不仅对于咖啡在物理性及实质上的吸引力有所反应，甚至对于整个环境，诸如服务、广告、印象、包装、乐趣及其他各种附带因素等也会有所反应。而其中最重要的因素之一就是休闲环境。如果再缩小范围，就是指咖啡馆内的气氛，对消费者是否决定品尝咖啡能够产生影响。

 **评估练习**

1．咖啡馆选址的要素。

2．根据教材内容，分小组设计一个咖啡馆门面。

3．咖啡馆空间设计的影响因素有哪些？

第十章

酒吧营销管理

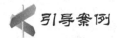

引导案例

音乐赶走不速之客——迎难而上未必是好的选择

美国加州斯托克城里有一家酒吧，1997年开张不久，便遇到了意想不到的麻烦。每天总有十几个无业小青年赖在酒吧门前，他们蓄着长发，或剃着光头，穿着奇形怪状的衣服，不时地做着各种丑态并发出刺耳的尖叫，叫人望而生厌，没有客人愿意到这家酒吧来，致使酒吧的生意日趋冷清。

酒吧的女老板福皮亚诺起初以为这伙人的骚扰是暂时的，过几天就会自觉离开。于是强装笑脸请他们进酒吧做客，并以礼相待。谁知这种方法的效果适得其反，这伙人干脆来个全天候赖在这里不走。

能不能叫个警察来对付这伙赖皮呢？深谙世事的女老板不敢这么做。因为她知道，就是警察来了，抓走这伙人，可是过不了多久也会把他们放出来，到那时，情况更糟。

福皮亚诺想了很久，决定用高薪雇来两个虎背熊腰的黑人来酒吧当保安，想镇一镇这些流氓。结果头几天这些小流氓有些收敛。几天以后，赖皮们开始向黑大汉挤眉弄眼，嬉戏逗弄，使得黑保安啼笑皆非，无可奈何。后来，两位黑人自知没有解决问题，辞职而去。

一天，女老板的老同学芬斯特来酒吧探望。当他听到事情原委，又听到酒吧间的迪斯科乐曲时，忽然灵机一动，说："何不试试用音乐驱散这些赖皮呢？你在酒吧屋檐下装一只破裂了的旧喇叭，用一台老式留声机不停地播放巴赫和贝多芬的系列古典音乐，音量最好放大到70分贝，这样一来，习惯了流行音乐的赖皮们或许会另择别处。"

福皮亚诺虽然对这个办法半信半疑，但由于没有别的办法，只好照计试行。在接连播放了几张古典音乐唱片之后，果然出现了奇迹：这些无赖之徒听了一些大音量、带杂音的古典音乐之后，因感觉心灵受到折磨而先后溜走。其中三四个顽固分子，他们多支撑了一段时间，最后还是逃之夭夭。

小酒吧又恢复了正常营业。

（资料来源：佚名.迎难而上未必是最好选择[J].中外管理，2007（3）：70-70.）

案例分析：

成功只是结果，成功的方法却是多种多样，在必要时我们为什么不去尝试一下"绕个弯路来解决问题"呢？遇到难题时硬着头皮迎难而上，一味直逼，结果会碰得头破血流。所以，避直就曲地解决问题，也不失为一种好的策略。

思考题：

1. 如果你是酒吧的老板，你还有什么好的办法解决这个问题吗？
2. 谈谈你对音乐影响力的看法。

酒吧营销，就是为了多招徕顾客，可是，经常不可避免地会有一些不受欢迎的顾客出现。营销的方法、策略、手段都需要经营者好好地思索，如何才能招揽来我们喜欢的顾客。

第一节　酒吧营销认知

教学目标：

1. 掌握酒吧营销的基本概念。

2. 了解酒吧营销的发展状况。

3. 熟悉酒吧营销的目的。

一、市场营销的概念和酒吧营销的发展

市场营销一词源于英文中的 Marketing，中文译作"市场营销""市场行销""市场"等。营销科学的奠基人之一，美国学者菲利普·科特勒认为：营销指的是通过合适的交流和促销，将合适的商品与服务在合适的时间和合适的场合销售给合适的人。完整的营销活动应该遵循以下六方面的要求。

1. 竭力满足顾客需要

营销活动的首要任务应是发现并满足顾客需要。顾客已经有了什么，他们还缺少什么，企业如何通过行为去补缺。顾客需要什么，他们对自己的需要是否已经意识到，如何激发并迎合这些意识，这些都是从事营销的人必须努力了解的。

2. 营销活动应该具有连续性

营销是一种连续不断的管理活动，不是一次性的决策；营销计划只能被看作整个营销管理的一项内容。

3. 营销应有步骤地进行

良好的营销是一个过程，应有序地一步步去做。

4. 营销调研发挥关键作用

营销活动如要有效地进行，则非进行营销调研不可，唯此才能预见并确认顾客需求。

5. 组织内各部门之间必须发挥团队精神

企业的任何一个部门都不可能独立地承担营销的全部活动。没有各个部门的精诚合作，营销便不能成功，企业便不能游刃有余地参与市场竞争。

6. 营销应注意与同行、相关行业搞好合作

同一行业中各企业进行营销时有着许多合作的机会，既竞争又合作，整个行业才能蒸蒸日上。

综上所述，市场营销是企业通过制订销售计划、产品研制与生产、产品定价、确定销售渠道、开展促销活动、提供服务和相互沟通等一系列手段，满足现在消费者和潜在消费者需求而完成销售行为的过程。

二、酒吧营销及其含义

对于酒吧而言，酒吧营销是指酒吧经营者为促成顾客购买、消费，实现酒吧经营目标而

展开的一系列有计划、有组织的活动。换句话说，酒吧营销是酒吧通过一系列营销活动不断跟踪顾客需求的变化，及时调整企业整体经营活动，努力获得顾客需要，获得顾客信赖，通过顾客的满意来实现酒吧经营目标，达成公众利益与酒吧利益的一致。并非一般人所认为的"营销只是向顾客推销产品，做些宣传工作而已"。

酒吧营销活动可以从宏观和微观两种不同的角度来理解。宏观酒吧市场营销是社会经济活动过程，微观酒吧市场营销则是酒吧为了实现目标而进行的经济活动过程。显然，酒吧营销和市场营销一样，并不是单一的推销或促销活动。

首先，它是一种协作式活动。酒吧每个相对独立的职能和工作区域都无法承担起营销活动的全部：营销过程的复杂性要求各部门之间加强协调与合作才能产生凝聚力；其次，它是一种互动式的活动。处于市场中的各类酒吧，无可避免地与其他市场主体打交道，他们之间是既竞争又合作的关系，利用并扩大积极的互动作用是酒吧营销的一大目标。

三、酒吧营销的目的

酒吧要在市场中树立自己的形象，使目标市场顾客在较短的时间内了解其经营理念、服务思想、服务特色、服务品种，就必须通过一系列的推销手段向顾客展示自己的产品和服务，不断增加酒吧的知名度，使顾客从视觉、心理感知和消费行为上认同酒吧。

酒吧营销的目的体现在以下三个方面。

(一) 树立良好的社会形象

本书第 8 章对室内空间的设计进行了系统的论述，酒吧设计是酒吧营销工作的必要前提和基础，最佳的酒吧形象维护手段是酒吧的营销行为。酒吧营销最直接的目的是扩大酒吧的知名度和吸引力，使其在市场上树立起良好的形象，赢得消费者的信赖和好感。

1. 提升酒吧知名度

一个成功的酒吧必须在当地市场上有一定的知名度，这就要求通过各种形式的推销手段，让顾客或大众了解酒吧的名称、位置、提供的服务内容和服务特色。酒吧要在较短的时间内，从自身宣传、报刊电视等媒介上制造一定的影响。但想做到你无我有、你有我优、你优我变的程度，酒吧需要进行经营手段的创新。酒吧可以通过定期举办一些节目、组织一些活动、赞助一些公益事业来扩大自己的知名度。看起来是费些人力、财力，但只要组织得力，安排恰当，一定能收到可观的效果。

2. 提升酒吧美誉度

酒吧通过提供高质量的酒水和一流的服务来满足顾客的需要，提升自身的社会形象和市场口碑，让顾客从心理和行为上喜爱酒吧的产品和服务。

3. 赢得顾客的认同和信赖

酒吧通过提供产品、服务以及各种宣传活动，让顾客了解酒吧的价值观念、质量标准、服务特点等（即酒吧的经营理念识别和行为识别），使顾客认同酒吧的经营思想和服务理念。这是一种深层次的情感营销行为，顾客对酒吧的服务理念和价值观的认同很容易产生一种信赖感，从而有可能成为酒吧的忠诚顾客，也会有效提高酒吧的良好口碑。

（二）促进酒吧的内部管理

酒吧做好营销工作的前提是理顺各类关系，明晰管理思路，这显然对酒吧的内部管理产生积极的促进作用。

1. 创造良好环境利于销售和管理

酒吧对营销细节的重视体现在内部环境上，要求从整体到局部，乃至每一个角落、每一个细节，都使顾客觉得赏心悦目。在消费的同时能够感觉到特有的气氛，使人觉得物超所值。这种环境可以让员工身心愉悦，也可以有效地调动员工工作的积极性和主动性。

2. 改善员工的整体形象与素质

酒吧开业后，员工在纪律、条件、环境的约束下，会尽心尽责地工作。经过一段时间适应后，会出现工作懒散、纪律松懈等情形，对工作的开展有一定的阻力。所以，既要在员工的整体纪律与心理素质上加强培训，培养员工的集体荣誉感和自豪感，同时还应通过不间断的营销活动改善员工精神面貌，进而提升酒吧形象。

3. 提高并稳定酒吧服务质量

酒吧员工中，只有少部分服务员是想要做一番事业的，大部分是来挣钱谋生的。怎样才能提高服务员的工作积极性，这是优质服务的首要前提。这时可以发挥营销活动中的激励措施，结合意见卡等手段，内部人员管理打破常规的模式，奖惩分明，待遇差异，使每个人都有危机感，同时也有收获的喜悦。

（三）促成顾客的购买行为

1. 吸引顾客的注意力

酒吧通过特色活动来吸引顾客注意力，增强顾客对酒吧的兴趣。为了让更多的消费者了解酒吧的产品质量、销售价格、服务特色等信息，酒吧需要通过各种推销活动及时向消费者提供各类信息，以引起消费者的注意。

在酒吧的经营项目日趋同质化的大背景下，酒吧应该通过营销活动宣传自己产品区别于同行的独到之处，突出自己产品给消费者带来的特殊利益，加深他们对酒吧产品的了解，并引导他们愿意接受酒吧的产品。

2. 激起顾客的购买欲望

酒吧是人们精神享受的场所，消费者的购买欲望在特定的环境下受到其消费情感的左右。如果营销使顾客确信能从酒吧产品中得到最大限度的精神享受，就能够激起顾客的购买欲望。

3. 促成顾客的消费行为

通过酒吧的营销活动，使顾客基本了解了酒吧的产品和服务，并对此有了较高的购买欲望后，就实现了促成顾客消费行为的目的。

4. 稳定酒吧的销售业绩

酒吧数量的迅速增加带来了竞争强度的加大，酒吧销售的起伏变化是由于顾客不稳定的消费引起的。酒吧要通过营销活动，使更多的顾客对酒吧及服务项目产生好感，逐步培养顾客的忠诚度，从而达到稳定销售的目的。

 课外资料 10-1

酒吧现状分析与发展趋势

改革开放三十年来，酒吧业迅速发展。现代人的生活方式、生活习惯已经慢慢与世界接轨，酒吧成为城市最直接的文化标志之一。

酒吧的兴起与红火和中国的经济、社会、文化的变化都有着密不可分的关系。酒吧行业正步入科学发展的新世纪，始终跟随着时代的步伐。怎样使之成为一个长盛不衰、充满朝气的行业？这是摆在我们面前的一个新课题。

1. 酒吧现状分析

目前，酒吧的竞争可以说是全方位、多元化。它们不局限于单一的模式，包括酒吧的经营路线、经营模式、市场定位、投资方式和组织形式等。

（1）专门供应传统英式鸡尾酒的酒店酒吧，重点突出鸡尾酒的出品质量、服务质量，并以高档的环境设施吸引客源。

（2）大众化的酒吧，突出大众化消费，既卫生又舒适，虽品种不多，但在于精品与浓缩。

（3）大型的 K 吧，着重于歌曲的快、靓、正，顾客可自由选歌，吧内装修也有一定水平，部分 K 吧还供应自助餐。

（4）DISCO 吧则突出音乐与环境气氛的渲染。DISCO 吧是中国人的一大最爱，同时也是近几年酒吧发展的重头戏。也正是因为 DISCO 吧的火爆，从某种意义上来讲它带动着中国酒吧业的繁荣。它不仅吸引了大量的泡吧族，使之形成一个庞大的泡吧群体，也吸引了前赴后继的外地和本地的投资者。

总之，全方位、多元化的经营，使酒吧分属了不同的层次、不同的结构和不同的范围。在整个酒吧市场中，它们各有长处，各有特点，也各自拥有不同的生存空间。立足在这个多元化的竞争环境中，如何根据自己的实际、长处、特点去适应市场的变化，去确定自己的经营策略、经营方法和经营特色，使自己始终处于一个有利的位置上，就要保持不断变通，不断更新的经营方法。要知道，酒吧行业几乎没有什么专利可言，当一种经营方式、一款特色鸡尾酒或甜品出现后，很快就会流行开去，当市场上已广泛流传时，它就失去竞争的优势了。

2. 酒吧发展的趋势

可以预测，短期内酒吧的现状不会有很大的改变，这与改革开放初期的情况不同，也与整个经济大环境相联系。近期内，国民经济仍处于一个调整阶段，国企的改革，人们的经济收入与消费观念，决定了酒吧发展的步伐。发展是必然的，发展的趋向也是可以预见的。

（1）求创新。改革开放初期，国外的新鲜事物开始传入中国，国外的潮流也带动着我国酒吧业的起步。通过近几年的发展来看，我们还是进步得比较快的，对外开放和向人学习的干劲大大地带动了中国酒吧业的发展，通过不间断的专业交流活动与比赛，使酒吧行业日渐成熟。

花式调酒的出现，一时风靡整个中国。珠江三角洲地区邻近港、澳，凭着经济迅速发展与资讯发达的优势，率先冲破了传统英式调酒的操作模式。花式调酒中加入了各种各样的调制手法与新的原料，以全新的口味展现在生活水平大大提高了广大消费者面前。

创新的关键是得到人们的接受、社会的承认，一种新的营销手法，一种新的原料与配搭，一种新的口味与饮法，一款新的饮品能够流行在酒吧市场，哪怕是短暂的，也是成功的。

（2）求实惠。酒吧业的盈利，已不像前几年那样厚利或暴利了。不少酒吧业的经营者已感到步履艰难，酒水的价格开始规范起来。这是酒吧业成熟的表现，也是符合经济发展规律的表现。

让利于民，让消费者感到实惠，是促使酒吧业进一步繁荣的长远策略。一些精明的经营者，已清楚地看到这一点。微利不是没有赚，也不一定是赚得少，我们可以通过物尽其用、杜绝浪费等来降低成本，可以通过活动或利用节假日来提升营业收入。

（3）求舒适。酒吧经营的一个目的就是让客人享受。讲享受，是现代人的一种追求。只满足填饱肚子和解决生理需要，从现代来讲是很容易也很简单的事。但满足享受却不容易。

对于在生存竞争和压力中疲于奔命的都市人来说，酒吧提供了一个暂时"放松与自由"的归属空间。这里没有权贵，只有停不下来的音乐、舞蹈，还有一杯接一杯的酒，人们从中寻找一种解脱和放松。"放松与自由"正是酒吧文化的本质所在。

（4）求变化。当今酒吧业，不管哪种经营方式和哪种经营方向都有一定的生存空间，也不会是一成不变的，问题是这个空间有多大，如何在这个生存空间中求变化，求立足，那就要研究市场的需求了。

目前，遍布城市商业区的饮品小店就是酒吧的一个缩影。他们大多以经营奶茶、果汁等饮品为主。由于其经营路线明确，经常推陈出新，较受年轻一族青睐。但由于众多后来者纷纷效仿，无论从装修、饮品、服务等都缺乏特色，使饮品市场出现千篇一律的现象。

其一是不要被市场的假象所蒙蔽，一切应以市场真实的需求为导向，切忌一窝蜂。一定要抓准时机，靠近市场，看准市场。其二是在经营内容上，切忌一成不变，要常变常新，不拘一格。品种要经常变，经营手法要经常变，要变出特色，变出新鲜感。今后酒吧的发展，不会只是一种经营方式、一种经营路子而取胜。其三是要有自己的特色，自己的风格，要有市场认可。

（5）求宾至如归的优良服务。酒吧的服务水准如能达到宾至如归、服务到家的境界是最令客人称道的。酒吧服务质量是否优良，直接关系到酒吧客源的稳定和发展，甚至影响到酒吧在社会的声誉。不同的客人带着各种各样的饮食动机来到酒吧消费，酒吧有责任提供各种有偿服务来满足客人。

为使客人享受到宾至如归的优质服务，我们应在员工培训和奖惩制度这两方面下大功夫。一间成功的酒吧，其花在员工培训的精力不亚于创新品种的精力。要把优质服务持之以恒，现场督导和控制是必不可少的手段。

3. 酒吧经营者与调酒师努力的方向

众所周知，调酒师是酒吧的灵魂，起着举足轻重的作用。酒吧的发展也与调酒师密不可分。大家应共同朝着一个方向努力，立足酒吧市场。

（1）用料常新，配搭巧妙，在原料使用上巧下功夫。近年来，在饮品品种变化中，为数不少是用料新奇，配搭巧妙而使饮品的花式在不断演变，并成为适合中国人口味的创新品种。如一些进口原料的使用，一些原不起眼的果汁通过调酒师们的发掘和搭配，创制出一款款新的品种。因此，作为调酒师要特别注意、掌握原料市场的变化与信息，使用一些以前不曾使用过的酒水原料。

（2）口味多变，适口者珍，注重酒水原料配制。传统的鸡尾酒是以酸、烈、苦为主。它既有长处，也有不足，主要是口味变化不大。民以食为天，食以味为本，味道在饮品中，占有举足轻重的地位。人们议论饮品的质量通常以"好味"两字来概括。近几年来酒水原料越出越多，品质越来越上乘，为混合饮品提供了丰富的勾兑基础，而调酒师在生产实践中不断总结经验调配出来的各式各样风味独特的饮品，更为鸡尾酒口味变化增色不少。

（3）制作方法突破传统模式，糅合世界各地特色的制作手法，加以利用演变，力求创新。

传统的英式调酒十分讲究方法使用的规范性。但花式调酒手法或美式调酒手法的灵活性较强。事实上，现时我国的大多数调酒师在调酒手法上已不局限于只是传统的英式调制方法，已糅合了各种手法的精髓。学习借鉴外地的调酒手法，并不能完全的拿来主义，全盘照搬，否则就没有了自己的特色与风格。而应该加以改造，要注意既要保留英式的精髓又要与现存多变的花式手法结合起来，变为具有自己特色的中式调酒手法。

（4）出品美观、装饰得体、美轮美奂，给人艺术的享受。饮品的卖相，向来都是衡量一杯混合饮料质量的重要标准。鸡尾酒的发展，更是注重出品的卖相。形格美观，装饰得体，往往能刺激饮欲，给人一种美的视觉享受，体现了现代鸡尾酒的艺术性与技术性的相统一。

靓丽的混合饮品卖相，有各方面的因素构成，如原料间色彩的配搭，调制后所形成的色泽、质感、形态，以及载杯的选择，水果花草饰物的衬托等，无一不显得重要。但最能吸引人的是饮品的名称，新颖别致，清雅脱俗。这就很考究调酒师的心思和审美艺术了。

（5）质价相符，以质优价廉吸引消费者，尤其注重品牌效应。市场竞争非常激烈，价格战是必然的，但经营者必须心中有数、头脑清醒地制定最低限价，避免五星级酒店卖到三星级酒店的价格，形象也会受损。

（6）先进设备的使用，使生产制作流程简单方便，质量稳定、工效提高。目前调制酒水，虽仍然是以手工操作为主，但酒吧设备已日趋先进，高科技的工具开始进入酒吧，代替了不少手工劳动，不但效率快，而且质量稳定，甚至有些是手工操作所不能比拟的，使酒吧的生产制作流程逐步简单实用，进而带来了根本性的革命。

使用先进的酒吧设备和新派调酒是联系在一起的，不少创新混合饮品的出现，离不开先进酒吧设备的使用，设备的更新是当今新饮品制作的一个关键和特点。因此，作为一个调酒师，要更多地了解并掌握这些设备的使用，才能适应酒吧生产的需要。不懂得先进设备的使用，不是一个高明的调酒师。

目前，酒吧业全年的消费额已达百亿元规模，占全国餐饮服务业消费额的 1%，而发展速度比同业高出 4 个百分点。按这个速度，在未来的 5 年内，中国的酒吧服务业市场份额将向 200 亿元挺进，酒吧产业市场将呈现良好的发展前景。

（资料来源：徐利国．酒吧现状分析与发展趋势探讨[J]．现代经济信息，2009（7）：97-98.）

评估练习

1. 酒吧营销的概念和营销目的。
2. 根据课外资料 10-1，分小组展望一下酒吧业的发展。

第二节　酒吧目标顾客确定与产品分析

教学目标：

1. 掌握酒吧目标顾客确定的相关知识。
2. 了解酒吧产品分析的方法。

一、目标顾客的确定

通常情况下，人们来酒吧消费的目的各不相同，享受酒水饮料不是最原始的动机。可以根据顾客到酒吧的不同目的将顾客分成不同的类型。

（一）以就餐消费为主的普通型顾客

这类顾客光顾酒吧的主要目的是享用一顿美味，酒类（鸡尾酒、白酒或餐后酒）消费只是需求的一小部分，消费酒水可增加顾客体验的整体乐趣。

（二）以随机消费为主的过路型顾客

这类顾客通常为了使自己恢复精力，随机到路边的酒吧做短暂休息，他们往往是"一次性"的顾客。那些在酒吧里等飞机、火车或约会朋友的顾客往往属于此类。为这些顾客提供

服务的酒吧通常位于办公楼或工厂附近，有些还建在汽车站、火车站、机场或酒店的休息室内。

（三）以娱乐消费为主的休闲型顾客

这类顾客有闲暇时间放松心情，他们经常光顾酒吧里寻找刺激、变化或者诉求情感。有时，这类顾客一个晚上也许会光顾几个不同的酒吧，但如果某个酒吧的娱乐项目、酒水等都不错，他们会一整晚都待在同一酒吧，甚至成为酒吧的回头客。

（四）以情感消费为主的生活型顾客

有些熟识的人经常聚集在某个酒吧里，享受生活、放松心情。这类顾客在酒吧消费最原始的目的是与自己熟识并喜欢的人在一起。在酒吧里，顾客们觉得像在家里一样心情舒适，一种恬静的消费氛围能给顾客以归属感。

需要说明的是，虽然不同类型的顾客之间有不同的心境、口味、兴趣、背景以及生活格调，但不同类型的个体偶尔也会交叉。总的来说，这些顾客类型之间是并不兼容的。某个类型的顾客来到另外一个类型的顾客经常光顾的酒吧后可能会觉得很不自在，认为自己与周围的环境格格不入。

在以上四个宽泛的顾客类型中还存在许多子群，划分的标准笼统地说主要有生活格调、兴趣、年龄、工资水平、家庭情况、职业及社会地位（自由职业者、蓝领、社团领导）等。这些子群之间一般情况下也并不交叉。另外，由于某个共同的兴趣（足球、爵士乐）可以形成更具体的子群，有时已经组建的某个特殊的小集团也可以形成特殊的子群。酒吧可以迎合任何一个类型或子群的顾客的需要，但是却没有能力取悦所有的顾客。没有经验的酒吧经营者经常犯的一个错误就是根本不考虑顾客的类型而企图吸引所有的顾客，这是不切实际的。对任何酒吧来讲，其氛围的一部分就是顾客，如果顾客在心境、态度或是来酒吧的目的上没有任何一点共同的东西，那么光顾酒吧的顾客会因为酒吧中缺少什么而不能尽兴。有经验的经营者会把主要精力放在某个或数个单一的目标顾客群体中，这个群体的顾客由于相似的目的光顾同一间酒吧，使整个酒吧的经营活动都是为了吸引并取悦这个群体。

因而，酒吧在把顾客类型进行鉴别后，经营上的针对性会更明显。只要把不同的目标市场顾客分开，就可以为不同的目标市场顾客服务。例如，在一些高档次的酒店里，可以在不同的酒吧内接待不同的顾客，也可以在同一间酒吧的不同场所内为不同的顾客提供服务。例如，一家酒店可以在酒吧与休闲厅为过路顾客提供服务；在餐厅和咖啡店（两个子群）为就餐者提供服务；在不同会议室内的简易吧台上为商务组群和会议代表服务。

二、产品分析

（一）酒吧产品开发分析

酒吧经营绝不是停留在固定不变的酒单上，而是不断地根据市场规律来开发符合顾客新的消费趋势和口味的产品来吸引顾客。

1. 产品开发的构思分析

产品开发过程以收集构思为起点。收集酒吧产品开发的构思往往通过四个渠道：第一，酒吧通过追踪其竞争者的产品来发现新的构思；第二，酒吧的供货商提供的信息是新产品构思的最好来源；第三，酒吧的经营管理者的创意；第四，酒吧特聘市场研究人员以及营销专家献计献策。良好的产品构思之后，还要对其进行分析。判断构思是否适合本酒吧，即该构思与利润目标等是否相吻合。

2. 目标顾客的需求分析

酒吧在开发产品时，首先要考虑的就是满足顾客的有效需求。它通常包括外在需求和潜在需求两种。如果顾客不需要你的产品，那么无论酒吧做什么也不能促成顾客消费。由于不同类型的顾客光顾酒吧的原因各不相同，其次，酒吧的任务应着重于为目标顾客市场提供特殊的产品和服务，尽量满足目标顾客的需要和要求。

酒吧在选定了符合自己经营状况的一组目标市场顾客后，应尽最大努力了解顾客的需要和要求，并相应地调整酒吧的产品和服务，所要调整的项目包括一切顾客要为之付费、保证酒吧有较大利润空间的项目。但由于顾客的类型不同，他们的期望也会有所不同。不论对于哪一种顾客，都应让他们感觉到酒吧的产品物有所值。

3. 产品开发的经济分析

当产品构思被确定下来以后，则应对其进行经济分析，即分析市场销售额、成本和利润，以判断它们是否符合酒吧的目标，即预计的销售额是否能为酒吧带来满意的利润。

酒吧经营产品的销售预测，不仅涉及产品是否适合顾客的需要，还要考虑其价格、座位周转率等因素。座位周转率不仅在一个星期 7 天中分布各不相同，而且在一年中不同季节也不断变化。为了精确起见，应按照对每周座位周转率的估计分别计算各周的销售收入额，将全年每周的销售收入额相加就得到全年的销售收入总额。

要确定顾客的平均消费额，就必须对各种饮品定价。饮品价格除了取决于饮品成本以外，还受到其他因素的影响，如酒吧营业量的大小，来自外部的竞争压力等。但只要决定了售价，就能根据对一般顾客点要数量的估计，计算每人的平均消费额。

另一种确定方法是以每一种饮品的售价乘以各自观测销售数量，得出每种饮品的销售收入，相加后除以预测的消费人数，即得出顾客平均消费额。

4. 竞争对手的动态分析

在竞争的环境中，酒吧的产品和服务与竞争对手相比应具有明显的差异性和优越性，否则就无法吸引顾客。简单模仿、抄袭他人经营模式的酒吧是很少能够成功的。

酒吧经营者要采取多种措施使酒吧保持区别于竞争对手的差异性和优越性。措施之一是密切关注周围环境变化，敏锐地观察其他酒吧的情况及其顾客的想法。防止因其他酒吧模仿使本酒吧失去竞争优势。此外，酒吧经营者还要准确应对顾客口味的变化，积极地调整自己的产品。

5. 灵活运用分析项目表

对于现有产品，酒吧经营者要时常运用分析项目表进行分析：酒吧经营的主要产品是什么，酒吧经营的主要产品正处于生命周期的哪一个阶段，酒吧经营产品的主要风格是什么，酒吧对不同周期的经营品种采取了哪些经营策略等问题。

对酒吧产品开发，酒吧经营者要时常运用分析项目表进行分析：酒吧是否有效地组织安排了产品开发，本酒吧新产品构思的主要来源是什么，产品构思是如何筛选的，对产品构思的评价标准及方法是什么，对该种产品构思是如何进行销售额、成本以及利润预测的；酒吧选择的测试顾客（对象）是否有代表性；该新产品是如何选择上市时机的；该新产品的目标顾客是什么，有何特征；酒吧是否制订了一个周密的上市行动方案等问题。

 课外资料 10-2

啤酒的成功营销策略

啤酒营销能给人们带来很多乐趣。然而，关于啤酒营销策略，企业通常忽视了战略总体性方案，而是以执行娱乐方案为目的。这样做的结果是，虽说企业投入巨大，但对消费者的影响可能只有一个月，或者是一个季度，并不能给企业带来长远的利益。企业要怎么做才能避免这样的尴尬局面呢？

1. 表现独特性

如果你喝过牙买加红斑纹啤酒，那么你就会为它设计独特的啤酒瓶感叹不已。比起其他啤酒瓶，它矮胖了许多。这种设计独特的啤酒瓶让它一目了然地区别于其他啤酒，而它的品牌代言人更是在广告中强调了红斑纹啤酒的特性：牙买加人热爱啤酒胜于一切，它的标志性语言："啤酒万岁！"（Hooray beer!）

2. 展示忠诚度

百威啤酒的广告充分体现了其营销策略——锁定自己的重点！在几乎每一届美式橄榄球冠军超级碗决赛和足球赛季都重磅出击。它适时地忘记自己的产品特性，将重点放在与赛事活动相关的简洁信息传播上。这种做法似乎会让啤酒品牌卷入铺天盖地的啤酒广告潮水中。然而，事实上正是这种传播策略让消费者对百威啤酒保持坚定不移的忠诚度。可以说在体育赛事啤酒广告中，人们很少能记住广告中啤酒品牌的名字，但是百威啤酒的广告却以其娱乐性异军突起。

3. 创造关联性

Estrella Damm 是欧洲一个知名的啤酒品牌。它发起的啤酒宣传运动以几支广告为主打，广告故事讲述的是啤酒如何为人们的生活增添欢乐色彩，其中一支广告说"它能永远让你想起那些欢乐的时光"。还有一支广告讲述了两个旅伴由于喝啤酒友情不断加深。Estrella Damm 的品牌宣传运动创造了许多故事，让人们将啤酒和生活中感动人的欢乐时光联系到一起。

4. 助长渴望度

或许可以说 Dos Equis 的品牌宣传运动是最煽情的，它为自己创造出一种独特的品牌形象，套用广告中"世界上最有趣的人"的说法告诉消费者："不经常喝啤酒，但一喝啤酒就只喝 Dos Equis。"而每一个男孩都希望长大后成为 Dos Equis 广告中的人物，因为 dos equis 的品牌宣传让自己处于一个无人与之争锋的地位——"我是一个更为成熟、更为优雅的男士的选择"，完全不同于那些孩子气的、浑身散发啤酒气味的男孩子形象。

5. 加强认知度

在强化自己的品牌形象与其他品牌竞争时，要让泡吧和在酒吧之类公共场所消费的人觉得，选择某种啤酒更能体现出档次，更为体面。这便是喜力啤酒最近的营销策略，它的广告语是"给自己一个美名（Give yourself a good name）"。其广告讲述的是一群人做出了一个大胆的决定（比如和可怕的上司的可爱女儿喝一杯啤酒），之后为自己的大胆尝试欢乐庆祝。喜力啤酒的营销策略旨在强化一个信息——你的选择说明了你是一个怎样的人，因此你要做出聪明的选择。

（资料来源：佚名.关于啤酒营销的 5 个创意[OL]. 小故事网，http://www.xiaogushi.com/diy/yingxiao/94691.htm，2011-6-7.）

（二）酒吧产品时效性分析

酒吧产品无论是酒水、小食品还是娱乐服务项目都具有时效性，也就是说酒吧产品的销售受时空环境和顾客行为等因素的影响。在某一特定时期某一产品成为流行产品，就会使酒吧销量大增。我们通常根据酒吧产品的销售增长率来判断酒吧产品处于销售的哪个阶段。

$$销售增长率 = (Q_2 - Q_1) \div Q_1$$

式中：Q_1 为上一期（年）的实际销售额；Q 为计划期（年）的实际销售额。

根据有关资料，销售增长率在 0.1%～10% 为酒吧经营产品的初试期至成长期；销售增长率大于 10% 则说明该产品已被人们普遍接受，成为流行的成熟期；销售增长率小于零则为衰退期。

酒吧无论是在开业初期选择酒水品种和娱乐项目，还是在经营过程中增加新的产品都必须充分考虑受顾客欢迎的程度。属于正在流行阶段的酒吧产品（如目前酒吧中的卡拉 OK），容易被顾客接受，会增加酒吧的销售水平和经济效益。对于一些新兴的酒吧产品（如花式鸡尾酒），尽管有很好的发展前景，但目前还不被我国顾客广泛认可或接受，还需要大力宣传和促销。酒吧在选择经营品种时，要注意其时效性，才能加快酒吧产品的消费速度，减少资金占用，节约成本，从而获得最理想的利润目标。

1. 酒吧产品推广阶段的经营策略分析

酒吧在向市场推出饮料和娱乐项目时，必须确定好价格、促销、配销和产品质量等每个销售变量。在产品推广阶段，销售额增长往往取决于价格的高低、促销的方式。在酒吧产品推广阶段常采取的经营手段如下。

（1）以高价格和高水平的促销推出新产品。高价格可获取尽可能多的利润，并促使顾客相信酒吧产品的价值。高水平的促销活动可使更多的顾客知晓酒吧推出的新产品，逐步培养顾客对该产品的浓厚兴趣。了解了该产品的顾客往往会相信其以高价购买的商品是值得的，并对该产品有强烈的偏好并能照价付款。

（2）以高价格和低水平的促销将经营产品推向市场。高价格可获取尽可能多的利润，低水平的促销则可以减少费用支出。如酒吧中经营的洋酒产品，顾客认为该产品的高价代表高品质，采用这种经营策略有可能获取最大的利润。

（3）以高水平的促销和低价格推出该产品。由于大部分顾客对价格有较高的敏感性，酒吧还受强大的潜在竞争对手的影响，低价格对顾客有一定的诱惑力，并能增强竞争优势。高水平的促销可以增进顾客对新产品的了解。采用这种经营策略可望以最快速度渗透市场，并达到最大市场占有率。

（4）以低价格和低水平的促销赢得市场。低价格会刺激市场尽快接受这种产品，低促销费用是为了实现更多利润。当顾客对这类产品非常熟悉，对价格变动非常敏感并存在着竞争对手的情况下，宜采用这类经营策略。

2．酒吧产品成长阶段的经营策略分析

酒吧产品成长阶段最显著的特征是销售额迅速上升。不但老顾客喜欢该产品，而且新顾客也开始喜欢这种产品。新的竞争者由于受到赢利机会的诱惑，开始进行模仿，进入竞争角色。某产品当利润上升到一定阶段时，其增长速度就变得较为缓慢。酒吧要尽可能采取相应措施长久地保持该产品在市场上的增长。可采用的措施：改进产品质量；改变广告内容，从提高产品知名度的广告转变为诱导性、说服性的广告；为了吸引低收入顾客，适当的时候可以降低价格。

3．酒吧产品成熟阶段的经营策略分析

一般来说，酒吧经营产品的成熟阶段可划分为3个时期：第一个时期为增长成熟期，产品销售额增长开始下降；第二个时期是稳定的成熟期，由于市场相对饱和，人均销售额将会持平，大部分潜在顾客已经使用了该种产品，要想增加销售额只有依靠消费数量的增加和需求的更新；第三个时期是衰退成熟期，这时市场达到绝对饱和，绝对销售量开始下降，消费者开始转移消费倾向。

此阶段的经营主要策略：酒吧应尽可能扩大目标客源，增加顾客；设法吸引竞争对手的顾客到本酒吧消费；提高产品的品质和口味，使顾客确信酒吧已提高了产品质量；改进酒吧产品装饰策略，从美学角度不断提高酒品的美学价值，增强产品个性，为酒吧经营产品赢得优势。

4．酒吧产品衰退阶段的经营策略分析

酒吧经营产品的销售量大多会因为时间的推移最终下降，但其下降方式不同，有的缓慢下降，有的则直线下降。这一阶段的经营策略分析主要有以下工作。

（1）发现处于衰退阶段的产品。酒吧通过对酒水销售量的统计以及对酒吧产品毛利率的分析，提出哪种产品处于衰退阶段，然后报告酒吧经理，并对有关信息进一步分析核实。

（2）决定市场营销策略。酒吧经营者通过分析，对有持久顾客需要的产品加大营销力度。

（3）有选择地逐步放弃前景不乐观的经营品种。大部分酒吧对不能赢利的产品会率先放弃。

酒吧产品的时效性分析可使经营者明白，在市场上迟早都会发生竞争，并会导致价格以及自身的市场占有率下降。作为酒吧经营者，要针对不同的经营产品具体分析：什么时候会发生竞争；经营时应在各个阶段采取什么措施等问题，以便尽早采取相应的经营策略。

评估练习

1. 以校园酒吧为例，确定其目标顾客群。

2. 以校园酒吧为例，进行酒吧产品分析和拟定。

第三节　酒吧营销策略和营销管理

教学目标：

1. 了解酒吧营销策略的方式。

2. 了解酒吧营销管理的内容。

一、酒吧形象营销

（一）环境形象营销

一个高品位的酒吧应该营造高品位的环境气氛。酒吧是供人们休闲娱乐的场所，应该营造出温馨、浪漫的情调，使顾客忘记烦恼和疲惫，在消费的过程中获得美好的感受。环境形象包括环境卫生、氛围情调两个方面。

1. 酒吧的环境卫生

酒吧卫生在顾客眼中比餐厅卫生更重要。因为酒吧供应的酒水都是不加热直接提供的，所以顾客对吧台卫生、桌椅卫生、器皿洁净程度、调酒师及服务人员的个人卫生习惯、洗手卫生等非常重视。酒吧卫生既是形象营销的前提，同时也折射出酒吧的管理水平。

2. 酒吧的氛围情调

氛围和情调是酒吧的特色，是一个酒吧区别于另一个酒吧的关键因素。酒吧的氛围通常是由装潢和布局、家具和陈列、灯光和色彩、背景音乐及活动等组成。酒吧的氛围和情调要突出主题，营造独特的风格，以此来吸引顾客。

（二）店面形象营销

酒吧的店面形象营销是通过名称、招牌及宣传广告使大众了解酒吧，从而达到销售的目的。

1. 酒吧名称

酒吧名称既要适合其目标市场顾客层次，又要适合酒吧的经营宗旨和情调，只有这样才能树立起酒吧的形象。

2．酒吧招牌

酒吧的招牌是十分重要的宣传工具，尤其在晚间，酒吧的招牌要非常醒目，这是吸引顾客最直接的宣传形式。酒吧招牌中一般带有 Bar、Club 等字样。常见的酒吧招牌有以下几种。

（1）直立式招牌。直立式招牌一般树立在酒吧门口或门前，包含酒吧名称、标识、营业时间以及位置箭头等内容。这种招牌一方面增加了酒吧的可见度，吸引了过往顾客；另一方面对酒吧环境起着点缀作用。

（2）霓虹灯式招牌。霓虹灯式招牌是晚间酒吧最醒目的标志，大大增加了酒吧在晚间的可见度和识别性，并能制造出热闹、欢快的气氛。

（3）悬吊式招牌。悬吊式招牌一般悬挂在酒吧门口，挂得越高就越突出。这种招牌古来有之，历史比较悠久，一般两面都印有酒吧标志，使来往的人们都能见到招牌。

（4）人物、动物造型招牌。以动物、人物造成酒吧的吉祥物作为酒吧招牌，具有很大的趣味性，增加了酒吧的情趣。但由于酒吧标志设计的复杂性，这种招牌使用较少。

（三）员工形象营销

1．员工仪表形象

酒吧员工的仪容、仪表，举手投足直接反映了酒吧服务的规格档次以及酒吧员工的精神面貌，给顾客的第一印象占 90% 以上的成分，直接影响酒吧的形象。

2．员工的工作形象

酒吧员工统一干练的着装，标准规范的服务程序，能够体现酒吧的团队精神和员工的合作精神，给顾客一种训练有素的感觉。酒吧员工的工作态度和精神面貌容易给顾客留下深刻难忘的印象，进一步强化酒吧的形象。酒吧员工的服务意识和服务思想的加强利于增强员工的责任心和集体荣誉感，便于酒吧管理。

二、酒吧关系营销

关系营销，又称为顾问式营销，指酒吧在赢利的基础上，建立、维持和促进与顾客和其他伙伴之间的关系，以实现参与各方的目标，从而形成一种兼顾各方利益的长期关系。酒吧关系营销把营销活动看成一个酒吧与消费者、供应商、竞争者、政府机构及其他公众发生互动作用的过程，正确处理酒吧与这些组织及个人的关系是酒吧关系营销的核心，是酒吧经营成败的关键。

酒吧关系营销建立在顾客、酒吧同行、政府和公众三个层面上，它要求酒吧在进行经营活动时，建立、保持并加强同顾客的良好关系；与酒吧同行合作，共同开发市场；与政府及公众团体协调一致。关系营销是一项系统工程，它有机地整合了酒吧所面对的众多因素，通过建立与各方面良好的关系，为酒吧提供了健康稳定的长期发展环境。

关系营销是与关键顾客建立长期的、令人满意的业务关系的活动，应用关系营销最重要的是掌握与顾客建立长期良好业务关系的种种策略。

（一）明确专人管理顾客关系

根据酒吧经营与管理的需要，酒吧可明确专人从事顾客关系管理，其职责是制订长期和年度的客户关系营销计划，制订沟通策略，定期提交报告，落实酒吧向顾客提供的各项利益，处理可能发生的问题，维持同顾客的良好业务关系。

（二）加强酒吧与顾客的联系

酒吧通过员工与顾客的密切交流增进友情，强化关系。如经常邀请重要顾客参加各种娱乐活动，使双方关系逐步密切；记住主要顾客及其夫人、孩子的生日，并在生日当天赠送鲜花或礼品以示祝贺；利用各种社会关系帮助顾客解决孩子入托、升学、就业等问题。

（三）组织频繁消费奖励活动

频繁消费奖励活动是指向经常消费或大量消费的顾客提供奖励的活动，奖励的形式有折扣、赠送商品、奖品等。这类奖励活动的缺陷很明显，主要有如下几种。

1. 竞争者容易模仿

频繁营销规划只具有先动优势，尤其是竞争者反应迟钝时，如果多数竞争者加以仿效，就会成为所有实施者的负担。

2. 顾客容易转移

由于只是单纯价格折扣的吸引，顾客易于受到竞争者类似促销方式的影响而转移购买。

3. 可能降低服务水平

单纯价格竞争容易忽视顾客的其他需求。

（四）建立顾客俱乐部吸引顾客

酒吧可以组织顾客成立一些主题俱乐部（如运动、商务），吸收有一定消费量或支付会费的顾客成为会员。在我国，由于顾客俱乐部形式较为少见，受到邀请的顾客往往感到声誉、地位上的满足，因此很有吸引力。酒吧不但可以借此赢得市场占有率和顾客忠诚度，还可提高美誉度。

（五）收集和建立"顾客档案"

酒吧在实施顾客基本资料收集调查的基础上，建立顾客档案卡，并对重要客户建立贵宾卡，以形成一套完整的"顾客档案"管理系统。作为酒吧市场营销工作与服务工作的重要参照，顾客档案的科学性直接关系到其有效性。从内容构成上看，一份完整的顾客档案至少应包括现实顾客和潜在顾客的一般信息（姓名、地址、电话、传真、电子邮件、个性特点和一般行为方式）、消费信息、促销信息等。同时，酒吧必须经常检查信息的有效性并及时更新，更应该有效利用顾客档案中关键信息，及时做好相关工作。条件成熟时，可建立数据库。

（六）及时关注顾客流失现象

及时关注顾客流失现象可按照以下步骤进行。

（1）测定顾客流失量。

（2）找出顾客流失的原因。按照退出的原因可将退出者分为价格退出者、产品退出者、服务退出者、市场退出者、技术退出者、政治退出者等类型。

（3）测算流失顾客造成的利润损失。

（4）确定降低流失率所需的费用。如果这笔费用低于所损失的利润，就值得支出。

（5）制定留住顾客的措施。造成顾客退出的某些原因可能与酒吧无关。如顾客离开该地区等。但由于酒吧或竞争者的原因而造成的顾客退出，则应引起警惕，采取相应的措施扭转局面。酒吧应经常性地测试各种关系营销策略的效果、执行过程中的成绩与问题等，持续不断地改进工作，在高度竞争的市场中建立和加强顾客的忠诚度。

实施关系营销是一项系统工程，必须全面、正确理解关系营销所包含的内容，通过满足顾客的真正需要实现顾客满意，实现酒吧与顾客建立长期稳固关系的最终目标。从互惠共赢出发，与酒吧同行在所追求的目标认识上取得一致，从而与关联企业建立长期合作关系。通过真心关怀每个员工，有效激发他们的工作热情和责任心，建立、实现酒吧与员工的良好关系，为实现酒吧的外部目标提供保证。

三、酒吧氛围营销

酒吧经营者应对酒吧的整体印象有一个全面的认识。酒吧的整体印象就是酒吧的"氛围"和"气氛"，这两个词很难定义，然而，它们的意思却不难理解，是指所见、所听、所感、所闻等感觉印象的总和加上顾客的心理反应因素。氛围是顾客体验中最有影响的部分。

酒吧很可能在顾客踏进门的第一步、抬起头的第一瞥时就给顾客留下了深刻的印象。顾客当时的反应可能是愉快也可能是失望，但如果酒吧的整体面貌良好，那么，顾客对于酒吧的印象就由光顾酒吧的客人类型的好恶而定。

消费的顾客很有可能是结伴前来的成年男女，甚至有些带着孩子。这类顾客的目的是在相对舒适安静的环境下享受休闲时光和美酒。他们希望能够不受干扰的点菜、交谈，观察周围的人，体验周到的服务。这类顾客不喜欢喧闹的音乐和嘈杂的谈话，而且也不太喜欢酒吧内奇异的装饰物。对于这种类型的顾客，酒吧需要创造一种清新、友好、低调的气氛，这虽然传统但却不呆板，而且能够提供一种与家庭生活不一样的环境。

喜欢娱乐的休闲顾客所需要的氛围很可能与刚才恰恰相反。这类顾客喜欢喧闹、动感、人群、尖叫和嘈杂的音乐，他们钟情于流行的东西，比如奇异的装饰、新奇的酒品、噱头、花招等。

这两种类型的顾客群下的一个子群体是更年轻、更新潮的休闲就餐顾客。对这类顾客来说，吃饭、喝酒就是夜间的娱乐活动。酒吧的氛围也要相应地满足他们的口味。

过路顾客也许不太在意酒吧内的特殊气氛。他们需要的是快捷的服务和优质的酒品，喜欢人群密集、气氛友好轻快的酒吧。

酒吧的常客所需要的是熟悉、放松、舒服的环境和朋友之间的友好气氛。酒吧不必操心顾客的娱乐活动，他们会自行组织。

以上情况中还存在着许许多多的例外，然而有一点需要记住的是：每个人都有不同的兴趣，有的事情对某个人来说是好事，而对其他人来讲却并不一定如此。

在策划店内氛围时，应从目标顾客的角度来审视酒吧。每个人看待事物的方式都不一样，酒吧经营者与顾客之间可能存在很大差别。顾客对于酒吧的感知与他们的态度、过去的经验和价值体系融合在一起。所以说，酒吧的经营者了解顾客的世界观是非常重要的。只有这样，酒吧才能设计出与顾客产生共鸣的装饰物，提供顾客期望的服务，并培训出合格的员工。

（一）酒吧有形因素营销

酒吧有形因素营销主要是靠两种方法，其一是有型的因素，其二是人的因素。就第一点来说，外观与舒适度是最重要的。外观对顾客最具直接影响力，因此酒吧应注重入口处以及酒吧内部的整洁。对于一些细节、问题也要给予足够的重视。酒吧的装饰物的选择也很重要，因为酒吧的环境是门面，是其最有力的营销工具。

利用有形实体环境作为营销工具的典型范例是 San Francisco 的 Henry Africa's Cocktail Lounge。酒吧中宽敞、明亮、漂亮的房间加上收藏家的真品收藏给人一种视觉的享受，激起顾客的好奇心，让顾客觉得愉快而惊奇。这里的每一样东西都是真品，从纯洁干净的亚麻薄纱的精致吊灯，到金色橡木桌椅下的东方地毯；从安置在巨大铝合金玻璃窗上的古典摩托车，到窗户上方绕房而行的有轨电车，再到靠近天花板的平台上摆放的古老钢琴，无一不是货真价实的古董。酒吧中最为名副其实的是所供应的产品——高级的名牌酒品、气味清新的鲜榨果汁、精美的酒杯及调酒壶等。这种视觉冲击和其所提供的优质的产品与服务的目的是吸引年轻、时尚的男女，Henry Africa's bar 很快变成了一个旅游吸引地。今天，酒吧的顾客已经是不同年龄、不同类型观光者的集合体，这些人是因为酒吧的形象、价值及口碑而慕名前来的。

有形因素创造了酒吧的第一印象，而酒吧的舒适程度也具有同样重要的影响，尽管这种影响是较为缓慢的。家具的配置应满足两方面的要求，即修饰性和舒适性；灯光也一样，是装饰与舒适的结合体；温度对顾客的影响也很大，不能太高也不能太低；除烟及保持空气清新的通风系统是酒吧提供舒适环境的基本要素；要根据顾客需要将音量控制在舒适的范围内。

（二）酒吧无形因素营销

顾客在酒吧内的所见所闻给他们留下了第一印象，而顾客的体验则形成了顾客对酒吧的第二印象，而且比第一印象更持久、更深刻。顾客对于酒吧服务的反映是由酒吧招待客人、提供产品及服务的方式决定的。顾客希望受到诚恳的欢迎、快捷而有效的服务，而且乐于感觉到自己的需求受到服务人员的重视。所以，这种人际氛围因素是酒吧吸引回头客、达到顾客满意并建立口碑的重要手段。

然而，良好的人际氛围并不是自然而然发生的。酒吧要实现这一点，就要选择友好的、有亲和力的员工，而且要在产品特性、服务程序、顾客关系及服务哲学等各方面对其进行培训。另外，良好的人际氛围还依赖于酒吧经理为人处世的个人能力；同时，人际氛围的因素还取决于员工在酒吧中工作得是否开心。与酒吧的管理格格不入的员工很有可能把挫败感及

愤怒带入与顾客的关系中。

人际氛围中的另一方面是顾客本身。如果酒吧的营销目的是吸引某一类顾客，那么酒吧内的气氛从一开始就会比较和谐，而且顾客也会觉得比较舒适，会把在酒吧的体验看作一种享受。快乐是会传染的。今天的酒吧不像以前的酒吧那样，人们坐在黑暗、神秘的角落里，独自对着烛光饮酒，若隐若现。在现代的酒吧中，每个人都能够看见别人，观察别人并分享别人的体验。

利用酒吧氛围来吸引顾客并不是专门针对新酒吧而言的，这一策略也可用来挽救效益下降的老酒吧，一定量的顾客流失率是正常的。比如由于工作调动、结婚、生子、通货膨胀等原因改变了顾客的购买习惯，甚至生病、死亡等种种原因都可能导致酒吧顾客的减少。当然，也会有许多潜在新顾客补充进来。比如，年轻人达到合法饮酒年龄，新的家庭搬进社区，新的办公室或店铺迁来，老顾客介绍的新朋友等。但即使是这样，酒吧也要采取一些措施来留住老顾客，吸引新顾客。所以，酒吧经营者应用批评的眼光重新审视自己的企业，并尝试着改变一下企业的旧面貌。

成功的经营者经常会对酒吧的旧貌做一些改进，比如刷油漆、贴壁纸、买新家具、开辟一个天井或者完全翻新设备。顾客对酒吧内的污渍很敏感。酒吧内剥落的油漆、褪色的地毯、灌木丛中的杂草以及停车场地面上坑洼不平都很容易使顾客怀疑酒吧的卫生状况。相反，崭新而干净的酒吧环境、井然有序的经营秩序、优质的产品及温馨的服务是能够吸引顾客的。酒吧应对此项费用做定期预算，并编制到经营计划中。

四、口碑营销

良好的口碑是酒吧所能利用的吸引顾客最有效的间接营销技巧。口碑是消费过酒吧产品的顾客告知其他人酒吧的情况。酒吧希望顾客给予自己正面的评价，酒吧经营者要采取多种措施使酒吧建立正面的口碑。通过奇特的装饰性物品、展示性的艺术品、吸引人的各种展览、好名字、带有酒吧标识的附赠物品等，保持自己的差异性、优质性、特殊性，丰富顾客的传播内容，建立酒吧口碑。重要的是，酒吧能够为顾客提供一种难以忘怀的东西，例如酒吧内的景色、非常奇妙的餐前小吃以及自动点唱机中播放的老歌等。

1. 通过特殊酒品建立酒吧口碑

如酒吧调制出了一种新的酒品，然后用特殊的玻璃杯盛装，酒吧可以吸引顾客注意力并成为人们谈论的焦点。

2. 通过个性化服务、满足顾客需要建立酒吧口碑

个性化服务是酒吧营销的一种手段，如酒吧经理亲自迎接重要顾客，员工同样温暖的个性化服务，都能较好地满足顾客需要，满意的顾客会主动为酒吧介绍新客人。

评估练习

1. 酒吧氛围营销内容有哪些方面？

2. 酒吧营销的目的体现在哪些方面？

课外资料 10-3

成功酒吧的经营之道

不久前，巴克黑德的镶嵌夜总会迎来了20周年店庆，这是成功的20年！作为亚特兰大运营时间最长的夜总会和酒吧，它已经赢得了世界级的知名度，为顾客提供国际化的夜生活经验，并曾举办了一系列一流的娱乐名人和世界一流的音乐家表演和DJ演出。

自1994年开业以来，业主迈克尔和斯科特已成功地设法把镶嵌打造成夜店的中流砥柱。为了纪念自己辉煌的20年，嘉宾都穿着他们最好礼服在红地毯上一展魅力，他们的步调与DJ的音乐配合，夜店娱乐气氛浓厚，这是值得期待的史无前例的周年庆典。

他们的成功来自迈克尔和斯科特经验实操，他们专注于企业文化的延续和管理层以及员工的忠诚度。"我们有一直跟随我们14年的经理，和从开业就在这里工作的调酒师"。迈克尔说。

"日常交际的成功运作至关重要，"斯科特说。"经理会时刻关注夜店方面最新的变化和动态，然后在会议上分享给每一位员工，让大家了解不断变化的夜店环境，以适应瞬息万变的夜店市场。同时经理会具体了解每一个员工的优势与特长，不断发掘他们的潜力。"所有的经理、门口主机和VIP礼仪小姐都戴有耳塞、传呼机时刻保持联系，当有问题出现时夜店可以很快地进行配合处理。

镶嵌夜店善于培养员工的心态与素质，并能根据员工的特点发挥其特长。精明的团队能够很好地把握夜店市场营销与运营，能够制造有噱头的大事情给夜店带来一次次火爆的业绩，同时也能很好地维护VIP客户，不断拓展新的客户群。该团队的其他成员还有行业资深人士和热门的年轻新秀。"他们必须拥有各种资质，包括态度、经验、外貌、智力、个性、潜能、解决问题的能力以及很好的社会化媒体把控能力。"

多年来，通过社交媒体不断改造和适应新的夜店环境，鸡尾酒服务方面的物理设备、音乐风格、技术、营销技术，这些都促成了他们继续取得成功。

镶嵌夜店经历了两次主要的重新设计，夜店想要保持成功首先要保持新潮的外观，其次要保持最优质的服务。"在6年多的时间，我们不断维护和整修，建成了太空时代的DJ台，更换使用最新的音响和灯光，VIP包房使用最现代的皮革沙发，我们不断地调整，使我们走在夜店市场的最前列。"

对任何类型的企业来说要保持20年的活力确实很艰难，尤其是夜店行业几乎闻所未闻，镶嵌夜店的成功有很多值得同行学习的地方。相信一直保持学习的态度，不断适应并走在市场前沿加上一支优秀的团队，镶嵌夜店会获得更长久的成功。

（资料来源：Hh. 夜店辉煌20年的成功经营秘籍[OL]. 艾酒吧, http://www.a98.cc/ye_dian_hui_huang_20_nian_de_cheng_gong_jing_ying_mi_ji, 2015-1-28.)

第四节　酒吧促销方式

教学目标：

1. 掌握促销的概念和方式。
2. 了解酒吧的推广方式。

一、促销的定义

所谓促销，即促进销售，是指酒吧通过一定的方式向顾客传递信息，并与顾客进行信息沟通，以达到影响顾客的消费决策行为，促进酒吧产品销售目的的营销活动。促销的实质是与顾客进行有效的信息沟通。促销的方式主要有广告、人员推销、营业推广、公共关系。

二、广告促销

广告促销指酒吧通过大众传媒宣传酒吧及其产品信息，促进酒吧产品销售的营销活动。广告是一种最普遍、常用的促销方式。

（一）确立广告目标

酒吧广告的目标一般有：在潜在顾客心目中为酒吧确立一个明确、良好的形象；连续不断地向潜在顾客强化本酒吧形象；刺激顾客尽快到酒吧消费。后两种目标的广告是酒吧广告中最常见的，因为酒吧广告的目的就是向公众或特定市场中的潜在顾客宣传酒吧产品和服务，吸引顾客到酒吧用餐。

（二）选择广告的方式

酒吧做广告时，经常使用两种方式：一是邮发广告，即通过寄信、发小册子或传单一对一地直接发给潜在顾客；二是媒介广告，即通过收音机、报纸、网络等大众传媒给潜在顾客传递信息；三是 POP 广告，即在吧台附近、门厅场所、墙面、地面以及户外路牌等载体上悬挂广告。

1. 邮发广告

通过这类广告方式酒吧可以直接吸引顾客，酒吧可以把邮件、宣传册、宣传单等资料有选择地寄发生活、工作在某个地区的目标人群，或者是某个工资水平的目标人群、与目标顾客兴趣相投的人群。邮发广告时，酒吧要通过客户档案、个人关系或行业组织有选择性地收集一些顾客的信息。

邮寄信件时，酒吧要通过标识、邮件包装（信纸、颜色、页数的安排）以及邮寄方式向顾客传递酒吧形象，信件内容应简短，话语要轻松、有亲和力，并提出特别的建议作为结束语。通过有规律的寄送邮件来实现暗示功能，促使顾客尽快光顾。

发送宣传小册子是邮发广告的又一主要形式。设计制作宣传小册子的主要目的是向顾客提供有关酒吧设施和酒品服务方面的信息。宣传小册子一般应包括酒吧的名称、标识、简介、位置、交通路线图、联系电话等内容。

因成本低、简单可行，手发传单也是很有效的邮发广告形式之一。传单内容要求清晰、简洁、主体鲜明，随传单附赠优惠券是增加传单功效的有效措施。

2. 媒介广告

酒吧可以选择报纸、杂志、收音机、电视、旅行手册、网络、旅游出版物、电话号码簿等媒介做广告。在选择媒介时，要分析听众或读者的人数及适应性，媒介能否满足酒吧在覆盖面及频率上的要求，各种媒介的价格、回扣及成本效用，酒吧的广告预算等因素，应选择那些能够吸引目标市场的媒介做广告，见表10-1。

表10-1　常用广告媒介比较

媒介分类	优　点	缺　点
电视	形象生动，声、形、情集于一体；覆盖面广；传播迅速；吸引力强	费用高；时间短，消失快；目标市场不明确
报纸	目标市场较明确；接收面广、费用较低；可以保存、传阅；及时传递信息	缺少形象演示；信息保留时间短；内容繁多、印象不深
杂志	目标市场明确；便于长期保存；印刷精美，欣赏性强	信息不能及时传递；传播面窄
广播	传播范围广；传播及时；费用较低；	缺乏形象性；易被遗忘忽略目标市场不明确
宣传册	保留时间长，便于查看；针对性强；节省费用；便于携带	覆盖面有限；受编印水平限制大

广播电台是酒吧最常用的广告媒介之一。虽然黄金时段的广告成本很高，但相对来说，收费比较合理。酒吧要选择在目标顾客喜欢收听的节目、最可能收听的时段做广告。

报纸是最受酒吧欢迎的广告媒介之一。报纸上的广告具有可视性，为酒吧传递信息提供了又一个维度，而且信息传递及时，目标市场顾客也可以用任意长的时间来阅读，价格也可以接受。酒吧可选择有一定发行量的晨报或晚报，有的酒吧甚至通过外文报纸来吸引另一部分特殊顾客。广告在报纸中的位置需要酒吧经营者重点考虑，报纸广告附带优惠券可增加效用。电视是极好的广告媒介，但是收费昂贵，只有大酒店和连锁酒吧才有能力支付。随着智能手机的普及，各种电子媒介蓬勃发展，其宣传方法和选择就更多样化了。

3. POP广告

POP广告，亦称售货点广告、购货点广告。酒吧内部的POP广告一般可以体现在吧台附近、门厅场所、墙面、地面以及户外路牌等载体上悬挂的广告。

三、公共关系

公共关系是酒吧为了协调本单位与内部机构人员、外部社会公众的关系，保持内部团结、创造良好的信誉与形象而进行的活动。公共关系的任务是内求团结、外求发展，具体的活动方式有开拓型、引导型、调整型等。

开拓型公关活动重视加强酒吧与社会交往，以提高知名度、扩大影响，它的主要特点是以做好实际工作为基础，如酒吧可以利用新闻发布会、酒吧论坛等形式树立形象，开拓市场。

引导型公关指通过各种有效形式，建立酒吧内外协调关系，实现与公众的双向沟通，其特点是具有很强的引导性。如酒吧定期举办顾客感兴趣的游戏或比赛沙龙，它们既具有娱乐性，又具有观赏性；赞助一支运动队或体育赛事；举办的各种联谊活动等。

调整型公关指采取一些特殊的方式协调酒吧内外部各种关系，化解矛盾，调整公关目标，以维持酒吧形象。如酒吧积极参与社区的各项活动，或对社区成员进行适当的捐赠，或为社区活动提供场所，逐步改善酒吧与社区的关系，以赢得社区成员的支持。

酒吧在进行公关决策时，先通过对公众的调研来确立自己的形象位置，找出差距；再确定公众目标，选取公关对象及公关活动方式进行公关活动；最后要对公关活动进行评估，找出存在的问题加以解决。

四、营业推广

营业推广也称销售促进，是酒吧在一定条件下，通过各种非常规的优惠性的促销方式，广泛吸引顾客的注意，直接刺激、激励顾客的购买欲望以扩大销售为目的的活动。

营业推广与其促销方式相比具有自己的优点：推销效果快而强，可以依据产品特点、顾客心理、营销环境等因素，通过各种方式给顾客提供特殊的购买机会，具有强烈的吸引力，及时促成购买行为。但是，由于酒吧急于推销，给人以急功近利之感，往往使顾客对产品的质量、价格等产生怀疑，给酒吧声誉带来影响。所以，酒吧采取这种营销方式时，要力争避免对同类产品在同一市场环境中频繁地使用，应与其促销方式相互配合、补充使用。

（一）酒吧营业推广的主要目标

酒吧营业推广的具体目标会因目标市场类型的不同而不同。针对顾客的营业推广目标主要是刺激购买，包括鼓励老顾客继续光临、促进新顾客消费、鼓励在淡季光顾酒吧。酒吧在制订营业推广方案时，首先要选好营业推广的目标，如是促销新产品还是扩大市场占有率；然后根据顾客特点选择合适的营业推广方式，制定推广的期限与规模，确定总预算；最后对营业推广的方案做实施与评估。

（二）常见的酒吧营业推广方式

1. 赠送

顾客在酒吧消费时，免费赠送新饮品或小食品，免费赠送餐巾、搅棒、圆珠笔、火柴盒、打火机、小手帕等小礼品，以刺激顾客消费。或者定期开展免费品尝活动，顾客在不增加消费的情况下品尝产品。

免费赠送是一种象征性促销手段，一般赠送的酒水价格都不高。但需要注意的是，如果是高档消费的顾客，这种免费赠送同样要注意档次。

2. 优惠券或贵宾卡

酒吧在举行特定活动或新产品促销时，事先通过一定方式将优惠券或贵宾卡发到顾客手中，持券（卡）消费时，可以得到一定的优惠。这种方式应把顾客限制在特定的范围之内，如对光顾酒吧的常客可赠给优惠券或贵宾卡，只要顾客出示此卡就可享受到卡中所给予的折扣优惠，以吸引顾客多次光顾。

3. 消费折扣

折扣是指在特定时间按原价进行折扣销售。折扣优惠主要用于顾客在营业的淡季时间里来消费，或者鼓励达到一定消费额度或消费次数的顾客。这种方式会使顾客在消费时得到直接利益，因而具有很大的吸引力。

4. 有奖销售

通过设立不同程度的奖励，刺激顾客的短期购买行为，这种方式比赠券更加有效。顾客一方面希望幸运获奖，另一方面即使不得奖也是一种娱乐。

5. 配套销售

酒吧为增加酒水消费，往往在饮、娱、玩等酒吧系列活动中采取一条龙式的配套服务。如有些酒吧在饮品价格中包含卡拉 OK 或在某些娱乐项目中含有酒水。

6. 时段促销

多数酒吧在经营上受到时间限制。酒吧为增加非营业时间的设备利用率和收入，往往在酒水价格、场地费用及包厢最低消费额等方面采取折扣价。有些酒吧和休闲场所竞相推出"欢乐时光"促销活动，为的是在生意较淡的时间段特价供应某些产品和服务，达到增加服务收入、提高知名度、推动人气更旺的效果。例如，在下午 3 点到 5 点，推行买一赠一的策略，不管你买哪一种产品都同时赠送几种同样的产品。

（三）酒吧营业推广的注意事项

1. 刺激对象的条件

刺激的对象可以是全部，也可以是部分；可以是常客，也可以是新客。

2. 促销的期限

如果促销的时间过短，很多潜在顾客可能在此期限内不需要重复购买。如果促销的时间过长，可能会给顾客造成一种变相降价的印象。

3. 促销时间的安排

通常是根据销售部门的要求确定营业推广的行程安排。这一安排要能使前台、后台部门相互协调。

4. 营业推广的预算

一般方式是由营销员确定各项营业推广活动并估计总费用，一般包括管理费用（印刷费、邮寄费及活动费等）、刺激费用（奖励、减价、成本折扣等），然后乘以预期发生交易的单位数量。

五、人员推销

人员推销就是由酒吧员工或委托的人员直接向目标顾客对产品进行介绍、宣传以促使其购买的活动。

（一）人员推销的优点

人员推销是一种最传统的推销方法，也是现代产品销售中的一种重要方式。与其他促销方式相比，人员推销在把握顾客的偏好、建立兴趣并采取购买行动方面有着更直接、更迅速

的作用。

人员推销具有以下优点。

1. 推销方式灵活

服务人员在与顾客面对面的服务中，可根据各类顾客的愿望、需求、动机等，采取相应的策略，并可根据对方的反应，及时调整自己的推销策略。

2. 稳定客源

人员推销可使服务人员和顾客之间，从纯粹的买卖关系发展成一种相互理解的友谊关系，从而可以起到稳固客源的作用。

3. 即时消费

人员推销可通过与顾客的直接接触，对顾客进行反复、及时的说服，可以促成顾客即时消费。

（二）酒水推销

酒水推销是酒吧人员推销的主要内容，酒水推销一般包括服务推销、特征推销。

1. 酒水的服务推销

酒水销售是通过一定的服务方式和销售渠道提供给顾客的，酒水推销在一定的酒吧文化氛围中，让顾客在服务过程中得到满足，从而增加酒水的销售量。

2. 酒水的特征推销

酒吧中经营的酒类品种丰富多样，每种酒水都有其自身的特点，拥有不同的颜色、气味、口感，在饮用上也有不同的要求。同类酒由于出产地和年份不同，其口味和价值也有差异。因此，酒水推销最直接、最关键的是服务人员要熟悉酒水及酒吧经营知识，并根据各自的特点向顾客推销。

评估练习

1. 简述酒吧营业推广的目标以及常用的方式。
2. 模拟一个酒吧，策划一个促销方案。

第五节　酒吧营销的变革与创新

教学目标：

1. 掌握酒吧营销的不同方式。
2. 了解酒吧营销的创新方向。

一、网络营销

（一）网络营销的概念

网络营销是酒吧通过互联网来宣传、推广、销售其产品和服务的一种方法，即利用互联网手段达到营销的目的。

网络营销涵盖的范围很广，如网上市场调查、网上消费者行为分析、网络营销策略制订、网上产品和服务策略、网上价格营销策略、网上渠道选择与直销、网上促销与网络广告、网络营销管理与控制等。相对而言，网络营销投资比较少，但是使用工期长，见效很客观。对于酒吧来说，年轻顾客的比重较大，而这部分人恰恰就是对互联网认知程度最高、使用频率最高的一部分人群。

（二）网络营销方式

常见的网络营销方式包括：搜索引擎营销（包括搜索引擎注册、搜索引擎优化、关键词广告、竞价广告等形式）、网络广告、电子邮箱营销、无线互联网营销、商务平台营销、网上商店营销、网上拍卖、网络会员制营销、网络社区营销、博客营销等。

（三）酒吧网站的建立

酒吧的网络营销，首先要建立酒吧自己的网站，在建设酒吧网站时必须注意以下几方面。

第一，网站无论是从风格还是功能上，都要符合自己酒吧的经营模式和酒吧文化。

第二，要从互联网推广的角度上去考虑，与搜索引擎等的友好度尽量做到最好，这样才能节约宣传费用，一个好的网站相当于若干个酒吧员工所做的各类营销工作。

第三，酒吧要注意网站功能的互动性。这种互动包括功能上的互动、用户与酒吧的互动、用户之间的互动。

（四）网络营销活动的开展

酒吧根据需要配备专职或兼职的互联网推广人员。推广的最有效方法是在当地一些比较热门的网站，流量特别大，适合酒吧消费人群访问的那些信息网站，比如当地的信息港、地方门户等，还有QQ、微信聊天群等。在这些地带发布一些酒吧的活动信息和促销信息，附上酒吧网站的有关链接，提高酒吧网站的点击率、酒吧信息的传播率。

二、公众号营销

公众号不仅为人们的交流与沟通带来了极大便利，同样可以运用在酒吧营销活动中。

（一）建立公众号，实现信息共享

通过酒吧公众号，酒吧可将联系方式、营业时间和促销活动等信息随时上传到该平台，方便消费者查询；大大增强酒吧的娱乐性和吸引力；更重要的是，公众号能够帮助酒吧管理消费者和会员资料，收集消费者意见反馈，保持与消费者的长期沟通，随时掌握客户需求，实现客户信息的实时管理。

对于酒吧而言，通过共享的公众号，经营者可根据自身经营特色，抓住目标消费群，实现点对点营销，从而降低宣传和服务成本。这种行业公众号的普及无疑为酒吧和其他行业企业提供了一个全新的、有效的营销方式。

（二）通过公众号开展系列营销活动

公众号的共享可以在全国甚至在全球范围内网罗无数家的酒吧参加共同关注的一些娱乐或重大赛事活动。

通过公众号实现良好营销效果的做法，不仅在特定的活动期间产生显著的反响。即便是在酒吧平常的经营活动中，但凡酒吧自己组织活动或者有优惠信息发布时，酒吧就可以通过酒吧公众号来帮助实现。公众号发布信息的成本比平时印刷宣传单、海报、做广告的成本低很多，为酒吧节省了很大一部分宣传费用，并且公众号宣传的效果也要比以上那些好很多。

因而，酒吧公众号平台业务，不仅有利于规范酒吧业管理，同时也是一种全新的营销模式，这种模式为酒吧营销活动提供了强有力的支持。随着公众号新功能的不断完善，和在酒吧经营中的广泛应用，酒吧公众号的优势将会越来越明显，为酒吧的营业发展制造更多的机会、提供更多的支援。

三、整合营销

整合营销是指以消费者为核心重组企业行为和市场行为，综合使用各种形式的传播方式，以统一的目标和统一的传播形象，传播一致产品信息，实现与消费者的双向沟通，迅速树立产品品牌在消费者心目中的地位，建立品牌与消费者长期密切的关系，更有效地达到产品传播和产品促销的目的。

酒吧整合营销强调从与消费者沟通的本质意义展开营销活动，主张将酒吧的广告、公关等各种推广宣传工具有机组合，以促成消费者最大限度的认知、偏爱。整合营销可以从横向与纵向两个方面来进行。

横向传统整合主要是对各种传播工具进行整合。传统的促销主要是以四大媒体为传播工具，即广播、电视、报纸、杂志，但随着商业竞争的日益激烈，传统的传播工具似乎显得有些力不从心。

整合营销的主导思想就是把酒吧营销阵地由先前的四大媒体转移到全方位，特别重视对现代电子新媒体的运用，同时运用多重媒体组合，偏重多点诉求。纵向整合强调把酒吧的广告、促销、公关、CIS、包装、产品开发等营销活动进行一元化的整合重组，让顾客从不同的信息渠道获得对某一酒吧品牌的一致信息，增强品牌诉求的一致性和完整性。

四、直复营销

美国直复营销协会（ADMA）认为：直复营销（Direct Marketing）是指一种为了在任何地方产生可度量的反应和达成交易而使用一种或多种广告媒体的互相作用的市场营销体系。这个定义包含以下三个要素。

（一）直复营销是一个互相作用的体系

直复营销人员和目标市场顾客之间是以"双向信息交流"的方式进行联系的，而在传统的市场营销活动中，营销人员总是试图将信息传递给目标市场顾客，但是却无法了解这些信息究竟对目标市场顾客产生了何种影响，这种传递信息的方式被称为"单向信息交流"，所以，传统的市场营销人员只能根据广告的效果（例如广告的注意率）进行决策，存在着很大的误差，而直复营销人员则能根据市场营销活动的效果（如酒吧上座率）进行决策，十分精确。

（二）直复营销活动为每个目标市场顾客提供直接向营销人员反应的机会

顾客可通过电话等方式将自己的反应回复给直复营销人员。值得一提的是，对酒吧营销没有反应的目标市场顾客数对于直复营销人员来说，也是十分重要的，他们可据此找出不足，为成功开展下一次直复营销活动做准备。

（三）直复营销最重要的特性是所有营销活动的效果都可测定

直复营销人员能很确切地知道何种信息交流方式使目标市场顾客产生了反应行为，并且能知道反应的具体内容是什么。直复营销人员分析目标市场顾客的有关数据，根据这些数据为下一次营销活动制订计划，并且与每位顾客联系之后还要重新修订有关数据。可以说，直复营销活动之所以效率很高，就是因为存在着数据库等实际参照要素，故而它必将掀起新一轮的跨世纪销售革命。

由此可见，直复营销投资少、见效快、效果佳。对于酒吧的营销行为而言，同样要考虑酒吧与目标市场顾客是"双向信息交流"，还是"单向信息交流"等直复营销思想，因为这不仅决定着酒吧的营销成本，而且将对酒吧的营销思想和营销行为是一种全新的冲击，将会引领酒吧营销行为向着更加经济、更具效率的方向发展。

 评估练习

1. 酒吧营销的几种方式是什么？
2. 你觉得哪种营销方式会比较容易达到营销目的？为什么？

 课外资料10-4

乐拓酒吧营销推广方案（节选）

1. 市场定位

（1）酒吧主题定位：个性的风格是酒吧设计的灵魂，就像人类的思想。酒吧文化从某种意义上讲是整个城市中产阶级的文化聚集场所，他最先感知时尚的流向，它本身自由的特性又吻合了人们渴望舒缓的精神需求，因此根据以上的分析，我们将乐拓酒吧定位为动感音乐时尚娱乐场所。

（2）消费者定位：小资、白领人士、年轻单身男女。

（3）品位定位：有文化、有素质、有品位，优雅+中高档。

（4）酒吧色调：以灰、黑色为主。

（5）酒吧室内设计：酒吧的设计应个性鲜明，上面写着酒吧的广告词，还有一些外国名酒的名字，以此为酒吧营造文化气息，在酒吧入口两侧分别安放有橱窗。酒吧的设备设施应与酒吧的风格、档次、气氛布置相协调，并要以高雅时尚、做工精细、容易保洁为标准。

（6）内容定位：发挥其放任不羁的风格，略带些野性美，充满时尚感。

（7）广告语：吃喝玩乐，尽在乐拓；时尚休闲方式，让生活变得精彩！

2. 促销策略

（1）酒单推销

酒单上的酒应该分类，以便顾客查阅与选择。如果大多数顾客对酒不太熟悉，在每一类或每一小类之前附上说明，这样可以帮助顾客选择他们需要的酒。

准备几种不同的酒单，一种是一般的酒单，一种是为贵宾酒单，前者放在每一张桌子上；而后者只有当顾客要求，或者是他们无法在一般酒单上找到想喝的酒时才展示出来。

（2）每周一酒

供应特价酒，这些特价酒和以杯计价的酒一样，能够吸引顾客尝试酒单上的新酒，也可以促销一些原来销路不是很理想的好酒。

（3）建立会员卡制度

卡上印制会员的名字，像银行卡一样。使用会员卡在酒吧消费能优惠折扣。第一次在本酒吧消费达到××元顾客可办理本酒吧会员积分卡。积分达到××元可晋升为银质会员卡，享受9折优惠。积分达到××元可晋升为金质会员卡，享受8.5折优惠。每消费××元可积1分，××点积分可换去××打或××瓶啤酒。不同等级的俱乐部会员享受不同服务。建立会员卡制度在一方面能给消费者有尊重感，另一方面也便于服务员对于消费者的称呼。特别是如果消费者与别人在一起，而服务员又能当众称呼他（她）为某小姐、某先生，他们会觉得很有面子，而更加促进了他们在酒吧的消费。

3. 媒体宣传策略

（1）目标人群在19～45岁，毫无疑问肯定是时尚的追捧者；主力消费人群应该在20～45岁，根据这部分人的特点，我们可以在以下几个领域出击。

和电影院的强强联合，现在电影院的消费和以前已经完全不同，也变成了一种普及的时尚消费，也是目标人群最密集的场所，为此，需要和一家有影响力和规模的电影院进行合作，利用他们的平台来扩大影响力。

和黄山一些美容院、高级娱乐场所的合作，加入他们的会员卡，成为联盟商家，他们的会员卡也是我们的会员卡，可以在我们这里有一定的优惠，这样的好处首先是他们的会员大都是我们的目标人群，他们有强有力的宣传平台，可以借助他们的平台宣传自己。其次，作为商场也很愿意自己的会员卡一卡多用，作为我们，也避免了自己的会员卡做出来无人使用的尴尬，我们只要推广好自己的贵宾级会员卡就可以了。最后，在一些商场的活动中，会吸引大量本地人群和外地顾客，乐拓酒吧可以作为赞助商或者合作者的身份参与，来提高知名度。

与其他时尚场所（健身房、大型发廊）的合作也是互动的，不是简单的放置广告，可以互相利用对方的优势来进行营销，提供我们的贵宾卡或者现金优惠券，让他们用来馈赠会员，他们也要提供相应的健身卡或者其他优惠券来满足我们营销的需要。

和一部分协会联系，可以作为他们协会的娱乐场所，给予相应的优惠，成为乐拓酒吧的内部会员。

在网络上成立论坛，多发帖，在黄山一系列的网站上面发布乐拓酒吧的信息，从而增加市场知名度（黄山本地的网站和新浪微博）。

用手机短信群发，形成短期的市场效应，增加人气。

（2）公车车体广告。公交车是城市生活中最重要的交通工具，同时又是一种具有鲜明特点的户外广告媒体。与其他户外广告形式相比，车体广告具有展露时间长、广告到达频率高、宣传成本低廉等优势，因此根据黄山各个公交线路状况，我们应该有目标的对公车进行车体广告。

（3）宣传单。印制2000张，在黄山市及大学路各个繁华路段进行派发，以达到传播效果，宣传单的诉求主要在于宣传酒吧的特色、近期的主题活动及优惠消费的活动信息。

（4）宣传册子。制作酒吧文化小册子，向客人介绍各式调酒，器皿，饮用方法，有趣轶事，酒的起源，酒与名人，酒的礼仪，酒文化知识等，引导客人消费，给予客人酒文化赏析知识。而设计制作宣传小册子的主要目的是向顾客提供有关酒吧设施和酒品服务方面的信息。宣传小册子也包括以下内容：酒吧名称跟相关标识符号、简介、地址、标明交通线路图、电话号码、如果顾客需要更多信息应和哪个部门或谁联系。

（资料来源：小银男 stlye. 乐拓酒吧营销推广方案资料节选[OL]. 百度文库，http://wenku.baidu.com/link?url=rTBOgE00EGpweMw5m-5Q5zDRspLsYe9eDZvhE6KArh9kUUN4WEzJX7pfZLfaA27lTdbOKW15JYaYUL8UQN-6X8vRZuf7-pHscjjEe5arGIq，2012-11-27.）

第六节　酒吧主题活动的组织实施

教学目标：

1. 了解什么是酒吧主题活动。

2. 了解如何策划酒吧主题活动。

一、酒吧营销策略

目前，酒吧经营的竞争已经异常激烈，在市场的竞争中要想占领市场，就必须不断创新，通过新颖的创意，组织各种营销活动。酒吧各种创新型促销活动或主题派对的组织能给客人带来新鲜感，从而减少审美疲劳，提高酒吧消费。

酒吧主题活动需要精心策划、周密组织。主题活动的灵感既可以来自各种中外节日，也可以结合市场特点策划一些主题派对。不管采用何种主题，都要提前准备、策划、宣传。常见的国外节日包括：愚人节、万圣节、光棍节、情人节、圣诞节等；中国传统的节日包括元旦、春节、五一、十一、七夕等。周末也是酒吧可以利用的组织活动的时机。除了节假日的主题活动外，还可以根据市场特点，组织一些独具特色的主题活动。

1. 歌手之夜

这个主题日，酒吧可以邀请歌手或乐队来酒吧进行专题演出或演奏某类专题乐曲，同时，也可以邀请有专长，又具有表现欲的顾客共同参与，登台演唱或者使用乐器表演。

2. 鸡尾酒之夜

利用新鸡尾酒品种推广，或特定鸡尾酒推广的机会，举办鸡尾酒之夜活动，邀请本酒吧顶级的调酒师或当地杰出的调酒师登台表演，通过调酒技术的展示与表演，增加现场气氛，吸引顾客的消费。

3. 舞蹈之夜

劲舞永远是新潮年轻人的挚爱，利用这样的独特需求，酒吧可以举办舞蹈之夜、激情热舞之夜等主题活动，通过热烈激情的氛围，吸引新潮年轻一族，激发年轻人的激情。

4. 假面之夜

这个主题很多娱乐场所都会用到，每位入场的客人戴上自己喜欢的面具，在这一晚搭讪会增添神秘感，而各种面具会让你有一种进入童话世界的感觉，大大缓解紧张的心情。

5. 情侣之夜

一份免费水果拼盘，一支散发香味的蜡烛，两杯红葡萄酒或鸡尾酒，一支轻慢舒缓的钢琴曲，构成了情侣之夜的全部，营造一份安静氛围的同时，让情侣们置身于城市的喧嚣之外，尽享浪漫，尽情放松身心。

酒吧主题活动的开展有利于酒吧的收益及声名的远播，更有利于酒吧品牌的打造，从而吸引更多的顾客。

二、酒吧主题活动策划

（一）酒吧主题活动策划原则

把握市场脉搏，选择有效的主题。营销主题活动的选择必须与目标消费者利益息息相关，能够引起他们的注意。在活动主题的选择方面需要关注两个特点：一是要有亲和力，活动主题能够让目标消费者感觉很近、很舒服，而不是觉得厌烦；二是要有可信度，产品、价格、活动的组织不能让消费者感觉到上当受骗。

1. 搭车借势

搭车借势就是要善于通过借势来提升酒吧知名度，面对新机会要快速切入，而不必过分考虑新市场的进入是否沿袭了其以往风格，会不会对其他产品产生消极影响。

2. 以崭新概念吸引顾客

酒吧活动主题必须具有新颖性和趣味性。即要有时代感，至少人们看到主题促销活动不会感到陈腐、乏味，还要有一定的新闻价值。主题在一定程度上能够引起社会舆论、媒体的正面关注，甚至愿意进行报道；此外，还要防止竞争对手的效仿，充分考虑竞争对手会不会跟进、怎么跟进、怎么能够阻止跟进等。

(二)酒吧主题活动市场分析

营销主题活动市场分析包括活动的使命、目的和目标分析。酒吧对营销主题活动的目的、目标、使命等进行分析，考虑活动对酒吧的影响程度，通过活动能够提升酒吧知名度。

1. 市场分析

酒吧在确定主题活动前，先对酒吧的市场定位、主题定位进行分析，并进一步细分市场，有针对性地开展酒吧活动。

2. 需求分析

对酒吧消费群体进一步细化，分析酒吧目标消费者的消费需求，进而有效地开展主题活动。

(三)酒吧主题活动的策划方式

1. 策划方案

酒吧主题活动策划方案包括：策划背景、市场分析、活动整体思路、广告宣传策略、活动详细操作。

2. 促销方法

广告促销、广而告之，进行传播，以求刺激消费和购买行为、人员促销、酒吧营业推广。

三、酒吧主题活动组织实施

酒吧主题活动组织实施的内容包括：酒吧活动主题、时间、商家等确定；酒吧的内外部布置；酒吧活动主题内容安排；酒吧主题活动传播。

酒吧举办主题活动的主要目的一是巩固老顾客，二是吸引新顾客。一般的促销活动对巩固老顾客能起到一定作用，但对吸引新顾客却苍白无力。究其原因是传播不到位。再好的促销活动，顾客不知道也就达不到活动目的。在考虑预算的前提下主题促销活动一定要把传播做好，传播的好坏将直接决定活动效果的好坏。

1. 设计主视觉

酒吧活动经常忽略这个细节，认为确定了主题就可以了，其实并不然。必须要设计一个图标，而且表现手法要符合视觉设计的要求。这样做的目的就是便于传播主题。设计好的图标，无论在广告片里还是在海报上，使用方法要严格统一，大小比例或颜色都要严格把关。

2. 均衡传播

人们一般认为促销活动是线下的事情，和媒体没关系，这是误区。主题促销活动一定要在线上和线下均衡传播。线上主要靠电视、报纸、杂志和网络等媒体，必要时采用新闻等其他方式进行补充。

3. 不断刷新传播内容

促销活动毕竟不是打产品广告，因此一定要紧随活动脉搏，刷新传播内容。基于促销活动的短期性特点和节约费用原则，制作环节可以采用数码摄像机或动画来完成。但一定要保证质量。其余的报纸、杂志、网络和终端等传播，根据活动节奏随时都可以更新内容。但记住一点，没有特殊情况主题千万不能乱变。这样做的好处是提高与消费者的沟通效率，让活动更加有声有色，且将主题顺利地送达消费者的长期记忆里。

四、鸡尾酒会组织与管理

（一）鸡尾酒会介绍

1. 鸡尾酒会概念

鸡尾酒会也称酒会，是一种非常流行的宴请形式，通常以酒类、饮料为主，以各种小吃为辅来招待客人。一般酒的品种较多，并配以各种果汁，向客人提供不同酒类配合调制的混合饮料（即鸡尾酒），还备有小吃。

2. 鸡尾酒会特点

（1）不设座椅，不安排席位，宾客站着就可以饮酒，可在室内随意走动，交际广泛。

（2）鸡尾酒会是一种简单、活泼的宴请形式，举行时间灵活，一般与正式时间错开或安排在正式宴会之前举行。

（3）举办酒会的场地不受限制，室内、室外均可，参加酒会的人员不受时间限制，迟到、早退均不失礼，来去自由，不受约束，减去很多繁文缛节，因而很受欢迎。

（4）酒会的酒水以鸡尾酒、啤酒为主，另外再加一些果汁、汽水等饮料，一般不供应烈性酒和较复杂的鸡尾酒。

（5）酒会进程简单，时间一般控制在1小时之内。

3. 鸡尾酒会注意事项

鸡尾酒会通常不设座椅，目的是促使客人走动，增加交往范围。通常在宴会中，会由主人向主宾敬酒。在主人和主宾致辞祝酒时，其他人应暂停进餐，停止交谈，注意倾听。碰杯时，主人和主宾先碰，人多可同时举杯示意，不一定碰杯。祝酒时注意不要交叉碰杯，碰杯时要目视对方致意。

（二）鸡尾酒会工作流程

1. 准备工作

（1）根据酒会预订要求，在酒会开始前45分钟布置好所需的酒水台、小吃台、食品台、酒会餐桌。

（2）准备好酒会所需的酒水饮料及配料、辅料。

（3）准备好与酒水配套的各式酒具，注意洗净擦干。

（4）做好员工的分配。

2. 迎接客人

（1）酒会开始时，引位员站在门口迎接客人，向客人问好，对客人的光临表示欢迎。

（2）注意统计客人人数。

（3）服务员、酒水员在规定的位置站好，迎接客人并问好。

3. 酒会服务

（1）酒会开始后，服务员要随时、主动地为客人服务酒水。服务酒水时，要将酒杯用托盘托送给客人。

（2）随时清理酒会桌上客人用过的餐具。

（3）随时更换烟灰缸，添加小口纸、牙签等用品。

（4）保持食品台的整洁，随时添加盘、餐具和食品。

（5）酒会中保证客人有充分的饮料和食品。

4. 收尾工作

客人离开后快速清台收拾餐器具，撤除临时性设备。

（三）鸡尾酒会服务规范

1. 酒会预订规范

（1）预订员熟悉厅堂设施设备、接待能力、利用情况，具有丰富的酒水饮料知识。

（2）仪容仪表整洁，大方。

（3）能用外语提供预订服务。

（4）迎接、问候、预订操作语言和礼节礼貌运用得体。

（5）预订内容、要求、人数、标准和主办单位地址、电话、预订人等记录清楚、具体。

2. 厅堂布置

（1）鸡尾酒会厅堂布置与主办单位要求、酒会等级、规格相适应。

（2）厅堂酒台、餐台、主宾席区或主台摆放整齐，整体布局协调。

（3）大型酒会，根据主办单位要求设签到台、演说台、麦克风、摄影机，位置摆放合理。

（4）整个厅堂环境气氛轻松活泼，能体现酒会特点与等级规格。

3. 餐厅准备

（1）酒会开始前领班组织服务员摆台，布置酒会场地。

（2）主宾席或主宾席区设置合理，位置突出。

（3）酒水台、餐台摆放整齐美观，餐具、食品等准备齐全，布置有序。

（4）调酒员具有丰富的酒水饮料知识，熟悉各种鸡尾酒及饮品调配方法。

（5）酒会举办前20～30分钟，根据鸡尾酒菜单，调好的鸡尾酒和饮品摆放整齐。

（6）酒水制作摆放美观，酒水供应充足及时。

（7）服务员熟悉菜单和酒水品种，并调整好精神状态，随时做好服务准备。

4. 迎接客人

客人来到餐厅门口，引座员要着装整洁，仪表端正，面带微笑，配合主办单位迎接，问候客人，表示欢迎，对主宾或主宾席区的客人特别照顾。

5. 酒会服务

（1）酒会开始，服务员分区负责。

（2）为客人递送鸡尾酒、饮料、点心、小吃。

（3）服务迅速、准确，服务规范。

（4）主人讲话或祝酒，服务员主动配合，保证酒水供应。

（5）留心观察客人，主动及时提供服务。

（6）回答客人的问题礼貌、规范。

（7）随时为客人送酒、添加小吃，服务细致周到。

（8）酒会期间有舞会或文娱节目时，适时调整桌面，保证舞会或文娱演出顺利进行。

6. 告别客人

（1）酒会结束，征求主办单位和客人意见。

（2）及时送别客人，欢迎客人再次光临。

（3）客人离开后快速收拾餐器具，撤除临时性设备。

 课外资料 10-5

三种酒吧主题活动介绍

1. DIY 主题

DIY 就是英文 Do It Yourself 的缩写。世界潮流向着自我和个性发展，酒吧可以从迎合年轻一族的心态的目的出发，为他们提供自我创造的空间，展示前卫的象征。DIY 最大的特色就在于参与，年轻人可以在调酒师的指导下，自己动手为恋人、朋友或自己调一杯鸡尾酒，从酒香中体会一种别人难以体验的快乐。DIY 的鸡尾酒要完全按配方制作，并保证原料正宗。DIY 将前卫及原始融合为酒吧的特色，迎合了年轻人时尚的心态，特别是让顾客亲自制作鸡尾酒，能吸引大量好奇的年轻人，也加速了鸡尾酒的推广。

2. 讲故事主题

一位大师曾说过："人类与真理之间最短的距离就是故事。"即使是简单的故事也可以道出最深的道理，根据故事的这一特点设计了以故事为主题的特色活动。故事活动的特色是集知识性、欣赏性、趣味性、参与性于一体，将故事与酒吧文化结合起来，使人们在消遣的同时增加对世界文化的认识。具体的活动有：每天在酒吧的宣传牌上注明哪位特别嘉宾讲什么故事以吸引顾客；播放温馨的轻音乐，为讲故事制造特殊的气氛；每晚固定时段有特别嘉宾讲经典故事；顾客互相分享自己的故事；讲完一个故事就会有一段音乐欣赏；定期举行故事擂台大赛、发纪念性奖品并将得奖者名字刻入故事纪念牌上以吸引顾客的踊跃参与和观看，制造热闹气氛，从而带动酒吧酒水的经营；不定期举办故事图片展等。故事是人类智慧的结晶，给人类文化生活留下丰富的精神遗产，因此故事在人类生活中具有很强的共鸣，顾客不仅可以即兴上去叙述自己的故事，同时也可聆听别人的故事，思考自己的故事。

3. 高尔夫主题

酒吧中各种运动的主题活动越来越多，而高尔夫则是客源群体明确的一种主题活动。酒吧可以模拟高尔夫果岭，卫星电视同步直播世界各地高尔夫球赛，组织高尔夫比赛，还可以用一些高尔夫的专业用品，如高尔夫球衣、高尔夫球帽、高尔夫球杆等装饰环境，酒吧服务人员也穿着高尔夫球衣、球鞋，戴着高尔夫球帽，让人们感受到处处充满高尔夫文化的气氛。高尔夫主题活动不仅提供学习一种新运动的环境，同时可以为商业活动人士提供一个商务交往的新场所，使整个商务交往在融洽、休闲、轻松的气氛中进行，这样会给消费者的商业发展带来意想不到的效果。

（资料来源：TERRY. 分享主题酒吧营销活动策划案例酒吧[OL]. 艾酒吧, http://www.a98.cc/fen_xiang_zhu_ti_jiu_ba_ying_xiao_huo_dong_ce_hua_an_li/a99, 2013-7-9.）

评估练习

根据本章学习，结合本节内容，为毕业生设计一场主题酒会。

参 考 文 献

[1] 熊国铭. 现代酒吧服务与管理[M]. 北京：高等教育出版社，2005.

[2] 匡家庆. 调酒与酒吧管理[M]. 中国旅游出版社，2012.

[3] 费寅，韦玉芳. 酒水知识与调酒技术[M]. 北京：机械工业出版社，2010.

[4] 劳动和社会保障部教材办公室. 调酒师[M]. 北京：中国劳动社会保障出版社，2003.

[5] 何立萍，卢正茂. 酒吧服务与管理[M]. 北京：中国人民大学出版社，2012.

[6] 林刚. 酒吧经营与管理[M]. 北京：中国商业出版社，2008.

[7] 史灵歌. 餐饮管理[M]. 郑州：郑州大学出版社，2009.

[8] 董全，陈宗道. 餐饮企业必读[M]. 北京：化学工业出版社，2009.

[9] 阮浩耕. 中国茶艺[M]. 济南：山东科学技术出版社，2005.

[10] 徐利国. 酒吧现状分析与发展趋势探讨[J]. 现代经济信息，2009(7)：97-98.

[11] 佚名. 现代经典鸡尾酒：夏日味道的有趣饮料[OL]. 凤凰网，http://www.ifeng.com，2015-3-2.

[12] 佚名. 鸡尾酒行业定义及分类[OL]. 中国报告大厅网，http://www.chinabgao.com，2015-3-2.

[13] 中国吃网餐饮资料库，http://www.6eat.com/DataStore,2016-1-1.

[14] 中国福来高官网，www.flagocafe.com,2016-1-1.